高等职业教育本科食品类专业规划教材

食品仪器分析技术

（供食品质量与安全、食品营养与健康专业用）

主　编　施家威

副主编　赵永纲　章伟锋　林　静

编　者　（以姓氏笔画为序）

李继革（宁波市疾病预防控制中心）

余　辉（浙江药科职业大学）

林　静（宁波市第二医院）

赵永纲（浙江树人大学）

施家威（浙江药科职业大学）

姚浔平（宁波市疾病预防控制中心）

章伟锋（浙江药科职业大学）

章璐幸（浙江药科职业大学）

中国健康传媒集团

中国医药科技出版社

内容提要

《食品仪器分析技术》是“高等职业教育本科食品类专业规划教材”之一，系根据本套教材职业培养目标和课程教学要求编写而成。该教材具有专业针对性强、紧密结合新时代行业要求和社会用人需求，以及与职业技能鉴定相对接等特点。内容介绍了与食品检测相关的电分析化学、光谱和色谱分析法。教材编写过程中深入思考了专业培养目标，旨在培养学生基本理论和实际操作能力，以满足食品行业的需求。本教材为书网融合教材，即纸质教材有机融合电子教材、教学配套资源（PPT、微课、视频、图片等），题库系统，数字化教学服务（在线教学、在线作业、在线考试），便教易学。

本教材主要供全国职业本科食品质量与安全、食品营养与健康专业师生使用，也可供食品检验技术、药学等相关专业使用。此外，可作为生产企业相关人员的培训教材及参考用书。

图书在版编目（CIP）数据

食品仪器分析技术/施家威主编. —北京：中国医药科技出版社，2024.5

高等职业教育本科食品类专业规划教材

ISBN 978-7-5214-4658-6

Ⅰ.①食… Ⅱ.①施… Ⅲ.①食品分析-仪器分析-高等职业教育-教材 Ⅳ.①TS207.3

中国国家版本馆 CIP 数据核字（2024）第 100568 号

美术编辑 陈君杞

版式设计 友全图文

出版 **中国健康传媒集团** | 中国医药科技出版社

地址 北京市海淀区文慧园北路甲 22 号

邮编 100082

电话 发行：010-62227427 邮购：010-62236938

网址 www.cmstp.com

规格 889mm×1194mm $^{1}/_{16}$

印张 11

字数 317 千字

版次 2024 年 5 月第 1 版

印次 2024 年 5 月第 1 次印刷

印刷 北京侨友印刷有限公司

经销 全国各地新华书店

书号 ISBN 978-7-5214-4658-6

定价 49.00 元

数字化教材编委会

主　编　施家威

副主编　赵永纲　章伟锋　林　静

编　者　（以姓氏笔画为序）

李继革（宁波市疾病预防控制中心）

余　辉（浙江药科职业大学）

林　静（宁波市第二医院）

赵永纲（浙江树人大学）

施家威（浙江药科职业大学）

姚浔平（宁波市疾病预防控制中心）

章伟锋（浙江药科职业大学）

章璐幸（浙江药科职业大学）

前言 PREFACE

《食品仪器分析技术》是“高等职业教育本科食品类专业规划教材”之一，系根据全国职业本科食品类专业培养目标和主要就业方向及职业能力要求，按照编写指导思想和原则，结合本课程教学大纲，由从事一线教学和食品检测一线的教师、学者们悉心编写而成。

食品仪器分析技术作为职业本科食品质量与安全、食品营养与健康专业的专业核心课程，是职业技能教育的重要组成部分。本教材着眼于学生的基本知识、理论和技能，紧密结合行业需求，注重实践操作和职业素养，提高学生综合能力，旨在为培养出优秀的食品技术人才提供必要的知识和实践指导。

全书共分为四章，涵盖了食品检测相关的电分析化学法、紫外－可见光谱法、红外分光光谱法、原子吸收光谱法、原子荧光光谱法、原子发射光谱法、气相色谱法、液相色谱法、色质谱联用法等内容。通过导入应用案例的方式紧贴食品检验实践，实现理论与实践的有机结合。

本教材为书网融合教材，即纸质教材有机融合电子教材、题库系统、数字化教学服务（在线教学、在线作业、在线考试），实现课堂教学和现场教学的延伸，有利于提高学生的学习兴趣，便教易学。

本教材实行主编负责制，参编人员有施家威（绪论、第二章光谱分析第1～3节）、赵永纲（第二章光谱分析第4～6节）、姚浔平（第二章光谱分析第7～9节）、余辉（第一章电分析化学第1、2节）、章伟锋（第一章电分析化学第3、4节）、林静（第三章色谱分析第4、5节）、李继革（第三章色谱分析第1～3节）、章璐幸（第三章色谱分析第6节）。编写过程中，各位编者都付出了极大的努力，精益求精。在此，由衷感谢各位编者及所在院校领导的大力支持和帮助，特别感谢宁波市疾病预防控制中心理化检验所的热情帮助。

由于编者水平所限，书中难免有疏漏和不妥之处，敬请各位读者批评指正。衷心希望本教材能够为职业本科层次食品仪器分析技术课程的教学提供有力的支持，为培养优秀的食品行业人才贡献力量。

编　者

2024年2月

CONTENTS 目录

绪　论

PPT

学习目标

【知识要求】

1. 掌握不同仪器分析法的特点。

2. 了解仪器分析技术的应用及发展趋势。

【技能要求】

学会使用方法学指标对仪器分析方法的优劣进行判断。

一、食品仪器分析概述

分析化学是一门研究物质组成、含量、结构以及相关理论的学科，包括化学分析和仪器分析两个主要方向。化学分析是指利用化学反应和计量关系确定物质组成和含量的一类方法，是分析化学的基础。仪器分析是指采用比较复杂或特殊的仪器设备，通过测量物质的某些物理或物理化学性质的参数及其变化来获取物质的化学组成、成分含量及化学结构等信息的一类方法。化学分析和仪器分析的区别并不是绝对的。虽然仪器分析应用的是比较复杂和精密的仪器，但在化学分析中也常需要使用各种精密仪器。几乎所有的分析都离不开精密的天平，微量和超微量分析则更需要一些特殊的仪器，比如库仑分析中测量电解过程所需的电量。例如，比色分析法由于涉及有机试剂和配位化学有关理论，因此被列入化学分析的范畴。

仪器分析技术是一门利用仪器设备对物质进行定性和定量分析的科学，在食品行业中，仪器分析技术扮演着重要的角色。

首先，仪器分析技术在食品行业中可以用于确定食品成分和营养价值，通过使用光谱仪器、色谱仪器等进行分析，准确测定食品中的蛋白质、脂肪、糖类、氨基酸、维生素、矿物质等成分，帮助食品生产者了解产品的组成，确保产品的质量和安全性。

其次，仪器分析技术在食品行业中发挥着检测食品中的残留物和有害物质的重要作用。通过使用原子吸收仪、气相色谱仪、液相色谱仪等仪器，快速、准确地检测食品中的农药残留、重金属污染、毒素等有害物质，确保食品符合国家和国际的安全标准，保护消费者的健康。

再次，仪器分析技术还可用于评估食品质量和风味。通过感官评价和使用色谱、电化学仪器等，分析食品的口味、香味、质感等特征，挖掘和监测食品的品质因素，确保食品的口感和品质的稳定性。

此外，在食品加工过程中，仪器分析技术可以用于监测和控制生产的各个流程。通过使用温度计、pH 计、粒度分析仪等仪器，确保食品在适宜的温度、酸碱度和颗粒大小下进行生产和保鲜，保证产品的一致性和稳定性。

仪器分析技术在食品行业中发挥着重要的作用。它可以帮助确定食品的成分和营养价值，检测食品中的残留物和有害物质，评估食品的质量和口感，监测生产过程中的参数。通过应用仪器分析技术，食品行业能够提供安全可靠的产品，保护消费者的利益和健康。

知识链接

中国分析仪器的发展历史

中国分析仪器产业的起源可以追溯到20世纪30年代。上海劳动仪表厂是我国当时最早的仪器仪表厂，是我国上海分析仪器厂的前身。

1949年后，国家高度重视科学仪器的发展，并将其纳入了国家科学发展规划，并在1956年制定了为期20年的科学发展长远规划，在第一个五年计划中将分析仪器厂的建设列为“156项重大建设项目”之一。从基础分析仪器到技术含量较高的红外光谱仪、拉曼光谱仪、液相色谱仪等中高档分析仪器的研发和制造，投入了大量的人力、物力和财力，并取得了许多优异成果。尽管绝大多数是跟踪性研发，但也涌现出了许多具有自主知识产权的优秀成果。这些努力为中国科学仪器产业奠定了坚实基础。

随着国家对科学仪器产业的关注以及国力日益增强，中国分析仪器产业在20世纪70年代开始发展，80年代逐步走向正轨，90年代至今正处于快速发展阶段。在几十年的时间里，我国涌现出了许多具有一定规模、颇有影响力的分析仪器企业，与此同时，国家还成立了长春光机所、西安光机所、上海光机所、成都光电所和安徽光机所等国家级光机研究所。各地也相继成立了地方性的光机研究所。

从“九五”期间开始，重视分析仪器产业的发展并加大投入。国家也设立了“重大仪器开发专项”，并拨出专项资金用于科学仪器及其应用的研发。这些举措充分表明了国家对分析仪器产业的高度重视。

目前，中国分析仪器产业已初步形成了以上海为龙头的长江三角洲，以北京、天津、河北为中心的渤海湾地区，以长春和大连为基础的东北地区，以广州和深圳为代表的珠江三角洲等科学仪器（分析仪器为主）研发基地和产业化基地。中国分析仪器产业正迈向蓬勃发展的时期，在国家的重视和各项政策的支持下，前景非常可观。

二、食品仪器分析分类

（一）电分析化学法

电分析化学法是仪器分析法的一种重要方法，其原理是利用电化学反应中的电荷转移和电极反应来研究所分析样品的成分和性质。其主要通过测量电滞、电位差、电流强度等参数来分析和判断样品的组成和特性，具有灵敏度高、分析速度快等优点。

电化学分析法在食品检验中的应用较为广泛，可用于检测食品中的营养成分、添加剂、残留物、微量金属等物质。电化学分析法是一种利用测量原电池的电动势，根据电动势与溶液中某种离子的活度或浓度之间的定量关系来测定待测物质活度或浓度的一种电化学分析法。一般需要用到一个指示电极和一个参比电极或两个指示电极，与试液组成电池。指示电极是能够反映待测离子活度或浓度变化的电极，如金属电极、离子选择性电极等。参比电极是能够保持恒定电位的电极，如标准氢电极、饱和甘汞电极等。电化学分析法有以下几种类型。

1. 直接电位法 直接测量待测溶液的电动势，根据Nernst方程式计算出待测离子的活度或浓度。

2. 电位滴定法 在待测溶液中逐滴加入滴定剂，同时记录溶液的电动势变化，根据终点附近的突变确定滴定终点，并计算出待测物质的含量。

3. 间接电位法 在待测溶液中加入一定量的已知物质，使之与待测物质发生反应，然后用直接电位法或滴定电位法测定反应后的溶液中某种离子的活度或浓度，从而推算出待测物质的含量。

（二）光谱分析法

光谱分析法是基于物质在吸收、散射和发射光线时，其所表现出来的特定能量吸收、散射和发射特性，从而来分析物质的成分、结构和性质的。

1. 紫外–可见吸收光谱法（UV–Vis） 根据样品在紫外和可见光区域吸收不同波长和强度的特征来分析化学物质的结构和成分。紫外–可见光谱法是一种利用物质分子或离子对紫外–可见光的吸收来进行定性和定量分析的方法。它的原理是：当物质分子或离子受到紫外或可见光的照射时，会发生价电子能级间的跃迁，从而产生特征的吸收峰。根据朗伯–比尔（Lambert–Beer）定律，吸收光强度与物质浓度成正比，因此可以通过测量吸收光强度来确定物质的浓度。紫外–可见光谱法的主要仪器是紫外–可见分光光度计，应用领域广泛，例如药品、食品、环境中有机化合物、无机离子、金属配合物、生物大分子等的分析。

2. 分子发光分析法 根据样品在激发光照射下的发射光谱来研究其组成、结构、性质及活动状态，常应用于生物分析。其是一种利用物质分子吸收一定能量后，以光辐射的形式从激发态回到基态，产生特征的发光峰来进行定性或定量分析的方法。它的原理是：当物质分子受到紫外光、可见光、电子束、火焰等激发源的激发时，会发生电子跃迁，从基态到激发态，然后从激发态到基态或较低的激发态，释放出能量，形成分子发光。根据激发源和发光方式的不同，分子发光分析法可以分为荧光分析法、磷光分析法、化学发光分析法和生物发光分析法等。分子发光分析法有很多应用领域，例如药品、食品、环境中无机元素、有机化合物、金属配合物、生物大分子等的分析。

3. 红外光谱法（IR） 是一种利用物质分子对红外光的吸收及产生的红外吸收光谱来鉴别分子的组成和结构或定量的方法。它的原理是：当物质分子受到红外光的照射时，会发生振动能级间的跃迁，从而产生特征的吸收峰。根据朗伯–比尔定律，吸收光强度与物质浓度成正比，因此可以通过测量吸收光强度来确定物质的浓度。红外吸收光谱法的主要仪器是红外分光光度计，有很多应用领域，例如药品、食品、环境中有机化合物、无机离子、金属配合物、生物大分子等的分析。

4. 原子吸收光谱法（AAS） 是一种利用气态原子对特征辐射的吸收作用来测定物质中元素含量的方法。它的原理是：当光源发射出待测元素的特征谱线，照射到样品溶液的原子蒸气层时，原子蒸气中的基态原子会吸收这些特征谱线，使电子从基态跃迁到激发态，导致光强度减弱。根据光强度的减弱程度，可以求得样品中待测元素的含量。

原子吸收法的主要仪器是原子吸收光谱仪，原子吸收法有很多种类，例如火焰原子吸收法、石墨炉原子吸收法、冷蒸汽原子吸收法等。它们的区别主要在于使用不同的雾化器和原子化器。

5. 原子荧光光谱法（AFS） 采用样品辐射引发其原子的荧光现象，从而来确定样品的成分和组成，广泛应用于无损材料分析、土壤检测、环保检测等领域。

6. 原子发射光谱法 是一种利用受激发的气态原子或离子所发射的特征光谱来测定物质中元素组成和含量的方法。它的原理是：当物质受到热激发或电激发时，原子或离子的电子会从基态跃迁到激发态，然后从激发态跃迁回基态或较低的激发态，释放出能量，形成原子发射光谱。原子发射光谱的波长和强度与元素的种类和含量有关，因此可以用来进行定性和定量分析。原子发射光谱法有很多种类，例如火焰原子发射光谱法、电弧电火花原子发射光谱法、等离子体原子发射光谱法等。它们的区别主要在于使用不同的激发源和样品形式。

（三）色谱分析法

色谱分析法是仪器分析技术中的重要分类，广泛应用于食品检测领域，以检测食品中的农药残留或兽药残留物、食品添加剂等。在食品检测中，最常用的色谱分析法有气相色谱法（GC）、高效液相色谱法（HPLC）以及毛细管电泳法（CE）。

1. 气相色谱法 是一种用气体作为流动相的色谱法，广泛应用于小分子量复杂组分物质的定量分析。它的原理是：载气（不与被测物作用，用来载送试样的惰性气体，如氢、氮等）载着欲分离的试样通过色谱柱中的固定相，使试样中各组分分离，然后分别检测。

气相色谱法适用于分析挥发性和半挥发性有机物，如农药残留物、食品添加剂等。气相色谱法的主要仪器是气相色谱仪，气相色谱法有很多种类，它们的区别主要在于使用不同的固定相和色谱柱，例如气固色谱法、气液色谱法、毛细管气相色谱法等。气相色谱法主要使用气相色谱柱分离化合物，然后通过检测器检测化合物并进行分析。色谱柱内填充有特殊的分离相材料，化合物通过不同的时间和温度被逐个分离，并传送到检测器中进行检测。常用检测器有火焰离子检测器（FID）、热导检测器（TCD）、火焰光度检测器（FPD）、氮磷检测器（NPD）等。

2. 液相色谱法 是一种用液体作为流动相的色谱法。它可以将样品溶解在适当的溶剂中，然后通过装有固定相的色谱柱，利用样品中各成分与固定相和流动相之间的相互作用，实现对样品的分离和检测。目前最为普遍的是高效液相色谱法，它与经典液相色谱法的区别是填料颗粒小而均匀，小颗粒具有高柱效，但会引起高阻力，需用高压输送流动相。高效液相色谱法适用于分析非挥发性和半挥发性有机物和高分子化合物，例如食品中的蛋白质和糖类等。高效液相色谱法的主要仪器是高效液相色谱仪，高效液相色谱法有很多种类，例如正相色谱法、反相色谱法、离子交换色谱法等，它们的区别主要在于使用不同的固定相和流动相。HPLC 主要通过液相色谱柱分离化合物，并通过检测器进行检测和分析。常用的检测器有紫外线检测器（UV）、荧光检测器（FLD）等。

3. 毛细管电泳法 是一种新型的分离分析方法，它以高压电场为驱动力，以毛细管为分离通道，依据样品中各组分间分配系数的不同而进行分离。它的主要仪器是毛细管电泳仪，毛细管电泳法有很多种类，例如毛细管区带电泳法、毛细管等电点聚焦法、毛细管凝胶电泳法等，它们的区别主要在于使用不同的缓冲液和填充物。

（四）质谱法

质谱法是一种可以探究分子结构的分析技术，它可以将样品电离化并根据其质荷比（质量－电荷比）对其进行排序，可以用于确定样品的元素或同位素、分子的质量和结构、蛋白质的表征和测序等。它的主要组成部分是电离源、质量分析器、检测器和数据处理系统。质谱法有很多种类，例如电喷雾电离法、基质辅助激光解吸/电离法、气相色谱－质谱联用法等。它们的区别主要在于使用不同的电离源和质量分析器。

三、仪器分析方法性能指标

（一）精密度

一个分析方法多次测定同一样品的结果之间的离散度①，用于衡量结果多次测量所得到的数据的重现性。精密度作为一种重要的性能指标，反映了方法的重复性，也称为重现性，是指在相同的实验条件下，多次测量得到的结果的接近程度。因此，精密度越高，数据的重复性越好，结果也更具有可靠性。

①离散度是指测定数据分布的分散程度，反映了数据之间的差异程度，通常可以用标准差或方差来表示。具体地说，若某一系列数据的离散度较大，则说明这些数据相差较大，存在较大的波动和不确定性。

常见的统计参数包括标准偏差（σ）和相对标准偏差（RSD）。标准偏差是指测定结果偏离平均值的程度，是误差的一种度量。

$$\sigma = \sqrt{\frac{\sum_{i=1}^{n}(c_i - \bar{c})^2}{n-1}} \tag{0-1}$$

式中，c_i为测量值；n为分析次数；$\bar{c}$为平均测量值。

相对标准偏差（RSD）是标准偏差与平均值之比的百分比，通常用来表示数据的精密度。

$$RSD = \frac{\sigma}{\bar{c}} \times 100\% \tag{0-2}$$

（二）准确度

准确度作为一种重要的性能指标，用于衡量结果与真实值之间的接近程度，是评价仪器分析方法好坏的关键性能指标。

准确度是指测量结果与真实值之间的接近程度，在分析方法中用于评估方法的可靠性和可信度。一般来说，准确性越高，则分析结果与真实值之间的误差越小，测量结果越容易被接受，具有更高的可靠性。

在实验室中，我们通常采用误差（s）来衡量分析结果与真实值（μ）之间的差异。

$$s = \frac{|\bar{c} - \mu|}{\mu} \tag{0-3}$$

误差由系统误差和随机误差两部分组成。系统误差是指由于仪器、样品或分析方法等方面的原因产生的偏差，通常是不可避免的；随机误差则是由于实验条件不同而导致的干扰和波动，可以通过增加数据量、提高实验技能等措施减小。

比较常见的准确度评价方法有以下几种。

1. 标准物质法 选择已知浓度的标准物质，例如纯净化学品、标准溶液、标准参考样品等，进行测定，并和标准物质的浓度进行比较，计算误差和相关参数。用标准物质法来评价分析方法的准确度是最理想的方法，如果结果与标准样品给定的物质含量越接近，说明准确度越高。

2. 标准方法对照 用作为基准的标准化方法，与待评估方法进行比对来评价其准确度。

3. 实验对照法 实验对照法是指使用同样的方法或仪器，同时对不同对照样品进行测量，来评价其准确度。例如，使用同样的仪器进行药物含量的测定，同时测定不同批次药物的标准品和样品，计算误差和相关参数。

（三）灵敏度

根据国际纯粹与应用化学联合会（IUPAC）的定义，灵敏度是指一个测量方法或分析方法对于待测物质变化的响应程度。通俗一点讲，就是测量方法或分析方法能够探测到待测物质浓度或含量的微小变化的能力。

灵敏度作为一种重要的性能指标，用于描述仪器检测到的目标物质的最小浓度，它是指在一定条件下，目标物质与仪器的响应关系的斜率。灵敏度越高，可以检测到更低浓度的物质，反之灵敏度越低，就需要更高的物质浓度才能被检测到。

不同的仪器有不同的指标来表示灵敏度，比如原子吸收光谱分析中，常用“特征浓度”，即1%的净吸收来表示方法的灵敏度，而原子发射光谱中常用相对灵敏度来表示不同元素的灵敏度。

（四）标准曲线及线性范围

标准曲线是一种广泛用于仪器分析方法的数学模型，它用于定量分析，将待测分析物在不同浓度下的测量信号（如吸收峰值、荧光强度、色谱峰面积等）与浓度之间的关系表示出来。在实验过程中，不同标准品的浓度和对应的信号值被测定和记录下来，然后根据信号－浓度数据绘制一条曲线，以表示浓度和信号之间的关系。

标准曲线的性能参数是“相关系数（r）”。r 值越接近于 1，代表预估的数值越准确，其与实际值的差距较小，也可以认为“越接近于 1 的相关系数，标准曲线越好”。

线性范围定义为分析方法可采用的浓度范围，从该范围内某一最低检出浓度至某一最高合理浓度，测定结果在该范围内与被测样品中分析成分实际浓度成线性关系。在线性范围内，样品中待测成分的浓度变动对应的仪器响应变化符合线性关系。该参数一般通过使用标准品系列的浓度递增，每种浓度下样品均进行试验，评估方法等分析条件固定时，分析仪器测定结果和预测结果的相对误差来确定。

线性范围与检出限、定量限、精密度、准确度等性能指标密切相关。线性范围过窄会限制了总的数据分析范围，并降低了仪器的可靠性。线性范围过宽则在低浓度范围内限制“检出限”和“定量限”，在高浓度范围内，如浓度较高时仍能保持线性，而不受非线性影响，则对提高精度和准确度有明显优势。

（五）检出限

仪器分析方法的检出限是表示仪器分析方法性能的重要指标。检出限是指在仪器分析方法中所测得的最小分析信号，该信号与待测成分之间的信号差异大于与背景信号的变异性所对应的值。也就是说，当待测成分的浓度低于检出限时，测定值的模糊程度已经超过了实际值，此时检出限即成了一个方法的底线，应该采用其他方法去分析测定该化合物。

国际标准中，仪器分析方法的检出限是通过对较低浓度的标准溶液进行测量，用重复测量 7 次的数据计算仪器检出限（IDL）：$IDL = 1.645 \times SD$，SD 就是标准偏差。

最低检测限：是在给出的仪器条件下所能测出的最低限度。

最低定量限：样品中的被分析物能够被定量测定的最低量。

一般对于色谱分析来说，信噪比（S/N）$=3$ 时的浓度是检测限，也就是峰高约在基线噪音高的 3 倍；$S/N = 10$ 是定量限，也就是峰高约在基线噪音高的 10 倍。首先，配制一个较低浓度的对照品溶液，注入色谱分析仪，观察其峰高比基线噪音高多少倍（假设 X 倍），将该溶液稀释到 X/3 倍，基本即为该物质的检测限；将该溶液稀释到 X/10 倍，基本即为该物质的定量限。需要注意的是，检出限的确定是一个相对的过程，依赖于仪器精度不同及待测物质、分析方法等的特性差异而异。因此，确定检出限需要不断的修正验证，并附带综合分析多种性能参数如精密度、准确性、选择性、灵敏度等，才能获得更加可靠的结果。

目标检测

答案解析

一、选择题

（一）单项选择题

1. 仪器分析技术主要包括（　）

A. 化学分析和生物分析　　B. 化学分析和仪器分析

C. 仪器分析和生物分析　　D. 物理分析和化学分析

2. 电化学分析法研究物质的成分和性质的原理是（　）

A. 光谱　　B. 电荷转移和电极反应

C. 色谱　　D. 化学反应

3. 光谱分析法可以用来分析物质的（　）性质

A. 成分　　B. 结构

C. 性质　　D. 所有选项都正确

4. 色谱分析法是分离样品中的各成分的原理是（　）

A. 固定相和流动相之间的相互作用　　B. 光谱仪器

C. 电化学反应　　D. 光波的吸收和发射

5. 质谱法可以用来确定样品（　）

A. 元素或同位素　　B. 分子的质量和结构

C. 蛋白质的表征和测序　　D. 所有选项都正确

6. 适用于分析食品中的蛋白质和糖类等高分子化合物的有（　）

A. 毛细管电泳法　　B. 气相色谱法

C. 高效液相色谱法　　D. 所有选项都正确

7. 在食品行业中最常用的分析方法是（　）

A. 光谱分析法　　B. 质谱法

C. 电化学分析法　　D. 色谱分析法

（二）多项选择题

1. 仪器分析技术在食品行业中的应用包括（　）

A. 确定食品成分和营养价值　　B. 检测食品中的残留物和有害物质

C. 评估食品的质量和品味　　D. 监测和控制生产过程中的参数

2. 电化学分析法的应用包括（　）

A. 直接电位法　　B. 滴定电位法

C. 间接电位法　　D. 恒流法

3. 光谱分析法可以用于分析食品中的（　）

A. 颜色和纯度　　B. 香味和味道

C. 蛋白质和碳水化合物　　D. 维生素和矿物质

4. 色谱分析法适用于分析（　）

A. 挥发性有机物　　B. 脂肪和油脂

C. 染料和色素　　D. 酸度和碱度

二、简答题

在检测同一批面包的水分含量，结果如下：62.01%、61.03%、65.04%、59.05%、63.21%，求检测结果的 RSD（保留两位有效数字）。

第一章　电分析化学

学习目标

【知识要求】

1. 掌握电化学分析法的基本原理；Nernst 方程式；参比电极、金属指示电极和离子选择性电极的概念及其常用电极；电解分析法和库仑分析法的基本原理和概念；恒电/控制电位电解、控制电位/电流库仑滴定法的特点；极谱法和伏安法的基本原理和概念；扩散电流方程式。

2. 熟悉电化学电池的种类及组成；平衡电极电位的产生；标准电极电位及其测量；直接电位法和电位滴定法的原理；电解分析法和库仑分析法中电极的组成、构造及其基本性能；极谱法和伏安法基本装置组成、构造及其性能。

3. 了解条件电极电位；电极极化与超电位；电位分析法的应用；电解分析法和库仑分析法的应用；极谱法和伏安法的种类及应用。

【技能要求】

1. 能熟练应用 Nernst 方程。

2. 能熟练使用 pH 计测定溶液 pH。

3. 会运用 Gran 作图法确定滴定反应的终点。

4. 能分辨极谱法和伏安法的优缺点。

第一节　电分析化学导论

PPT

电分析化学（electroanalytical chemistry）是将化学变化与电现象联系起来的一门学科，又称电化学分析（electrochemical analysis），是利用电化学的基本原理和实验技术研究待测物质的性质、组成及含量的一门学科。自 20 世纪 80 年代开始，经历了四十多年的发展，电分析化学从经典极谱分析、固体电极、电解分析和电化学滴定，逐步发展到电极界面修饰与组装、电化学生物传感器、电化学免疫分析、生物电分析化学等领域，使电化学分析法从一门实验技术发展为一门系统性的学科——电分析化学。电分析化学既是现代分析化学的一个重要分支，又是一门表面科学，在相界面研究中有着重要的作用。

一、电分析化学的分类及特点

（一）分类

在苏彬主编的《分析化学手册・电分析化学》中，根据测量电化学池的电学参数不同，电分析化学方法分成以下几类。

1. 测量电解过程中消耗电量方法——电解分析法和库仑分析法。

2. 测量试液电导的方法——电导分析法。

3. 测量电池电动势或电极电位的方法——电位分析法。

4. 测量电解过程中电流的方法——电流分析法（伏安法、极谱法等）。

5. 通过电沉积的方法——溶出分析法。

6. 微电极和活体分析法。

7. 生物电分析化学方法。

8. 电化学联用分析法。

（二）特点

电化学分析具有以下特点。

1. 灵敏度较高　溶出伏安法测重金属离子的浓度可低至 10^{-12}mol/L。

2. 准确度高　如电解分析法和库仑分析法的准确度很高，前者适于高含量成分测定，后者适于微量成分测定。

3. 测量范围宽　电位分析法及微库仑分析法等可用于微量组分的测定；电解分析法、电容量分析法及库仑分析法则可用于中等含量组分的测定。

4. 仪器设备简单、价格低　仪器操作较简单，易于自动化。

5. 选择性差　电化学分析的选择性一般都较差，但离子选择性电极法、极谱法、控制阴极电位电解法的选择性则较高。

二、电化学基础

（一）电化学电池

电化学电池由两个插入电解质溶液的固体电极组成，此装置可使化学能与电能相互转化，其原理是电极通电后，电解质溶液中的离子发生迁移以及电极周围的固－液界面上发生氧化/还原反应而形成电流。大多数电化学电池属于氧化还原反应型，通过测量其某些电学特性参数（如电位、电导或电阻）及其变化情况来定量分析待测试样。

电化学电池可分为化学电池、浓差电池和重力电池，用于电分析化学的是化学电池。根据电解质溶液的个数，化学电池可分为单液电池和双液电池。其中，单液电池具有无液接电位的特点，如韦斯顿标准电池；双液电池存在液－液界面且具有液接电位的特点，如丹尼尔电池。

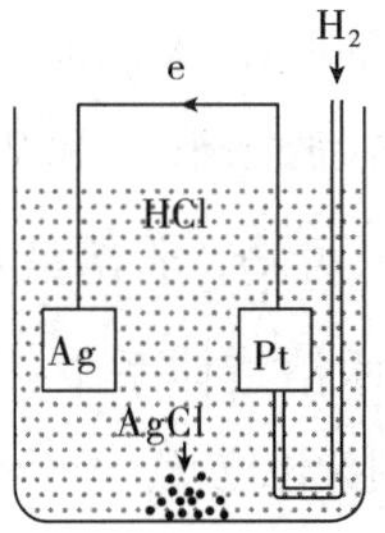

图 1－1　无液体接界电池示意图

单液电池如图 1－1 所示，两个电极插入同一种电解质溶液中，因两个电极共用同一种电解质溶液，其溶液间无界面，故又被称作无液体接界电池。因银离子非常慢地氧化氢，使电池效率降低不明显，但其效率仍然低。该电池的电极反应与电池反应如下：

$$\text{阴极反应（Ag 电极）：} AgCl + e \longrightarrow Ag + Cl^-$$

$$\text{阳极反应（Pt 电极）：} \frac{1}{2}H_2 \longrightarrow H^+ + e$$

$$\text{电池反应：} AgCl + \frac{1}{2}H_2 = Ag + HCl$$

双液电池如图 1－2 所示，两个电极分别插入到两种不同电解质溶液中，两种溶液被装置分隔开，两溶液界面间的电位差由电解质的本身性质及其浓度所决定（一般不超过 0.03V），故也被称为有液体接界电池。该类电池避免了单液电池各组分直接参与氧化还原反应所引起电池效率低的问题，因此此类电池在电化学分析中常被采用。该类电池的电极反应及电池反应为：

阴极反应（Cu 电极）：$Cu^{2+} + 2e \longrightarrow Cu$

阳极反应（Zn 电极）：$Zn \longrightarrow Zn^{2+} + 2e$

电池反应：$Cu^{2+} + Zn = Cu + Zn^{2+}$

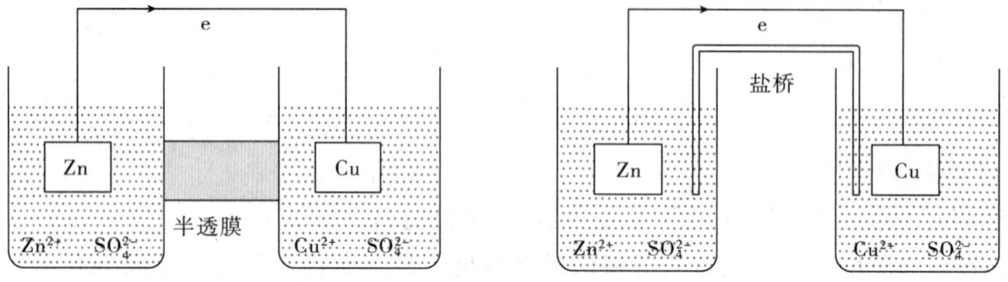

（1）Daniel 电池　　（2）盐桥原电池

图 1－2　有液体接界电池示意图

（二）液接电位及其消除

两种不同溶液接触时，液面间会产生一个液体接界面。因溶液组成或浓度不同，使得接界面两侧的离子向相对方向扩散。由于正负离子的扩散速度不同，导致在液体接界面两边产生电位差，即液接电位。液接电位的值随实验条件，如温度、pH、离子强度、液接方式等而改变，不是恒定不变的。由于液接电位的存在，导致在电分析尤其电位分析中会产生误差。目前，液接电位仍无法被精确测量和计算，但通过 Henderson 公式可近似获得稀溶液间的液接电位：

$$E_j = \frac{RT}{F} \times \frac{(u_1 - V_1) - (u_2 - V_2)}{(u_1' + V_1') - (u_2' + V_2')} \ln\left(\frac{u_1' + V_1'}{u_2' + V_2'}\right) \tag{1-1}$$

式中，$u = \sum C_+ \lambda_+$；$V = \sum C_- \lambda_-$；$u' = \sum C_+ \lambda_+ z_+$；$V' = \sum C_- \lambda_- z_-$；$C_+$和$C_-$分别为阳、阴离子浓度，mol/L；$\lambda_+$和$\lambda_-$分别为阳、阴离子的摩尔电导率；$z_+$和$z_-$分别为阳、阴离子的价数，下标 1 和 2 分别为接触溶液 1 和 2。式（1－1）中 E_j 的正、负号即为溶液 2 表面所带正电荷的正、负号。由式（1－1）可知，若溶液 1 和 2 的电压为 $\sum C_+ \lambda_+ = \sum C_- \lambda_-$，则 $E_j = 0$。

在水溶液体系中，稀溶液间的液接电位 E_j 一般小于 50mV，例如 0.1mol/L KCl 与 1mol/L NaOH 溶液间的液接电位 $E_j = 45$mV。而水溶液和有机溶液间的液接电位则大很多，例如饱和 KCl 水溶液和 0.01mol/L Ag^+ 乙腈溶液（饱和甘汞电极）间的液接电位 $E_j = 250$mV。因此，若要 E_j 值尽可能小，或在某条件下要保持稳定，即减少其液接电位，采用在稀溶液间加一浓溶液的盐桥。

与盐桥相连的两个界面上，占优势离子为盐桥溶液迁移来的离子，其正、负离子的迁移数近似相等（电荷数近似相等），而电荷极性相反，故液接电位大大降低。另外，盐桥电解质不与接界溶液发生化学作用。由此可知，盐桥的作用：一是降低液接电位；二是防止或减少工作电极与参比电极间相互污染。盐桥一般为充满盐溶液的 U 形玻璃管，管倒置于两分隔的稀溶液中，使两稀溶液间离子导通，如图 1－2（2）所示。

为减缓盐桥两边稀溶液经盐桥而流动，一般将盐桥进行封结，封结方式为：

1. 盐桥采用凝胶状电解液，从而可抑制两边稀溶液的流动，如琼脂、硅胶等凝胶物质。例如：4% 琼脂加入热水中，溶解完全后加入一定量的盐，充分溶解后趁热将溶液注入玻璃管中，冷却后即呈凝胶状电解液的盐桥。该盐桥电阻较小，可琼脂在水中有一定溶解度，且在强酸或强碱条件下不稳定，故检测强酸或强碱溶液时，不宜采用该类盐桥。另外，琼脂也能溶解于有机溶液，故也不宜采用此类盐桥。

2. 采用多孔烧结陶瓷或玻璃、石棉纤维等，在火上直接熔接或聚四氟乙烯管套连接来封住盐桥管口，该封口孔径不超过几个微米。

由上可知，要避免液接电位的影响，实验条件允许的情况下，尽可能采用无液体接界电池装置。

三、电极电位

（一）平衡电极电位的产生

金属晶体由金属离子和自由电子组成，金属离子按点阵结构排列，自由电子在其周围运动，当把金属放在其盐溶液中时，金属离子因极性水分子的吸引而进入溶液中，溶液中的金属离子因金属表面自由电子的吸引又重新沉积于金属表面，当金属离子的溶解与沉积速率相等时，即达到动态平衡，此时金属与其盐溶液间会产生电势差，可用于衡量该金属在其盐溶液中得失电子能力的大小。

当锌片与 $ZnSO_4$溶液接触时，锌片表面发生正向与逆向反应且在金属与溶液界面达到平衡：

$$Zn \rightleftharpoons Zn^{2+} + 2e$$

由于金属 Zn 的氧化倾向大于 Zn^{2+} 的还原倾向，导致部分金属 Zn 氧化成为 Zn^{2+} 而进入到溶液中，而释放出的自由电子留在锌片上。因此，金属 Zn 带负电荷，溶液因获得多余 Zn^{2+} 而带正电荷。从而，在金属 Zn 与溶液的界面上形成双电层。正是该双电层的存在，锌片与溶液之间便产生了电势差，该电势差称为“相间电位”。若锌片用作电极，则此相间电位又称为电极电位。

当铜片插入 $CuSO_4$溶液中也存在类似的平衡：

$$Cu \rightleftharpoons Cu^{2+} + 2e$$

由于 Cu^{2+} 的还原倾向大于金属 Cu 的氧化倾向，故铜片带正电荷而溶液带负电荷，也形成双电层和相间电位。当铜片用作电极时，该相间电位称为电极电位。

平衡电极电位是指标准状态下电极与溶液之间达到平衡时的相间电位。标准状态是指温度 298. 15K、气体分压 101. 35kPa、离子有效活度 1mol/L 的状态。平衡电极电位可用来计算电化学反应的电动势、反应速率等参数。

（二）标准电极电位及其测量

电极电位的大小主要由物质本质决定，同时又受体系的温度、离子浓度等外界条件的影响。当测定温度是 298. 15K 时，溶液的金属离子活度为 1mol/L，气体的分压为 101. 35kPa，所测电极电位称为标准电极电位，以符号 E 表示。

虽然电极与溶液间的电位为固定值，但单个电极电位是无法测量，故须借助另一个电极（参比电极）与待测电极组成一个电池才能测量其相对值，如图 1 – 3 所示。也就是说，将待测电极与标准电极一起组成一个原电池，然后测量该原电池的电动势。若将标准电极的电位定为零，则原电池的电动势与待测电极的电位在数值上是相等的。该标准电极又称为参比电极，其电位必须很稳定。通常采用当量氢电极（normal hydrogen electrode，NHE）作为标准电极，又称为标准氢电极（normal hydrogen electrode，SHE）。除特别注明外，

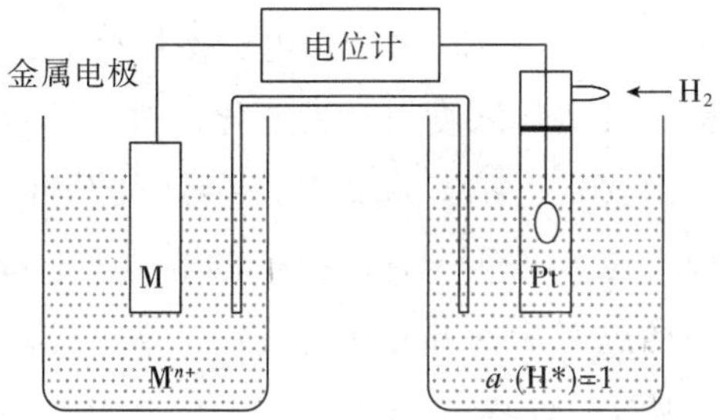

图 1 – 3　以 NHE 为参比电极测量标准电极电位

参比电极均是标准氢电极。

标准氢电极是镀有一层海绵状铂黑的铂片，浸入到氢离子活度等于1mol/L酸溶液中，不断向铂片通入压力为101.3kPa的纯氢气，使铂黑吸附H_2至饱和，这时铂片像是用氢制成的电极一样。任何温度下标准氢电极的电极电位定为零（电极电位一般随温度而变的）。其他电极在某温度下与标准氢电极组成的原电池，其电动势就等于该电极在这一温度时的电极电位。IUPAC（国际纯粹与应用化学协会）建议规定：当被测电极与标准氢电极组成原电池时，凡是电子从标准氢电极流出，经外电路流向被测电极，则被测电极电位定为正号（铜电极）；凡是电子从被测电极流出，经外电路流向标准氢电极，则被测电极电位定为负号（锌电极）。

（三）Nernst 方程式

1889年，德国化学家瓦尔特·赫尔曼·能斯特（H. W. Nernst）提出双电层理论，并得出电极电势与溶液浓度的关系式，即能斯特方程，该方程是电化学中一个重要方程式，是许多电化学分析法的理论依据，其有两种含意。

第一种含义：它表示一个电池的电动势与电池的两电极表面溶液离子活度之间的关系。

电池反应： $aA + bB \rightleftharpoons cC + dD$

能斯特方程式：

$$E_{电池} = E^{\ominus}_{电池} + \frac{RT}{nF}\ln\frac{[A]^a[B]^b}{[C]^c[D]^d} \tag{1-2}$$

式中，$E_{电池}$为电池电位；$E^{\ominus}_{电池}$为电池的标准电位；R为气体常数［8.314J/(K·mol)］；T为热力学温度；n为电池反应中电子得失数；ln为自然对数（2.303lg）；F：反应物或产物的活度。

第二种含义：它表示一个电极的电位与电极表面溶液离子活度之间的关系。该含义是电化学分析中应用最多的。

电极反应： $O_x + ne \rightleftharpoons Red$

能斯特方程式：

$$E = E^{\ominus} + \frac{RT}{nF}\ln\frac{[O_x]}{[Red]} \tag{1-3}$$

式中，E为电极电位；$E^{\ominus}$为标准电极电位；$[O_x]$为氧化态的活度；[Red]为还原态的活度。

将各常数项代入式（1-3），在25℃时

$$E = E^{\ominus} + \frac{0.059}{n}\lg\frac{[O_x]}{[Red]} \tag{1-4}$$

通常活度可近似地用浓度代替，即$F \approx$浓度(mol/L)。

若反应物或产物是气体，则F为气体分压（以atm单位表示）；若反应物或产物是固体且不溶于水，则F等于1。有时水分子也会参加反应，但相比于其他反应物的浓度，水的浓度要大得多，因此在反应过程中其实际浓度无多大变化，故$[H_2O]$等于1。

由式（1-3）和式（1-4）可看出，当所有反应物和产物的活度（或浓度）都等于1时，体系的电极电位E就等于标准电极的电位$E^{\ominus}$，即为$E^{\ominus}$的定义。

通过能斯特方程式，我们可从已知的氧化还原体系（即电对）的浓度计算出相应的电极电位。

例1 计算浸在含有活度为1mol/L氯离子和饱和氯化银溶液中银电极的电极电位。

解：$Ag^+ + e \rightleftharpoons Ag$ $\quad E^{\ominus}_{Ag^+/Ag} = +0.799V$

$$E_{Ag^+/Ag} = E^{\ominus}_{Ag^+/Ag} + 0.059\lg[Ag^+]$$

AgCl 溶度积：$K_{sp(AgCl)} = [Ag^+][Cl^-] = 1.82 \times 10^{-10}$，故 $[Ag^+] = \dfrac{K_{sp(AgCl)}}{[Cl^-]}$

将 $[Ag^+]$ 代入上式，得 $E_{Ag^+/Ag} = 0.799 + 0.059\lg \dfrac{K_{sp(AgCl)}}{[Cl^-]}$

$$= 0.799 + 0.059\lg\left(\frac{1.82 \times 10^{-10}}{1}\right)$$

$$= +0.222V$$

知识链接

能斯特方程

瓦尔特·赫尔曼·能斯特（1864—1941年）是一位著名的德国物理化学家，是第一个获得诺贝尔化学奖的德国科学家，他因对化学电动势和化学平衡理论的突出贡献而受到广泛认可，最重要成就之一是能斯特方程。能斯特发现了温度对电化学反应的影响，他提出的能斯特公式，能够精确地计算出电池电势随温度变化的情况。能斯特方程的重要性在于它提供了解释和预测电池行为的数学工具，为电化学研究和应用提供了基础。

能斯特的工作为现代化学的发展做出了重要贡献，并在科学界产生了深远影响。他的理论和方程被广泛运用于化学研究和工业实践中，为我们理解化学反应和平衡提供了坚实的基础，同时也推动了化学领域的进步。

（四）条件电极电位

在某个浓度的电解质（支持电解质）溶液中，由一个参比电极和一个指示电极组成原电池，当能斯特方程式中 lg 项的浓度（活度）比率等于 1 时，这个原电池的电动势称为条件电极电位。当电解质浓度远高于氧化还原对中氧化态或还原态浓度，则液接电位和活度不随氧化态或还原态浓度而变化。该电解质的成分，如氢离子、氢氧根、氯离子，其浓度是固定的，并规定不在 lg 项中表示出来：

$$E = E^{\ominus} + \frac{RT}{nF}\ln\frac{[O_x]}{[Red]} \tag{1-5}$$

（五）电极极化与超电位

电极工作时，实际电位偏离其平衡电位的现象称作电极的极化。其中，平衡电位是指以溶液的平衡浓度（溶液内部的浓度，也称体相浓度）为依据，按能斯特方程式求解的电位。

电极工作时，实际电位与其平衡电位的差值称为超电位（也称过电位）。显然，超电位是由电极的极化而引起的。

电极的极化分为浓差极化和电化学极化。浓差极化是由溶液的扩散速率小于电极的反应速率，从而引起电极的实际电位偏离其平衡电位的现象。以工作阴极还原 Cu^{2+} 为例，随着电极反应的进行，电极与溶液的接触界面附近的 Cu^{2+} 被不断消耗，而溶液中（体相）的 Cu^{2+} 来不及扩散到达电极界面来补充 Cu^{2+} 的消耗，引起电极界面上 Cu^{2+} 浓度小于溶液中的浓度，电极的实际电位小于其平衡电位，出现了浓差极化。出现浓差极化时，对于工作阴极，实际电位将小于其平衡电位；对于工作阳极，实际电位将大于其平衡电位。

电化学极化（化学极化）是指电极反应迟延而引起其实际电位偏离平衡电位的现象。因电极反应存在某种动力学障碍，导致电极反应来不及消耗电源输送来的电荷，使得电极积聚了多于平衡状态的电荷（阴极积聚了更多的负电荷；阳极积聚了更多的正电荷），导致阴极的实际电位小于平衡电位，而阳极的实际电位大于平衡电位，从而出现了电化学极化。

由浓差极化引起的超电位称为浓差超电位，由电化学极化引起的超电位称为活化超电位。严格地说，超电位包括浓差超电位和活化超电位，但浓差极化一般可通过搅拌来消除。因此，超电位通常是指活化超电位。

（六）法拉第过程和非法拉第过程

根据电极－溶液界面是否有电荷转移，电化学过程可分为法拉第过程和非法拉第过程。法拉第过程是指电极－溶液界面有电荷转移反应发生，其转移过程伴有氧化还原反应，而电荷转移量与反应物质变化量遵循法拉第定律，故称作法拉第过程，其对应产生的电流称为法拉第电流。

在一些实验条件下，电极－溶液界面没有电荷转移反应发生，仅有吸附、解吸附等过程发生，但其电极－溶液界面可随外加电位、溶液组成而发生变化，此类过程称作非法拉第过程，其相应产生的电流称作非法拉第电流，又称作充电电流或电容电流。实际上，电极反应过程的发生既有法拉第过程又有非法拉第过程。

第二节　电位分析法

PPT

电位分析法是利用化学电池电动势与待测液中某组分浓度的定量关系来测定该组分浓度的一种电化学分析法，又称为电位法。它分为直接电位法和电位滴定法，直接电位法是通过直接测量电池电动势来确定待测物质浓度的方法；电位滴定法是通过测量滴定过程中电池电动势的变化来确定滴定终点的滴定分析方法。

电位分析法具有灵敏度高、选择性好、样品量少、不破坏待测液等优点，故适于贵重样品的分析。同时，电位分析法的测定速度快、操作简便、易于自动化和连续化。

一、参比电极

参比电极与待测电极构成电子回路，用于提供稳定的参比电位以便于测量待测电极的电位。原则上回路中的电流要极小，不能干扰工作电极的极化状态。因此，参比电极的性能会直接影响电极电位测量及其稳定性、重现性和准确性。

目前，水溶液体系中常用的参比电极有：①金属相或者溶解的化合物分别与其离子组成的平衡体系，如 $H^+/H_2(Pt)$、Ag^+/Ag；②金属与该金属难溶化合物电离出的少量离子组成的平衡体系，如 Hg_2Cl_2/Hg、HgO/Hg；③其他体系，如玻璃电极、离子选择性电极等。

（一）甘汞电极

甘汞电极（calomel electrode）是最常用的参比电极之一，在电位分析和极谱分析中广泛应用。电极反应为：$Hg_2Cl_2+2e \rightleftharpoons 2Hg+2Cl^-$，温度一定时，甘汞与汞的活度为常数，电极电位与溶液中氯离子活度有关，即 $E=E^{\ominus}-\frac{RT}{F}\ln[Cl^-]$。

饱和 KCl 溶液中 Cl^- 活度（浓度）易于保持恒定，通常将其作为甘汞电极的内充液，此类电极称为饱和甘汞电极（saturated calomel electrode，简称 SCE），其温度系数较大。虽然温度会影响甘汞电极的电位，但通常室温变化对该电极电位的影响不明显。同时，Hg_2Cl_2 高温不稳定，故甘汞电极一般适于在

70℃以下进行测量。另外，新的甘汞电极在使用前应浸泡于内充液中，并放置一周，使其电位稳定后使用。

（二）Ag/AgCl 电极

Ag－AgCl 参比电极制作简单、便宜且无毒、操作方便，具有良好的稳定性和重现性，也是常用的参比电极。其电极反应为：$AgCl + e \rightleftharpoons Ag + Cl^-$，其电极电位也取决于溶液中氯离子的活度，即 $E = E^{\ominus} - \frac{RT}{F}\ln[Cl^-]$。在25℃下，Ag－AgCl 电极的标准电极电位 $E^{\ominus}=0.222V$；若将饱和 KCl 溶液作为内充液时，Ag－AgCl 电极的标准电极电位 $E^{\ominus}=0.197V$。

（三）参比电极使用注意事项

1. 校正　参比电极电位可采用另一个实验室标准参比电极和一个高阻抗的伏特计进行校正。电化学行为较好的电极是实验室标准参比电极，如 Ag/AgCl（饱和 KCl 溶液），只用于校正，且可避免堵塞、被污染等问题。检验或校正参比电极电位时，被测参比电极与实验室标准参比电极置于相同的高导电性电解质中（饱和 KCl 溶液），并于常温下保存。标准参比电极与仪表连接，被测参比电极电位可由仪器直接读出。若电位需很长时间才稳定，可能接口被堵塞，则参比电极须重制；若被测参比电极与标准参比电极的电位差在几毫伏范围内，则说明被测参比电极比较好。

2. 储存　一般参比电极应该保存在与内充液相同的溶液中（如甘汞电极保存于饱和 KCl 溶液中）。参比电极的内充液是不饱和溶液，要防止其挥发，以免内充液浓度变大。参比电极均不能干放，而光敏感的参比电极应避光保存。

3. 清洗　接点会因各种原因而被堵塞，如胶体状样品、蛋白质与孔的键合、难溶性盐的形成等问题。最简单的接点清洗方法是溶解沉淀的盐，否则被污染的部分必须更新。同时，清洗时需特别注意接口材料和污染物，以免接点有可能也被溶解。

4. 更换内充液　由于内充液和电化学池中的电解液会相互扩散、稀释和污染，故参比电极的内充液需定期更换。更换的内充液浓度应该适宜，且不能有气泡。

5. 更新与检修　大多数参比电极通过更换内充液或烧结玻璃就可以更新，但某些特殊情况下，须重制整个电极。

二、金属指示电极

根据构成电极体系所用的材料，电极可分为以下四类。

（一）第一类电极（活性金属电极）

第一类电极是金属（包括 H_2）与其离子处于平衡状态的电极。例如：金属 Ag 与 Ag^+组成的电极。

$$Ag \mid Ag^+ \qquad 电极反应：Ag^+ + e \rightleftharpoons Ag$$

（二）第二类电极（金属－难溶盐电极）

第二类电极是在金属电极表面覆盖一层该金属的难溶盐（或氧化物、氢氧化物），并将该电极插入含该难溶盐阴离子的溶液中，该体系处于平衡状态。例如，常用的甘汞电极就是在纯汞上加入 Hg_2Cl_2－Hg 的糊状混合物，再滴加 KCl 溶液而制成。

$$Hg \mid Hg_2Cl_2 \mid Cl^- \qquad 电极反应：Hg_2Cl_2 + 2e \rightleftharpoons 2Hg + 2Cl^-$$

该电极电位取决于电极表面 Hg^+离子的活度（浓度），而 Hg^+离子的活度又取决于 Cl^-离子的活度。所以甘汞电极电位最终取决于 Cl^-离子的活度。因此，第二类电极响应溶液中阴离子的活度。在使用甘汞电极时应注明溶液中 KCl 的活度（浓度）。

（三）第三类电极

第三类电极是金属与两种具有共同阴离子的难溶盐或难离解的络离子处于平衡状态的电极。例如，把汞电极插入含有微量 Hg^{2+} - EDTA 络合物（限量 1×10^{-6}mol/L）和含有微量 Cd^{2+} - EDTA 络合物（限量 1×10^{-6}mol/L）的水溶液中。此电极所响应金属离子的活度为：

$$Hg \mid HgY^{2-}、CdY^{2-}、Cd^{2+} \qquad 电极反应：HgY^{2-}+2e+Cd^{2+} \rightleftharpoons Hg+CdY^{2-}$$

式中，Y 为去质子态的 EDTA 阴离子。

该电极电位取决于 HgY^{2-} 的活度，而 HgY^{2-} 活度又取决于 CdY^{2-} 和 Cd^{2+} 活度，所以电极电位最终取决于 $[Cd^{2+}]/[CdY^{2-}]$。该类电极可用作 EDTA 滴定金属离子的指示电极。

（四）零类电极

零类电极是将惰性金属（铂、金等）丝插入氧化和还原态的溶液中而构成。金属丝仅起着与外电路传递电子的作用，例如 $Pt \mid Fe^{3+}, Fe^{2+}$，电极反应：$Fe^{3+}+e \rightleftharpoons Fe^{2+}$，该类电极常用作氧化还原滴定的指示电极。

指示电极需符合以下要求：①电极电位与相关离子的活度应该符合 Nernst 方程式；②对相关离子响应快且可重现；③结构简单，使用方便。

三、离子选择性电极与膜电位

20 世纪 60 年代末因膜电极技术的出现，诞生了多种具有良好选择性的指示电极，即为离子选择性电极（ion selective electrode，ISE），又称膜电极。离子选择性电极以电极电位指示溶液中特定离子的活度，具有结构简单、响应速度快、灵敏度和选择性高、易于携带等特点。

（一）离子选择性电极的概念和分类

按 IUPAC 所推荐的定义，离子选择性电极是电化学敏感体，它的电极电位与溶液中特定离子活度的对数成线性关系，该装置不同于氧化还原反应体系。敏感膜表面不发生电子得失，只是在膜的两个表面发生离子交换，形成膜电位。这是直接电位法中应用最广泛的一类指示电极。

离子选择性电极的基本构造是：①敏感膜，最关键部件；②内参液，含有对膜和内参比电极响应的离子；③内参比电极，通常用 Ag - AgCl 电极（有的是在晶体膜上压一层银粉，银粉层上直接焊接导线；有的是将敏感膜涂抹于金属丝或金属片上而制成的涂层电极）。

离子选择性电极根据敏感膜的组成和结构可分为基本电极和敏化离子选择性电极两大类，具体如下：

- 离子选择性电极
  - 基本电极
    - 晶体膜电极
      - 均相晶体膜电极
      - 非均相晶体膜电极
    - 非晶体膜电极
      - 刚性基质电极（玻璃电极）
      - 流动载体电极
        - 带正电荷载体电极
        - 带负电荷载体电极
        - 中性载体电极
  - 敏化离子选择性电极
    - 气敏电极
    - 酶电极

基本电极是指敏感膜直接与待测液接触的离子选择性电极。根据膜材料性质，基本电极分为晶体膜电极和非晶体膜电极两大类。敏化电极则是在原电极的基础上，对敏感膜进行特殊处理，使之既能响应离子，又能响应分子、微生物等。将敏化电极与外参比电极装配在一起，可制成微生物敏感器、免疫敏感器和酶敏感器等。

知识链接

国际纯粹与应用化学联合会

国际纯粹与应用化学联合会（IUPAC），是一个致力于促进化学相关事务的非政府组织，也是各国化学会的联合组织，以其公认的化学命名权威而闻名。1911 年，在伦敦成立了国际化学会联盟（International Association of Chemistry Societies），它实际上是几个欧洲已存在的联盟组织的合并。1919 年，在法国巴黎进行改组，成为现在的国际纯粹与应用化学联合会。IUPAC 的主要工作包括制定全球化学和化学工作者所需的规则和标准，促进国际合作与交流，培养年轻的化学工作者，普及化学知识，推动化学科研成果造福人类。

中国科学家在 IUPAC 的发展中发挥了积极而重要的作用。2015 年 8 月，在韩国釜山举行的 IUPAC 第 45 届学术大会暨第 48 届全体代表大会上，北京大学的周其凤院士当选为 IUPAC 副主席，并于 2018 年 1 月升任主席。这是自 IUPAC 成立近百年以来，中国科学家首次担任该组织的领导职务。

中国在化学领域取得的成就得益于国家对科学发展的高度重视和支持。中国化学家通过参与 IUPAC 的工作，推动了中国化学社区与国际化学界的交流与合作。他们的贡献不仅提高了中国化学的国际影响力，也为全球化学研究的发展作出了重要贡献。

（二）膜电位及其产生

膜电位（membrane potential）是膜内扩散电位和膜与电解质溶液形成的内外界面的 Donnan 电位的代数和。通常，离子选择性电极的膜电位主要是溶液离子与电极膜上离子间发生交换作用的结果。离子选择性电极种类繁多，但其原理是利用膜电位与待测离子活度间的定量关系。对阳离子响应的电极，其膜电位为：

$$E_{膜} = K + \frac{2.303RT}{nF}\lg a_{阳离子} \tag{1-6}$$

对阴离子响应的电极，其膜电位为：

$$E_{膜} = K + \frac{2.303RT}{nF}\lg a_{阴离子} \tag{1-7}$$

式中，K 值与敏感膜和内参液有关，不同膜电极有不同 K 值。由 1-6 式和 1-7 式可知，在工作范围内膜电位与待测离子活度的对数值成线性关系。对阳离子响应的电极，响应斜率为正值；对阴离子响应的电极，响应斜率为负值。膜电极的理论响应斜率值为 $2.303RT/nF$，但实际响应斜率往往偏离理论响应斜率，需实际测得。一般采用标准曲线法求得线性斜率，即为膜电极的实际响应斜率。

（三）离子选择性电极

离子选择性电极是因敏感膜对特定离子的选择性电位响应而用作指示电极。该电极电位与其相应离子活度的关系符合 Nernst 方程。离子选择性电极是一类电化学传感器，其基本原理与金属基电极有着本质的区别，离子选择性电极的敏感膜上并不发生电子转移，只是特定离子选择性交换作用，故又称为膜电极。

1. 晶体膜电极 电极的敏感膜是由具导电性难溶盐经过加压或拉制成单晶、多晶或混晶的活性膜。根据膜的状态，该类电极可分为均相膜电极和非均相膜电极。

均相膜电极的敏感膜由均匀的电活性物质组成，包括单晶膜电极和多晶膜电极。用 LaF_3 单晶膜制成的氟离子选择电极，是重要的单晶膜电极。另外，由 AgCl 单晶膜制成的氯离子选择电极，AgBr 单晶膜制成的溴离子选择电极，Ag_2S 单晶膜制成的硫、银离子电极等。多晶膜电极主要是由卤化银和硫化银混合制成的氯、溴、碘离子膜电极和由硫氰化银与硫化银混合制成的硫氰离子膜电极等。

非均相晶体膜电极与均相膜电极的原理相似。由于微溶金属盐的晶体分散并固定于惰性基质材料上，晶体的导电性和机械性能得到改善。该惰性基质材料须具备较高的化学稳定性，且所用黏合剂具有不溶于水、不吸水溶胀、坚固、无孔隙、不渗漏等性质，如硅橡胶、聚乙烯、火棉胶及石蜡等，硅橡胶为最好，应用也最广泛。

2. 非晶体膜电极 非晶体膜电极是出现早、应用广泛的一类离子选择性电极。根据膜基质的性质可分非晶体刚性基质电极（玻璃电极）和流动载体电极（液膜电极）。

玻璃电极的敏感膜是以 SiO_2 为基质的玻璃体，改变玻璃膜的组成成分，可制成 pH 电极、pNa 电极、pK 电极等，其中 pH 玻璃电极是使用最广泛的离子选择性电极。玻璃电极的敏感膜是 SiO_2 基质中加入 Na_2O、CaO 经烧结而成的球形玻璃薄膜，膜厚 80 ~ 100μm，泡内装有 0. 1mol/L HCl 溶液（内参液），其中插入一根 Ag - AgCl 电极作内参比电极。内参比电极电位是恒定，与待测溶液 pH 无关。

流动载体电极又称液体薄膜电极，其敏感膜是将待测离子的盐类或其螯合物溶解在非水溶性有机溶剂中，将有机溶液渗入多孔塑料膜内而制成。这类电极的典型代表是 Ca^{2+} 离子选择性电极，电极内装有两种溶液，内管为 0. 1mol/L $CaCl_2$ 内参比溶液，其中插入 Ag - AgCl 内参比电极；内外管之间是 0. 1mol/L 二癸基磷酸钙（液体离子交换剂）的苯基磷酸二辛酯溶液，底部用疏水性多孔膜（纤维素渗析膜）与试液隔开，多孔性膜仅支持离子交换剂选择性进行 Ca^{2+} 交换。由于水相（试液和内参比溶液）与有机相中 Ca^{2+} 活度不同而产生电位差。

流动载体电极根据物质电活性可分为带电荷流动载体电极、中性载体电极。按载体的电荷性，带电荷流动载体电极又分为以下几种。

（1）带正电荷流动载体电极，用邻菲啰啉与季铵盐、碱性染料和过渡金属等生成带正电荷的配合物来制备对阴离子敏感的电极。如 CO_3^{2-} 电极、NO_3^- 电极、BF_4^- 等季铵盐类电极；亮绿、结晶紫、乙基紫等制成碱性染料类电极；ClO_4^-、NO_3^- 和 BF_4^- 等过渡金属类电极。

（2）带负电荷流动载体电极，用弱酸型螯合剂、大体积阴离子来制备阳离子选择性电极。如二癸基磷酸钙、烷基硫代乙酸阴离子、四对氯苯硼酸阴离子等，可用来制作测定 Ca^{2+}、Cu^{2+} 和 Pb^{2+}、K^+ 的选择电极。这类电极的机制类似于玻璃膜电极，区别是其离子交换定域体可在膜内自由移动。

（3）中性络合载体膜电极，电荷呈中性的环状或链状的化合物，但其含有多个含氧原子的极性配位基。由于氧原子有两对孤对电子提供了偶极矩，因此该类化合物与金属离子会形成 1∶1 络合物。常用的中性载体有大环抗菌素、大环醚类化合物、开链酰胺、非离子型表面活性剂，分别用来制作 K^+ 和 NH_4^+ 及 K^+、Na^+、Li^+ 和 Ca^{2+}、Sr^{2+}、Ba^{2+} 电极。

3. 敏化电极 敏化电极是以原电极为基础改装而成的。它是基于界面化学反应（气敏反应、酶敏反应等），将待测物质转变为原电极能响应的离子。敏化电极包括气敏电极、酶电极和生物电极三种。

气敏电极是在原电极敏感膜上覆盖一层透气膜，并在透气膜与原电极之间的极薄空隙中充入一定组成的溶液。为了待测组分能被原电极所响应，需向待测试液中加入某种化学试剂。待测组分气体扩散通过透气膜，进入到敏感膜与透气膜之间的极薄液层中，改变了液层的离子活度，产生了离子选择电极膜电位差，故电池电动势也发生变化。例如，用于测量溶液中 NH_4^+ 的氨气敏电极，其原电极就是 pH 玻璃电极。测量时向溶液中加入一定的 NaOH 溶液，将 NH_4^+ 转化成 NH_3，NH_3 透过透气薄膜进入到 NH_4Cl 薄液层中，从而改变了溶液的 pH 并由原电极的电位变化显示。

酶电极是在原电极上覆盖一层蛋白酶而制成的电极，利用蛋白酶的界面催化作用，将待测组分转化为原电极可响应物质。如在氨电极表面固定一层脲酶制成脲酶电极，可检验含 0.05 ~ 5mmol/L 尿素的血浆和血清。

生物电极是在原电极上覆盖一层动物或植物组织而制成的电极。例如，在氨电极表面贴上猪肾切片而制成的生物电极可测谷氨酰胺含量；在氨电极表面涂上刀豆浆而制成的生物电极可测尿素含量。

四、离子选择性电极性能参数

离子选择性电极应具有灵敏度高、响应范围宽、选择性高等相应特性，具体可用以下参数来说明。

（一）Nernst 响应、线性范围、检测下限

以电极电位 E 为纵坐标，被测离子活度的负对数 $-\lg a$ 为横坐标绘制曲线，该为校准曲线，如图1－4 所示。若该响应变化服从 Nernst 方程，则称其为 Nernst 响应。线性范围为校准曲线的直线部分所对应的离子活度范围，该直线部分的斜率称为极差。25℃ 下，$n=1$ 时直线部分的斜率是 59mV；$n=2$ 时斜率为 29.5mV。一般离子选择性电极的线性范围为 4 ~ 7 个数量级。实际测定过程中，当被测离子活度降低到一定程度后，电极电位便开始偏离 Nernst 方程。检测下限是 CD 和 AB 延长线的交点 M 所对应的活度 a，即为灵敏度，表示电极能有效检测待测离子的最低活度（浓度）。

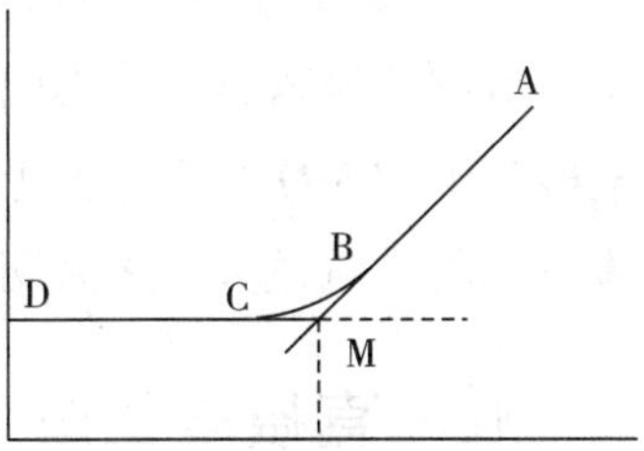

图 1－4 电极校准曲线

（二）选择性系数

理想的离子选择性电极只对某一特定离子产生电位响应。事实上，电极不仅对该特定离子有响应，还能对待测液中某些离子也有响应。例如，玻璃电极测定 pH 时，当 pH > 9 时，由于碱金属离子的存在，玻璃电极的电位响应会偏离理想线性关系而产生误差（实际值大于测得值），该误差被称作钠误差。钠误差产生的原因是敏感膜不仅对 H^+ 有响应，而且对 Na^+ 也有响应，只是其响应程度不同而已。当 H^+ 活度较高时，Na^+ 的影响不明显；但当 H^+ 活度很低时，Na^+ 的影响就显著了，从而产生干扰作用。因此，若测定离子为 i，电荷为 n_i；干扰离子为 j，电荷为 n_j。若考虑共存离子产生的电位，其膜电位可表示为：

$$E_{膜} = K \pm \frac{2.303RT}{nF}\lg[a_i + K_{ij}(a_j)^{\frac{n_i}{n_j}}] \tag{1-8}$$

式中，K_{ij} 为电极的选择性系数，表示在相同的测定条件下，待测离子和干扰离子产生相同电位时，待测离子的活度 a_i 与干扰离子的活度 a_j 的比值：

$$K_{ij} = a_i/(a_j)^{n_i/n_j} \tag{1-9}$$

一般 $K_{ij} \leqslant 1$，K_{ij} 值越小，表明电极的选择性越高。例如：$K_{ij}=0.01$ （$n_i = n_j = 1$），表示当干扰离子活度 a_j 是待测离子活度 a_i 的 100 倍，两者所产生膜电位才相等。K_{ij} 可通过实验测量获得，与待测离子活度、干扰离子活度、测定方法、实验条件等有关。由此可知，K_{ij} 不是真正的常数，不能用来对干扰进行

校正，但可对干扰程度进行估计。利用电位选择系数 K 可估计干扰离子对测定造成误差的大小，其相对误差的计算公式：相对误差 $= K_{ij} \times \frac{(a_j)^{n_i/n_j}}{a_i} \times 100\%$ 。例如，$K_{ij} = 10^{-2}$，当待测离子活度与干扰离子活度相等（$a_i = a_j$），且 $n_i = n_j = 1$ 时，则 相对误差 $= 10^{-2} \times \frac{a_j}{a_i} \times 100\% = 1\%$ ，故其测定误差为1%。若 $K_{ij} = 20$，干扰离子活度为待测离子活度的 1/100（$a_i = 100a_j$），且 $n_i = n_j = 1$ 时，则相对误差 $= 20 \times \frac{a_j}{100a_j} \times 100\% = 20\%$，其测量误差为 20%。

（三）响应时间

响应时间是指参比电极和指示电极一起接触试液开始到电极电位值稳定（电位值波动 ±1mV 以内）所经过的时间，或者达到膜电位平衡电位值的95%或99%所需的时间，以 $t_{0.95}$或 $t_{0.99}$表示。响应时间的影响因素有膜电位平衡时间、参比电极稳定性、搅拌速度等。因此，测量时搅拌试液可缩短离子选择电极的响应时间。

（四）内阻

离子选择电极的内阻有敏感膜、内充溶液、参比电极等，其中膜内阻起主要作用，与敏感膜的类型、厚度等因素有关。不同电极其内阻值不同，某一类型的电极有其特有的内阻值。例如，流动载体膜电极为 1 ~5MΩ，晶体膜电极的内阻为 1 ~30MΩ，玻璃电极为 100MΩ 以上。电极内阻越高，受外界交流电场的影响越大，需采用高输入阻抗的电位计。因此，电位计输入阻抗的选择需考虑电极的内阻。

五、直接电位法

（一）标准曲线法

将指示电极和参比电极插入一系列活度（浓度）已知的标准溶液中，测出其电位 E_i。以电位 E_i为纵坐标，相应活度 a_i（c_i）的 lg 值为横坐标，绘制标准工作曲线。同条件下，测出待测液的 E_x值，在标准工作曲线上即可查出待测溶液中离子活度 a_x（c_x）。离子选择性电极根据 Nernst 公式测定的是活度，而通常要求检测的是离子浓度。如图 1 -5 所示，$E - \lg a_i$曲线（曲线 1）与 $E - \lg c_i$曲线（曲线 2）是有差异的，特别是在高浓度范围差异尤为显著，原因是不同的浓度下溶液的活度系数不同。

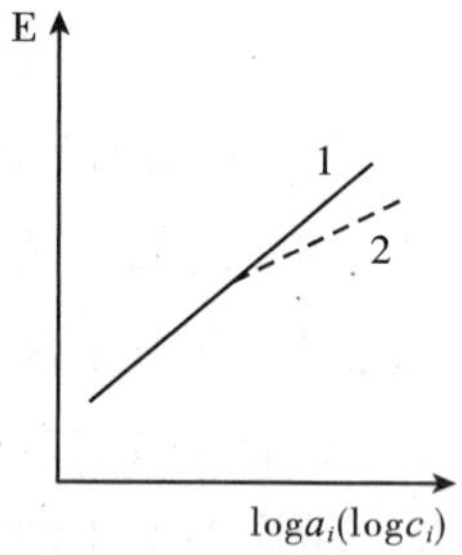

图 1 -5 标准曲线

离子强度调节剂是一种很大浓度的电解质溶液，不会干扰待测离子。将其分别加入到标准溶液和待测溶液中，测定其标准系列溶液和待测溶液的 E 值，绘制 $E - \lg c_i$ 曲线。离子强度调节剂的作用为：①保持待测溶液和标准溶液恒定的离子强度；②维持待测溶液在适合 pH 范围内，避免 H^+或 OH^-的干扰；③使待测离子释放为可检测的游离离子。例如，采用氟离子选择电极检测自来水中氟离子含量，其 TISAB 溶液组分为：1mol/L NaCl 使溶液保持稳定的离子强度；0.25mol/L HAc 和 0.75mol/L NaAc 使溶液 pH 维持在5.0 左右；0.001mol/L 柠檬酸钠掩蔽 Fe^{3+}、Al^{3+}等离子干扰。离子强度调节剂均加入到待测溶液和标准溶液中，这样两种溶液离子强度基本相同，活度系数也基本相同，故离子浓度可用来代替离子活度。另外，待测溶液和标准溶液的组成基本相同，且同一套电极测量，故液接电位和不对称电位的影响可通过校准曲线校准。

（二）标准加入法

待测溶液的成分比较复杂，离子强度又大，导致其活度与标准溶液不一致，标准加入法可克服此困难。标准加入法是将标准溶液加入到待测溶液中进行测定。同理，也可将待测溶液加入到标准溶液中进行测定。先测待测溶液（浓度 c_x、体积 V_x）电位 E_1，然后向待测液中加入 c_s浓度的 V_s体积标准溶液 $\left(c_s > 100c_x、V_s < \dfrac{V_x}{100}\right)$，再测其电位 E_2。由电位法原理得：

$$E_1 = K + S\lg rc_x \tag{1-10}$$

式中，r 是待测溶液中待测离子的活度系数，$S = \dfrac{2.303RT}{F}$。

$$E_2 = K + S\lg r'(c_x + \Delta c) \tag{1-11}$$

式中，r' 是标准溶液加入后待测离子的活度系数，Δc 是标准溶液加入后待测溶液的浓度增量，即：

$$\Delta c = \frac{c_s V_s}{V_x + V_s}$$

由于 $V_s < \dfrac{V_x}{100}$，所以 $\Delta c \cong \dfrac{c_s V_s}{V_x}$，即 $\Delta E = E_2 - E_1 = S\lg \dfrac{r'(c_x + \Delta c)}{r\,c_x}$。

又因为标准溶液体积 V_s很小，对待测溶液总离子强度无影响，故 $r = r'$。

$$\Delta E = S\lg \frac{c_x + \Delta c}{c_x} \tag{1-12}$$

$$c_x = \Delta c\,(10^{\frac{\Delta E}{S}} - 1)^{-1} \tag{1-13}$$

上式 Δc、ΔE、S 都可求得，故 c_x 可算出。

（三）测量误差

测量误差可能来自指示电极、参比电极、标准溶液浓度、测量体系、偏离 Nernst 方程等多方面因素，从而造成一定的浓度相对误差，最终在电位上反映出来。电位测量误差 ΔE 与浓度相对误差 $\Delta c/c$ 的关系，可用 Nernst 方程导出。

$$E = K + \frac{RT}{nF}\ln c \tag{1-14}$$

E 对 c 微分，可得

$$dE = \frac{RT}{nF}\frac{dc}{c} \tag{1-15}$$

当式（1-14）中 E 的增量（电位测量误差）很小时，可用式（1-15）dE 与 dc 替代 ΔE 和 Δc，即

$$\Delta E = \frac{RT}{nF}\frac{\Delta c}{c} \tag{1-16}$$

$$\Delta E = \frac{0.02568}{n}\frac{\Delta c}{c}\ (25℃，V) \tag{1-17}$$

$$\Delta E = \frac{0.2568}{n}\frac{\Delta c}{c} \times 100\ (25℃，mV) \tag{1-18}$$

$$相对误差 = \frac{\Delta c}{c} \times 100 = \frac{n\Delta E}{0.2568} \approx \Delta E \times 4 \tag{1-19}$$

由式（1-19）可知，电位测量误差导致浓度相对误差与价态 n 有关，对于一价离子 ΔE 改变 1mV，导致 4% 浓度相对误差，对于二价离子，则为 8%。若能将高价离子转化成低价离子，则浓度相对误差会变小。另外，浓度相对误差与浓度本身无关，只与电位绝对误差 ΔE 有关，所以采用直接电位法测量

低浓度试液会更好。

标准曲线法和标准加入法可以大部分抵消由 $E_{液接}$ 和活度系数等带来的不确定性，但由于待测溶液与标准溶液的组成不可能完全一样，故液接电位和活度系数所产生的不确定性不能被完全抵消，所以直接电位法的准确度仍不高。

（四）pH 测定

随着电化学的发展，发现影响化学反应的是离子活度，而不是离子浓度。实际上电位法测得的是 H^+ 活度而不是浓度。因此，pH 定义为：$pH = -\lg a_{H^+}$ 。

通常，pH 计用玻璃电极作指示电极，甘汞电极作参比电极，与待测溶液组成工作电池：

pH 玻璃电极 | 待测溶液或标准溶液 ‖ 甘汞电极

$$E = E_{甘汞} - E_{玻璃} = K - \frac{2.303RT}{F}\lg a_{H^+} = K + \frac{2.303RT}{F}pH$$

实际操作中，为消去常数项的影响，采用同已知 pH 的标准缓冲溶液相比较，即：

$$E_x - E_s = \frac{2.303RT}{F}(pH_x - pH_s) \tag{1-20}$$

$$pH_x = pH_s + \frac{F(E_x - E_s)}{2.303RT} \tag{1-21}$$

因此，选用与待测溶液 pH 相近的标准缓冲溶液，且检测过程中温度保持恒定。

六、电位滴定法

（一）直接电位滴定法

电位滴定法是将电极系统放入滴定体系中，其指示电极能跟踪滴定体系中某种物质浓度的瞬时变化，从而指示滴定终点到达的一种分析方法。在滴定过程中，随着滴定液的加入，滴定反应不断进行，体系中被响应的物质浓度不断变化，指示电极电位也随之发生变化，在化学计量点附近该物质浓度发生突变，指示电极电位也将发生突跃，因此，测量电池电动势的变化就能确定滴定终点。

由此可见，电位滴定法有别于直接电位法，它是以测量电位变化为基础的方法，而不是以某一确定的电位值为计量依据；它也不同于一般的滴定分析法，不用指示剂，只用指示电极电位突变来指示滴定终点。因此，电位滴定法的精密度、准确度均高于直接电位法，而且不受溶液的颜色、浑浊度等条件限制。采用自动电位滴定仪，则操作简洁快速。

（二）Gran 作图法确定终点

电位滴定基本仪器装置如图 1-6 所示。在不断搅拌条件下，每加入一定体积的滴定液后，并测量一次电池电动势。滴定过程中，可逐渐减少滴定液的增加量，在化学计量点附近时，滴定液的加入量应减少至 0.10ml，增加测定点，以便更准确地确定终点。这样，会获得一系列滴定液用量 V（ml）和相应的电池电动势 E（mV）的数据，即得滴定曲线。

以 $\Delta E/\Delta V$ 为纵坐标，ΔE 相对应的两体积 V 平均值为横坐标，作 $\Delta E/\Delta V - V$ 曲线图。用终点前后几个滴定数据画出两条直线，直线交点所对应的体积即是终点体积，该图称为 Gran 图，如图 1-7 所示，是一种求滴定终点的简便方法。

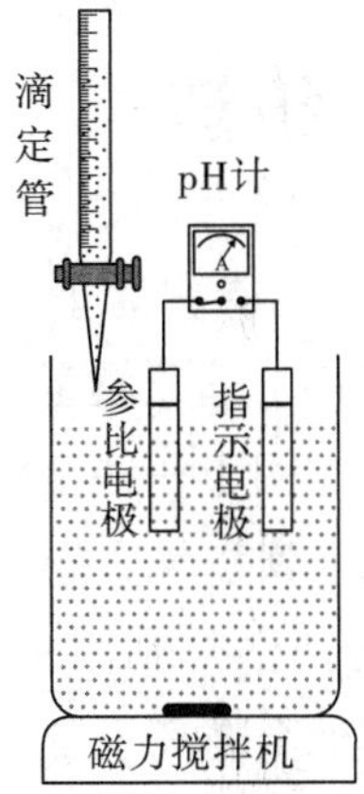

图 1-6 电位滴定装置图

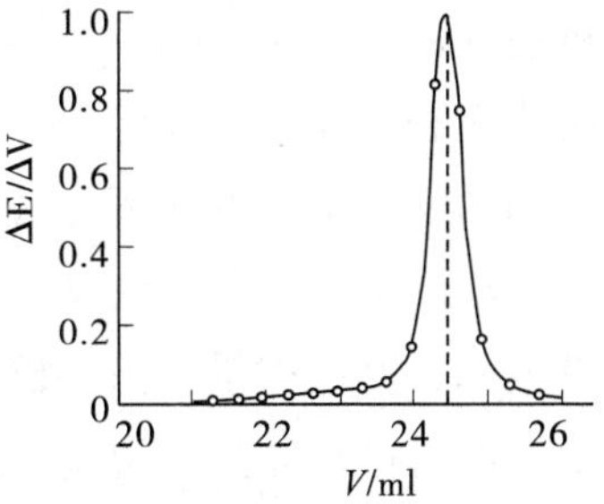

图 1-7 $\Delta E/\Delta V-V$ 曲线

七、电位分析法的应用

电位分析法作为一种成分分析的手段，目前广泛应用于环境保护、生化分析、临床监测以及工业流程中的自动在线分析。直接电位法和电位滴定法的应用分别列于表 1-1 和表 1-2。

表 1-1 直接电位法的应用

被测物质	离子选择性电极	线性浓度范围（mol/L）	适用的 pH 范围	应用举例
F^-	氟	$5\times10^{-7}\sim1$	5~8	水、牙膏、生物体液、矿物
Cl^-	氯	$5\times10^{-5}\sim10^{-2}$	2~11	水、碱液、催化剂
CN^-	氰	$10^{-6}\sim10^{-2}$	11~13	废水、废渣
NO_3^-	硝酸根	$10^{-5}\sim10^{-1}$	3~10	天然水
H^+	pH 玻璃电极	$10^{-14}\sim10^{-1}$	1~14	溶液酸度
Na^+	pNa 玻璃电极	$10^{-7}\sim10^{-1}$	9~10	锅炉水、天然水、玻璃
NH_3	氨气敏电极	$10^{-6}\sim1$	11~13	废气、废水、土壤
脲	氨气敏电极			生物化学
氨基酸	氨气敏电极			生物化学
K^+	钾微电极	$10^{-3}\sim10^{-1}$	3~10	血清
Na^+	钠微电极	$10^{-3}\sim10^{-1}$	4~9	血清
Ca^{2+}	钙微电极	$10^{-7}\sim10^{-1}$	4~10	血清

表 1-2 电位滴定法的应用

滴定方法	参比电极	指示电极	应用举例
酸碱滴定	甘汞电极	玻璃电极 锑电极	在 HAC 介质中，用 $HClO_4$ 溶液滴定吡啶 在乙醇介质中用 HCl 滴定三乙醇胺
沉淀滴定	甘汞电极 玻璃电极	银电极 汞电极	用 $AgNO_3$ 滴定 Cl^-、Br^-、I^-、CNS^-、S^{2-}、CN^- 等 用 $HgNO_3$ 滴定 Cl^-、I^-、CNS^- 和 $C_2O_4^{2-}$ 等
氧化还原滴定	甘汞电极 钨电极	铂电极	用 $KMnO_4$ 滴定 I^-、NO_2^-、Fe^{2+}、V^{4+}、Sn^{2+}、$C_2O_4^{2-}$ 等 用 $K_2Cr_2O_7$ 滴定 Fe^{2+}、Sn^{2+}、I^-、Sb^{3+} 等 用 $K_3[Fe(CN)_6]$ 滴定 Co^{2+} 等
络合滴定	甘汞电极	汞电极 铂电极	用 EDTA 滴定 Cu^{2+}、Zn^{2+}、Ca^{2+}、Mg^{2+}、Al^{3+} 等多种金属离子

第三节　电解分析法和库仑分析法

PPT

电解分析法（electrolytic analysis）是建立在电解基础上以测定溶液中待测离子含量的电化学分析法。电解分析法无需标准样品标定，0.01%~0.1%相对误差，准确度较高，适于常量分析。电解分析法主要用于分离和测定元素，其典型方法有电重量分析和汞阴极电解法，常用于一些金属纯度的鉴定、仲裁分析及常规分析。电重量分析法是利用外加电源电解待测溶液，待测元素以纯金属或难溶化合物的形式沉积于电极表面，直接称量电极上析出的待测元素的质量。汞阴极分离法是利用汞为阴极进行电解，将酸性溶液中一些易被还原的金属离子沉积在汞阴极上，从而使其与其他金属离子分离开。

库仑分析是利用外加电源电解待测溶液，测量电解完全时所消耗的电量，利用法拉第定律来计算待测元素含量的一种电化学分析方法。该分析方法与电解分析不同，被测物不需在电极上沉积，但其电流效率一般需达到100%。库仑分析有恒电位库仑分析和恒电流库仑分析。

一、电解分析法

（一）电解分析基本装置

化学电池分为原电池和电解池。在电解池基础上，外加直流电源于两个电极上，使电解池中有电流通过，物质在阳极上发生氧化反应，阴极上发生还原反应，从而达到物质分解的过程称为电解。例如，电解0.10mol/L硫酸铜溶液（含0.10mol/L H_2SO_4），电解池如图1-8所示，电极材质均为Pt，阴极通常为网状，阳极弯曲并由马达带动搅拌，电解池的内阻约为0.5Ω。

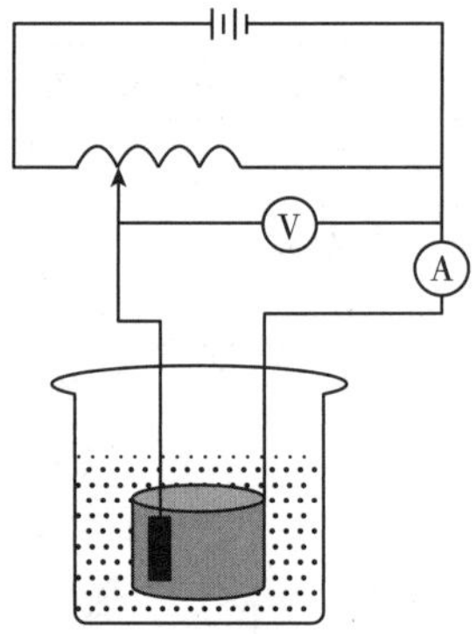

图1-8　电解装置

双铂电极浸入溶液中，接上外电源，当外加电压远小于分解电压时，只有很微小的电流通过电解池；当外加电压接近分解电压时，阴极和阳极上分别有极少量的Cu和O_2析出，但此时Cu电极与O_2电极构成的自发电池已形成，该电池电动势又会阻止电解的进行，称为反电动势。当外加电压克服了此反电动势时，电解才能继续进行，电流才会显著上升。通常，将能使双铂电极上产生迅速且连续的电极反应所需最小外加电压称为分解电压。

电解时，实际分解电压比理论分解电压要大，其超出电压是由电极的极化作用所造成。极化是指电流通过电极时电极电位偏离平衡电极电位的现象。极化会将使阳极电位更正，阴极电位更负。通常，以某电流密度下的电极电位与平衡电极电位的差值表示电极的极化程度，该差值称为超电位或过电位。

实际工作中通常不用电解池的分解电压，而是采用工作电极的析出电位。阴极析出电位是指在阴极上金属离子不断还原析出时所需的最大阴极正电压；阳极析出电位则是在阳极上不断氧化析出时所需的绝对值最大的阳极负电压，其值可利用参比电极加以测量。

（二）电解分析法分类

电解方式有恒电流电解、控制电位电解、控制外加电压电解三种，控制外加电压电解应用较少，下面着重介绍前两种电解分析法。

1. 恒电流电解法　又称普通电解法，该法是在恒定电流条件下进行电解，直接称量电极上析出物质的质量的一种电化学方法。

恒电流电解法的基本装置如图1-8所示。以螺旋形铂丝为阳极兼搅拌功能，铂网电极为阴极，直流电源为电解电源，电压用可变电阻调节，电流表显示电流。电解时，电解电流是恒定的，且一般控制在0.5～2A，由可变电阻R调节实现。随着电解的进行电解液中测定组分不断电解析出，该组分浓度不断减小，电解电流也随之降低，此时调节可变电阻R以保持电流恒定，稳定在H_2的析出电位。本法装置简单，准确度高（误差约0.1%），但选择性低。随着不断的电解，被测金属离子浓度会逐渐降低，阴极电位将随之变负，当阴极电位达到其他离子的析出电位时，阴极上会同时析出其他离子，使得析出物不纯。Zn、Cd、Co、Ni、Sn、Pb、Cu、Bi、Sb、Hg、Ag等金属元素可以用恒电流电解法进行检测。

2. 控制电位电解法　溶液中存在两种以上的金属离子，若要使待测离子完全析出而其他离子不析出，则电解时须控制工作电极（通常为阴极）的电位，使其始终介于待测离子和共存离子的析出电位之间。这样可使被测金属离子析出沉积于电极上，而其他离子仍留在待测溶液中，从而达到分离与检测的目的。此方法称作控制电位电解法。

控制电位电解法的基本装置如图1－9所示，与恒电流电解装置相比，区别在于它具有测量和控制阴极电位的设备。阴极电位可通过毫伏计测定由饱和甘汞电极和工作电极构成电池的电动势获得。随着电解的进行，待测离子度逐渐降低，阴极电位也随之变负，导致无法恒电压电解。因此，电解过程中需不断调节可变电阻，来保持阴极电位恒定。可用手工、机械、电子方式进行可变电阻的调节。

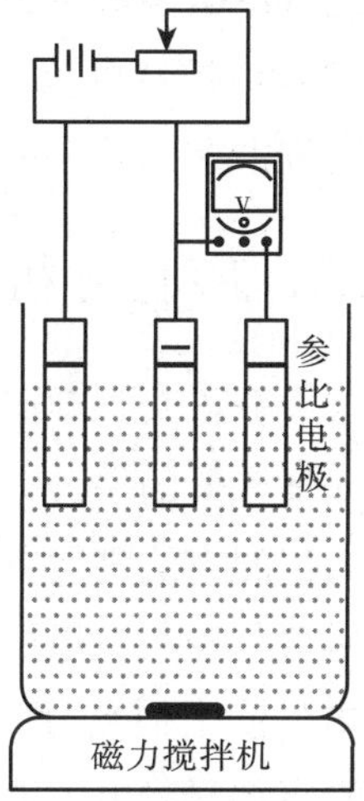

图1－9　控制阴极电位电解装置

控制电位电解法的阴极电位不变，但其电流却逐渐减小，当待测离子全部析出后其电流趋于零。因此，当电流趋于一个很小的稳定值时，即认为已电解完全。此法可用于Ag（与Cu分离）、Cu（与Bi、Pb、Ag、Ni等分离）、Bi（与Pb、Sn、Sb等分离）、Cd（与Zn分离）等离子的分离与测定。

（三）电解分析实验条件

通常电解分析是电解金属阳离子溶液使待测离子析出沉积于阴极上，称量析出金属的质量而进行定量分析的。因此，待测离子能快速、完全地析出是非常重要的。

1. 阳极干扰反应及其消除　在电解分析中，待测金属离子在阴极发生还原反应，并在阴极表面析出。同时，阳极也会发生氧化反应，其中某些反应会显著影响电解分析结果。该干扰反应主要有以下三种类型。

（1）以硝酸根离子、硫酸根离子等难氧化阴离子为主的溶液，其氢氧根离子在阳极上会被氧化成氧气；而以氯离子为主的溶液，氯离子在阳极上也会被氧化成氯气。同时，析出的氧气、氯气又部分地溶于溶液中，随着搅拌带到阴极，在阴极上被还原，或氧化阴极上析出的金属，导致待测金属离子析出不完全，从而影响电解效率。

（2）被测金属离子存在多价态时，其在阴极上还原反应要分步进行，从而多种价态的金属离子共存于溶液中。因此，这些金属离子不仅会在阴极上被还原，而且也会在阳极上被氧化。高价态金属离子在阴极上会被还原成中间价态，然后中间价态金属离子在阳极上又被氧化为高价态离子。如此反复循环，导致待测金属离子析出不完全，从而不能定量析出。

（3）铂电极一般作为阳极。铂电极性质稳定、不易氧化，但当含有大量氯离子时，氯离子和二价、四价铂形成络合物，导致铂的氧化反应平衡向右移动，使其易于氧化而溶解。

上述干扰反应虽表现形式各不同，但原因都是阳极电位太正。若某种化学试剂能优先在阳极上被氧化，则会抑制上述干扰反应，此时待测金属离子则可定量析出。这些化学试剂叫做阳极去极化剂，该试剂均是还原剂，如盐酸羟胺、盐酸肼等。

2. 注意事项 阴极上的金属沉积物不应呈疏松海绵状，而应是光滑致密的，这样洗涤或称量时不易脱落，烘干时不易氧化。为了得到优良的金属沉积物，保证分析结果准确性，须注意以下问题。

（1）电解电流不宜过高，否则会沉积太快和氢气析出，导致沉积物呈海绵状，甚至附着不牢。当然，电解电流不宜过小，会延长电解时间。

（2）沉积物以金属配离子形式要比用简单金属离子形式好。例如，$Ag(CN)_2^-$ 或 $Ag(NH_3)_2^+$ 配离子溶液比 $AgNO_3$ 溶液析出的银沉积物要致密的多。

（3）电搅拌可减小浓差极化的影响。随着电解的进行，阴极周围的待测金属离子浓度急剧减小，阴极电位大大降低，可能会使其他金属离子被还原析出而导致沉积物不纯。

二、库仑分析法

库仑分析法是利用外加电源电解待测溶液，测量电解完全时所消耗的电量，利用法拉第定律来计算待测元素含量的一种电化学分析方法。库仑分析法分为控制电位和控制电流库仑分析法，前者通过控制电极电位的方法进行电解，通过作图法或用库仑计来衡量电解所消耗的电量，由此计算出被测物质的量。后者是控制电极恒定电流的方法进行电解，电极反应产生一种与被测物质发生化学计量反应的中间体（电生滴定剂），用化学指示剂或电化学等方法来确定其终点。控制电流库仑分析法与滴定分析法类似，滴定剂只是电解池的电极反应所生成的电极产物，而不是外界直接加入的。因此，控制电流库仑分析法又称为库仑滴定法。初级库仑法是待测物质直接在电极上发生电极反应的库仑滴定法；次级库仑法是待测物质间接与电极电解产物（电生滴定剂）发生定量反应的库仑滴定法。控制电位库仑分析法只能测定在电极上完全定量反应的物质；而库仑滴定法不仅可以测定在电极上不能完全定量反应的物质，而且可以测定不反应的物质。因此，库仑滴定法被广泛应用。

（一）控制电位库仑分析法

1. 方法原理与装置 控制电位库仑分析法（controlled potential coulometry）是指电解过程中将工作电极电位调为某特定数值并保持恒定，直至电解电流为零。控制电位库仑分析法与控制电位电解法的基本装置和方法类似，只是在电解电路中串联一个库仑计，来记录电解过程所消耗的电量，如图1－10所示，若电流效率是100%，即可用法拉第定律计算出待测物质的含量。

2. 库仑计 库仑计分为化学库仑计、电动机械库仑计、电子库仑计三类。化学库仑计又可分为体积库仑计、库仑式库仑计、重量库仑计、滴定库仑计等，其中体积库仑计、库仑式库仑计是较常使用的。

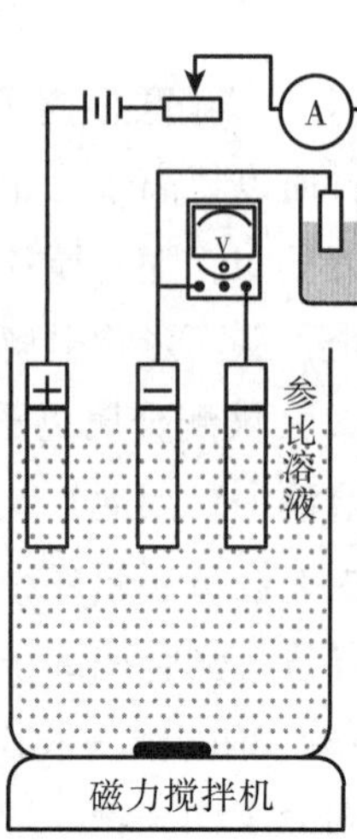

图1－10 控制电位库仑分析装置

体积库仑计是通过对电解过程中析出气体体积的测定来计算耗电量，如氢氧库仑计、氢氮库仑计等。氢氧库仑计是一恒温电解管，管内充0.5mol/L K_2SO_4 溶液，电解时铂阳极析出氧气，铂阴极析出氢气，电解前后计量管中液面之差即为氢氧气体的总体积。标准状态下，每库仑电量析出0.1739ml 氢氧混合气体。根据法拉第定律即可计算出待测物质的量。该库仑计简便实用、准确性较高、相对误差仅有±0.1%，但灵敏度不高。

库仑式库仑计是先将待测金属离子在阴极表面析出沉积，再把电极反向，在恒电流下在阳极溶出，完全溶出后电位出现明显的突跃，根据恒电流强度与溶出时间乘积得到待测物质消耗的电量。该库仑计能测到0.015C电量，相对误

差不超过 ±0.1%。

电动机械库仑计是将直流积分马达与标准电阻并联，电解电流通过标准电阻产生电压降。马达转速与电压降成线性函数，通过马达转数得出时间与电流的积分，从而求出电解所消耗的总电量，故又称作电机积分仪。此类库仑计可直接读出电解所消耗的电量值，精度达到 0.01 ~ 0.111μC，相对误差为 ±0.2%，适于常规的自动分析。

电子库仑计是电解电流通过标准固定电阻产生电压降，电压降被电压频率转换器转换成频率。频率脉冲数与电压和电解电流成正比。因此，根据频率脉冲计数，得到 I－t 的积分，从而求出电解所消耗的总电量，故又称作电子电流积分仪。此种库仑计使用方便、准确度高和精密度好，适于自动控制分析。

（二）控制电流库仑分析法

1. 方法原理及装置　控制电流库仑分析法（controlled－current coulometry）是建立在控制电流电解过程上的库仑分析法，又称作库仑滴定法（coulometric titrimetry）。库仑滴定法是待测溶液中加入合适的辅助剂，用一恒定强度的电流进行电解，电极反应产物作为滴定剂与待测物质发生定量反应。当待测物质反应完后，用适宜的方法指示终点并停止电解。根据终点时产生滴定剂所消耗的电量，计算待测物质的量。

库仑滴定的装置如图 1－11 所示，主要有电解系统、指示系统两部分组成。电解系统包括恒流电源、电解池或滴定池、计时器。电解池中，电极 1、2 为电化学法终点指示电极，其与电位计组成滴定终点指示系统；电极 3 为保护管中 Pt 辅助电极，电极 4 为 Pt 工作电极，产生滴定剂；电极 3、4 组成电解系统。计时器可用停表、电钟、电子计数式频率计、机械振荡数学码等计时。电解池或滴定池的形式随库仑滴定类型不同而多种多样。

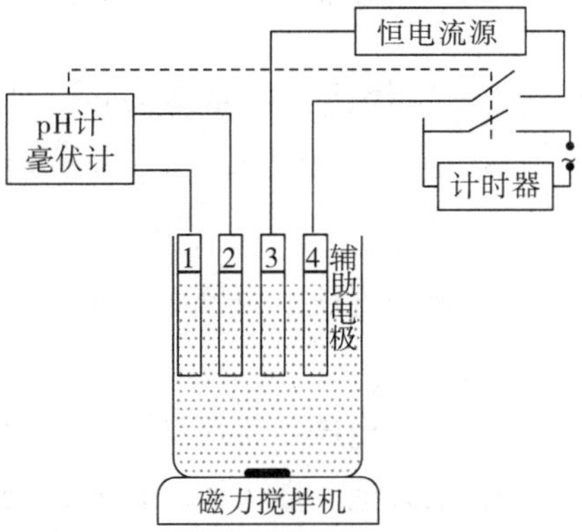

图 1－11　库仑滴定基本装置

2. 终点指示方法　库仑滴定法常用的指示终点方法有以下几种。

（1）指示剂法　普通滴定分析中使用的化学指示剂，如酚酞、甲基橙、百里酚蓝等，均可在库仑滴定中使用。例如，恒流电解 KBr 溶液，产生的滴定剂 Br_2 滴定 S^{2-}，化学计量点后多余 Br_2 使甲基橙褪色而显示滴定终点，电解立即停止。该法指示终点简单方便，但待测物在毫克级以下时，导致变色范围宽、分析误差大的问题，因而指示剂法就不适宜。

（2）电位法　通过合适的指示电极来指示滴定终点前后电位出现敏锐的突跃。例如，用恒流电解 Na_2SO_4 溶液，产生滴定剂 OH^- 滴定酸，通过 pH 玻璃电极和甘汞电极组成 pH 计，pH 突跃显示终点，电解立即停止。

（3）电流法　以双铂电极为指示电极，对其施加一小的恒定电压（20 ~ 50mV）。滴定终点时，待测溶液中有一可逆电对或原可逆电对中的某一组分消失，导致电路有电流流过或电流中止，此法又称永停终点法。例如，恒流电解 KI 溶液，产生的 I_2 滴定 As^{3+}：

$$I_2 + AsO_2^- + 2H_2O \rightleftharpoons 2I^- + AsO_4^{3-} + 4H^+$$

滴定终点前，AsO_2^- 未被完全氧化，待测溶液中仅有 I^-，故指示系统电路中无电流流过，检流计死停在零位。当 AsO_2^- 被完全氧化且 I_2 微过量后，待测溶液中就出现 $I_2/2I^-$ 可逆电对，很小的外加电压使 I^- 在阳极上氧化和 I_2 在阴极上还原，外电路有电流，检流计指针发生偏转，指示电解已达终点。根据 AsO_2^- 氧化消耗的电量计算出待测溶液中 As 含量。永停终点法非常灵敏，常用于氧化还原滴定体系，尤其是卤素类滴定剂的库仑滴定中应用最广。

第四节 极谱法和伏安法

PPT

极谱法（polarography）和伏安法（voltammetry）是通过测定电解过程中所得到的极化电极的电流-电压（$i-V$）曲线来确定待测溶液中待测物质浓度的一类电化学分析方法。极谱法和伏安法的差别在于工作电极，极谱法是采用滴汞电极或其他表面能周期性更新的液体电极为极化电极；伏安法是采用表面不能更新的液体或固体电极为极化电极。

1922年，捷克化学家Jaroslav Heyrovsky创立了极谱法，它是伏安法的早期形式。随着电子技术的发展以及固体电极、修饰电极的普及，使伏安法得到长足的发展，经典极谱法已成为伏安法的一种特例。极谱法和电解分析法类似，也分为控制电位极谱法和控制电流极谱法两大类。控制电位极谱法又分为直流极谱法（经典极谱法）、单扫描极谱法、交流极谱法、方波极谱法和脉冲极谱法等；控制电流极谱法可分为计时电位法、交流示波极谱法等。

一、极谱分析和极谱图

（一）极谱分析基本装置

极谱分析的基本装置如图1-12所示，其与一般电解装置基本相似，不同之处是其两个电极。它由3个部分组成。

1. 外加电压 直流电源B、滑线电阻AD和伏特计V。滑动触点C可调节电解池的电压，数值由伏特计指示。

2. 记录电流 检流计A，测量电解池的电流。

3. 电解池 以大面积、不易极化的饱和甘汞电极或氯化银电极作为参比电极，以小面积、易极化的滴汞电极（dropping mercury electrode，DME）作为工作电极。后者是用软塑料管将贮汞瓶与长10cm、内径0.05mm玻璃毛细管相连而成，在重力作用下，汞从毛细管口滴落至电解池的溶液中而构成滴汞电极。通过改变汞滴高度可获得适宜的汞滴滴落时间（2~8s）。滑动触点C可调节电解池的电压和电流，由电压表V和检流计A分别指示。

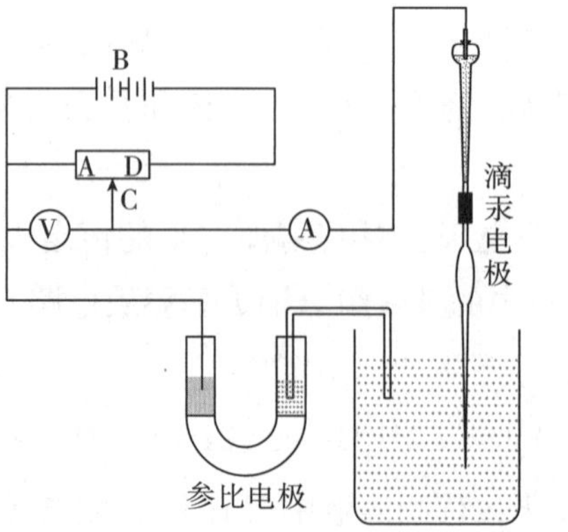

图1-12 极谱分析基本装置

（二）极谱曲线—极谱图

以滴汞电极为阴极，饱和甘汞电极为阳极，将浓度为 5×10^{-4}mol/L $PbCl_2$溶液加入电解池中，加入大量 0.1mol/L KCl 溶液作为支持电解质，再滴几滴 0.01% 动物胶溶液，然后通氮气数分钟以排除溶液中溶解氧。测定时，调节贮汞瓶高度使汞滴滴出速度为每 3～6 秒一滴，静止状态下进行电解。移动接触点 C 使电极外加电压由零逐渐增加，改变一次电压记录其相应电流值。最后，以外加电压为横坐标，电流为纵坐标，绘出 Pb^{2+} 电解的电流 - 电压曲线，称为极谱图（polarogram），如图 1－13 所示。

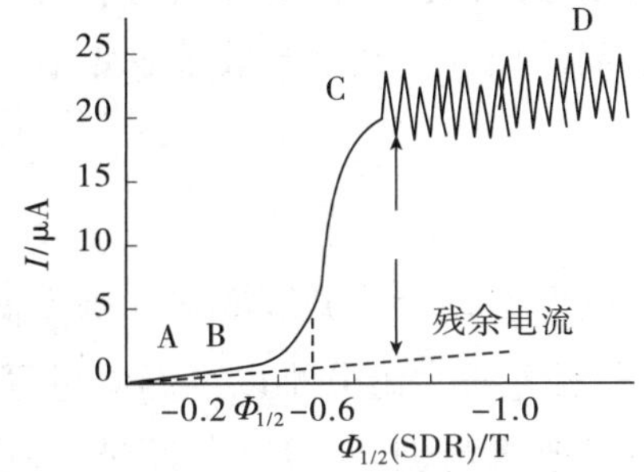

图 1－13　Pb^{2+} 的极谱图

（三）扩散电流方程式—极谱定量分析基础

1934 年，捷克科学家尤考维茨（Ilkovic）提出了著名的扩散电流方程式，又称尤考维茨方程式。该方程式对滴汞电极上的扩散电流与其影响因素之间关系可作定量描述，具体如下：

$$i_d = knD^{\frac{1}{2}}m^{\frac{2}{3}}t^{\frac{1}{6}}c \tag{1-22}$$

式中，i_d为平均扩散电流（μA）；n 为电极反应中电子转移数；D 为被测物质在溶液中的扩散系数（cm^2/s）；m 为滴汞速度（mg/s）；t 为滴汞周期（s）；c 为被测物质的浓度（10^{-3}mol/L）。

汞滴最大时，i_d 也达最大值，称为“最大扩散电流”，用“$(i_d)_m$”表示，此时 $k=706$；扩散电流为平均扩散电流 i_d 时，$k=607$。

式（1－22）显示，扩散电流 i_d 的影响因素很多，有 n、D、m、t 及 c 等项，这些项的具体影响如下。

1. 被测物质的浓度　从式（1－22）可看出，在一定支持电解质，一定温度、毛细管、汞压等实验条件下，扩散电流与被测物质的浓度成正比，即

$$i_d = kc \tag{1-23}$$

式中，$k = 607nD^{\frac{1}{2}}m^{\frac{2}{3}}t^{\frac{1}{6}}$。

实验证明，被测离子浓度为 10^{-5}～10^{-2}mol/L，其浓度与扩散电流成线性关系。浓度太低，残余电流影响扩散电流；浓度太高，浓差极化不完全，从而影响线性关系。

2. 毛细管特性　由式（1－22）可知，其他因素不变，i_d 与 $m^{\frac{2}{3}}t^{\frac{1}{6}}$ 成正比。毛细管的长度和内径是 m 和 t 的主要决定因素，因此测定工作中应尽可能使用同一支毛细管。

3. 汞柱高度　滴汞速度 m 除与毛细管的长度和内径有关外，还与汞柱压力 p 成正比。同时，p 越大则滴汞周期 t 就越短。因此，可用下式表述：

$$m \propto p \quad 或 \quad m = k_1p$$

$$t \propto \frac{1}{p} \quad 或 \quad t = \frac{k_2}{p}$$

可得，

$$m^{\frac{2}{3}}t^{\frac{1}{6}} = (k_1p)^{\frac{2}{3}}\left(\frac{k_2}{p}\right)^{\frac{1}{6}} = kp^{\frac{1}{2}} \tag{1-24}$$

因为 i_d 与 $m^{\frac{2}{3}}t^{\frac{1}{6}}$ 成正比，故 $i_d \propto p^{\frac{1}{2}}$ 。所以，一般汞柱高度是30～60cm，滴汞周期是3～5s。

4. 温度的影响 在式（1-22）式中，除了 n 项，其他项均受温度影响，其中扩散系数 D 受温度影响最大。室温下，温度每升高1℃，i_d 增加1.3%。实际工作中，采用比较法来求分析结果，故不需严格控制实验温度。

5. 溶液的组分 被测离子的扩散系数会受到溶剂、络合剂等溶液组分的影响。例如，乙醇中的离子其扩散系数比水中要小；或者络合剂的加入，也使扩散系数变小，最终导致 i_d 值均变小。

二、现代极谱分析法

经典极谱法有很大局限性，如充电电流较大、灵敏度和分辨力低、滴汞数达（近百滴）、干扰电流（叠波、前波等）干扰较大、半波电位相差不大组分难以准确测量等问题。要解决上述问题，需对工作电极、扫描电压、信号取样三方面进行改进与创新，从而发展出许多现代极谱技术，如单扫描极谱法、方波极谱法、脉冲极谱法、交流极谱法、溶出伏安法、催化示波极谱法等。

（一）单扫描示波极谱法

示波极谱法是指用示波器观察和记录 $i-E$ 极谱曲线的极谱法。根据所加扫描电压不同，示波极谱法分为两类：线性扫描示波极谱法、交流示波极谱法。线性扫描示波极谱法又称单扫描示波极谱法或直流示波极谱法，其应用广泛，因此习惯上单扫描示波极谱法就是指示波极谱法。

单扫描示波极谱法的基本原理如图1-14所示。极化电压发生器产生锯齿扫描电压，该电压经电阻R加在滴汞电极和铂辅助电极上，待测物质在滴汞电极上还原反应产生电解电流，此电流经电阻R上产生电压降 i_R ，经垂直放大器放大后输入到示波器的垂直偏转板上，但R一定时，垂直板（纵坐标）代表电解电流的大小。同时，极化电压经水平放大器放大后输入到示波器的水平偏转板上，水平板（横坐标）代表极化电位的大小。因此，示波器的垂直板代表电解电流，水平板代表极化电位。于是，在示波器的荧光屏上直接显示出电解电流随极化电位变化的曲线，即极谱曲线。为了使极谱曲线图形稳定且可重复，一般一个滴汞周期只加入一次扫描电压，故称作单扫描示波极谱，示波荧光屏上也随之出现一次极谱图。

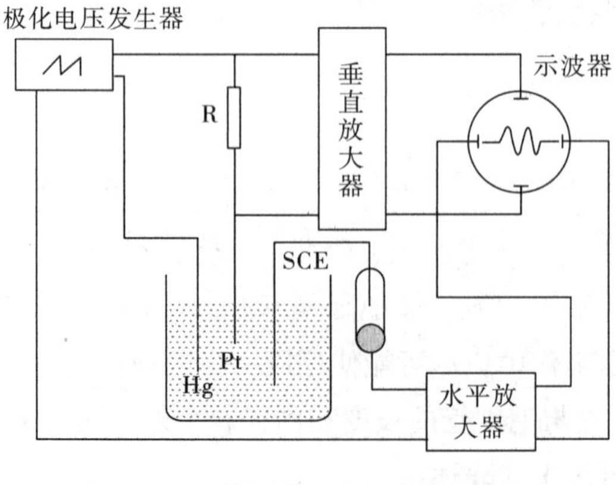

图1-14 单扫描示波极谱法原理图

单扫描示波极谱法的 $i-E$ 曲线是一条完全光滑的呈峰状的极谱曲线，与经典极谱法的 $i-E$ 曲线不同，如图1－15所示。电流的最大值称为峰电流，i_p 表示；峰值电流所对应的电位称为峰电位，E_p 表示。

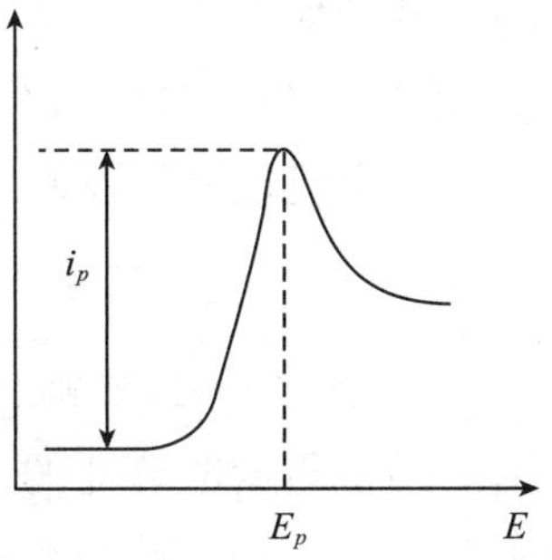

图1－15　单扫描示波极谱图

可逆反应的峰电流可由下式表示：

$$i_p = kn^{\frac{3}{2}}D^{\frac{1}{2}}V^{\frac{1}{2}}Ac \tag{1-25}$$

或

$$i_p = k'n^{\frac{3}{2}}D^{\frac{1}{2}}V^{\frac{1}{2}}m^{\frac{2}{3}}t^{\frac{2}{3}}c \tag{1-26}$$

式中，i_p 为峰电流（μA），k 和 k' 为常数，n 为电极反应中电子转移数，D 为溶液中待测物质的扩散系数（cm^2/s），V 为极化速度（V/s），A 为电极表面积（cm^2），c 为待测物质浓度（10^{-3}mol/L），m 为滴汞速度（mg/s），t 为滴汞周期（s）。

n、D、V、m、t 或（A）都为定值，则上式简化为 $i_p = Kc$，即在一定条件下，峰电流 i_p 与待测物质浓度c成正比关系，正是示波极谱法的定量依据和计算公式。在示波器上可直接读出 i_p 值，这也是示波极谱法比经典极谱法优越的一点。

峰电位 E_p 可由 $E_p = E_{1/2} - 1.1\dfrac{RT}{nF}$ 计算得出，即在一定实验条件（底液组成、温度）下，峰电位 E_p 仅取决于待测物质的特征数据。因此，E_p 可作为定性分析的依据。

相比于经典极谱法，单扫描示波极谱法具有以下优点：①检测速度快，原因是示波极谱法的极化速度快。经典极谱法极化一次需几分钟，而示波极谱法则需几秒钟。另外，做一条 $i-E$ 曲线，前者需要40～80滴汞，而后者只需1滴汞。②灵敏度高，同条件下示波极谱法 i_p 是经典极谱法的极限扩散电流的几倍，从而示波极谱法的最低检测限约为 10^{-7}mol/L，而经典极谱法约为 10^{-5}mol/L。③分辨率高，示波极谱图是峰状图形，其两波 $E_{1/2}$ 相差40mV以上即可分辨；而经典极谱波的两波 $E_{1/2}$ 则需相差200mV以上。④方便性好，由于峰电流 i_p 是示波极谱法的定量依据，而 i_p 值可在示波器上直接读出。

（二）方波极谱法

方波极谱法是在缓慢改变的直流电压上，叠加一个低频、小振幅的方波电压，并在方形波电压改变方向前的一瞬间记录了通过电解池的交流电流的极谱方法。

方波极谱法较大程度消除了脉冲电压产生的电容电流的干扰，故灵敏度（10^{-7}mol/L左右）大大提高，且分辨率较好，两波 $E_{1/2}$ 相差40mV即可分辨。方波极谱法可直接测定铜合金中的Ni和Zn，也可钢铁中的Cu、Pb和Zn等。

（三）脉冲极谱法

脉冲极谱法是在每一滴汞成长后期的某一时刻，于线性变化的直流电压上叠加一个方波电压，使瞬间内电压变化速度很大，导致电解电流增高；同时在方波电压单周期的后期记录电解电流，从而消除了电容电流的影响。

脉冲极谱法分为常规脉冲极谱法、差分脉冲极谱法。脉冲极谱法有很高灵敏度（10^{-8}～10^{-7}mol/L）和较高分辨率（两波 $E_{1/2}$ 相差25mV）。相比于方波极谱法，脉冲极谱法不需高浓度支持电解质，从而避免引入杂质而增大空白。同时，其毛细管噪声电流比方波极谱法低。

（四）交流极谱法

交流极谱法是在单扫描的直流电压上叠加一小振幅（15～30mV）、低频率（5～20Hz）的正弦交流电压，测量电解池的交流电流与直流电压的关系曲线而进行定量分析的方法，该曲线呈峰形，如图1－16所示。交流极谱图中峰电流 i_p 与待测物质浓度 c 成正比关系，而其峰电位 E_p 相当于经典极谱法的半波电位 $E_{1/2}$ 。

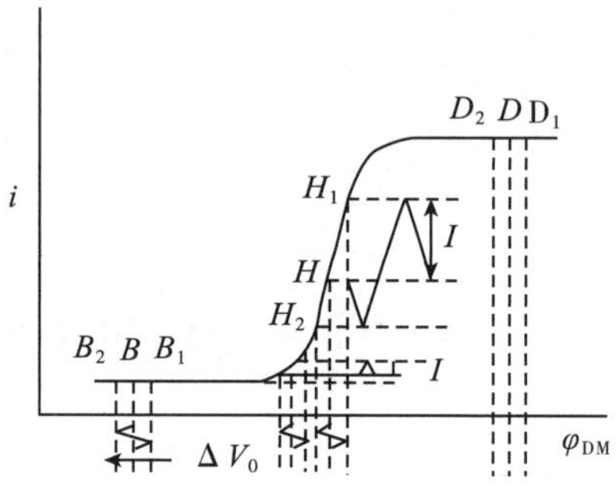

图1－16 交流极谱法基本原理

交流极谱具有以下特点：①灵敏度与经典极谱法相似。对于可逆体系，其灵敏度稍高于经典极谱法，一般为10^{-6}～10^{-5}mol/L；对于不可逆体系，则低于经典极谱法。影响其灵敏度提高的原因是交流充电电流的存在。②选择性比经典极谱法强，这是因为交流极谱波呈峰状，分辨能力高，且两波 $E_{1/2}$ 相差40mV即可分开；前波的影响小，这是由于达到前波极限电流的电位时，交流电流又降至基线，对后波影响也很小；合适的底液使待测物质的电极反应可逆，而干扰物质为不可逆，则大大降低干扰。③氧波干扰小，由于氧的电极反应可逆性差，产生的峰电流很小，当待测物质度大于10^{-4}mol/L时则不必除氧。

正是交流极谱法具有上述这些特点，所以其可用于研究电极过程动力学和吸附现象，测定反应速率常数等。

三、循环伏安法和几种新的伏安法

（一）循环伏安法

循环伏安法（cyclic voltammetry，CV）是一种研究电极/电解液界面上电化学反应行为－速度－控制步骤的技术手段。该方法操作简单、响应迅速，但因影响因素较多，一般只用于定性分析。循环伏安法是一种很有用的电化学研究方法，可用于研究电极反应的性质、机制和电极过程动力学参数等。

1. 基本原理 循环伏安法与单扫描极谱法相似。它是在电极上施加一个线性扫描电压，当到达某设定的终止电压后，再反向回扫至某设定的起始电压，如图1－17所示。起始电压 E_0 开始沿某一方向变化，到达终止电压 E_m 后又反方向回到起始电压，形成等腰三角形。电压扫描速度可从每秒数毫伏到1伏，工作电极可用悬汞滴、铂、玻璃石墨等电极。

正向扫描时，若溶液中存在氧化态O，电极上将发生还原反应：$O+ne^- \rightarrow R$；反向回扫时，电极表面的还原态R则发生氧化反应：$R \rightarrow O+ne^-$，所得极化曲线如图1－18。在图1－18中，上半部是还原波被称为阴极支，下半部是氧化波被称为阳极支，其峰电流 i_p 和峰电位 E_p 的方程式均与单扫描极谱法相同。

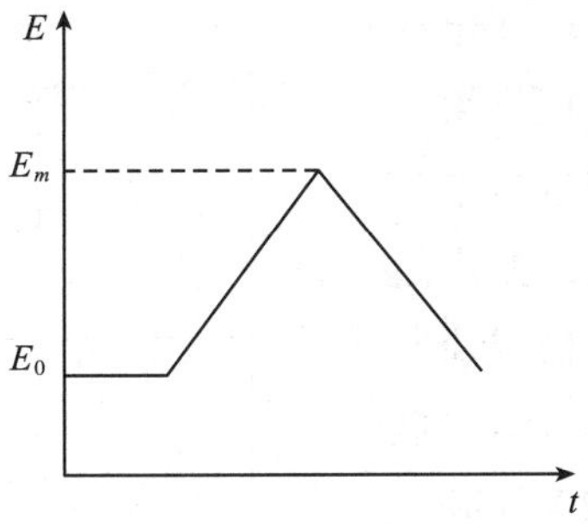

图 1－17　三角波电压

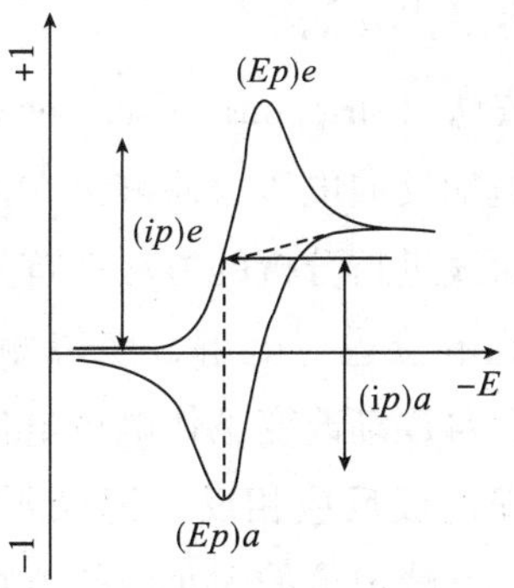

图 1－18　循环伏安法极化曲线

2. 电极反应过程可逆性判断　根据 $E_p = E_{1/2} - 1.1\frac{RT}{nF}$ 方程式，对可逆电极来说，其循环伏安法图中的阴极支和阳极支的峰电位 E_{pc} 和 E_{pa} 分别为：

$$E_{pc} = E_{1/2} - 1.1\frac{RT}{nF} \quad (1-27)$$

$$E_{pa} = E_{1/2} + 1.1\frac{RT}{nF} \quad (1-28)$$

则，$\Delta E_p = E_{pa} - E_{pc} = \frac{2.22RT}{nF} = 56.5/n(mV, 25℃)$。其中，$\Delta E_p$ 值与回扫时的换向电位有关，当换向电位较 E_{pc} 负 100/n mV 以上时，理论和实验均表面 ΔE_p 将为 59/n mV。通常，ΔE_p 与实验条件有关，故其数值为 55～65mV 时，即可判断该电极过程是可逆。同时，阴极峰电流 i_{pc} 等于阳极峰电流 i_{pa}，且均与扫描速度 ν 的平方根成正比。

如图 1－19 所示，曲线 A、B 和 C 曲线分别为可逆、准可逆和不可逆电极过程的循环伏安曲线。对于可逆电极过程，上下两条曲线是对称的，两峰电流之比 $i_{pc}/i_{pc} \approx 1$，阳极支和阴极支的峰电位之差 $\Delta E_p \leqslant E_{pa} - E_{pc} = \frac{2.22RT}{nF} = 56.5/n(\text{mV}, 25℃)$，且 ΔE_p 与扫描速度 ν 无关，但峰电流与扫描速度 ν 的平方根成正比。对于不可逆电极过程，通常是单峰，无回扫峰，或正向峰，或上下两条曲线不对称，两峰电流之比 $i_{pc}/i_{pc} >$ 或 < 1，阳极支和阴极支的峰电位之差 $\Delta E_p \gg E_{pa} - E_{pc} = \frac{2.22RT}{nF} = 56.5/n(\text{mV}, 25℃)$，且之差越大不可逆程度越大，峰电位随扫描速度 ν 而变化。对于准可逆过程，极化曲线形状接近可逆过程，具有氧化峰和还原峰。两峰电流之比 $i_{pc}/i_{pc} >$ 或 < 1，阳极支和阴极支的峰电位之差 $\Delta E_p > E_{pa} - E_{pc} = \frac{2.22RT}{nF} = 56.5/n(\text{mV}, 25℃)$，改变扫描速度，氧化峰正移，表明更难于被氧化，还原峰负移，表明更难于被还原，峰电流与扫描速度 ν 的平方根成正比。总之，循环伏安法仪器设备简单、操作简便，易获得电极反应中的相关信息。该方法对有机物、金属有机化合物、生物物质等的氧化还原机理研究特别有用。

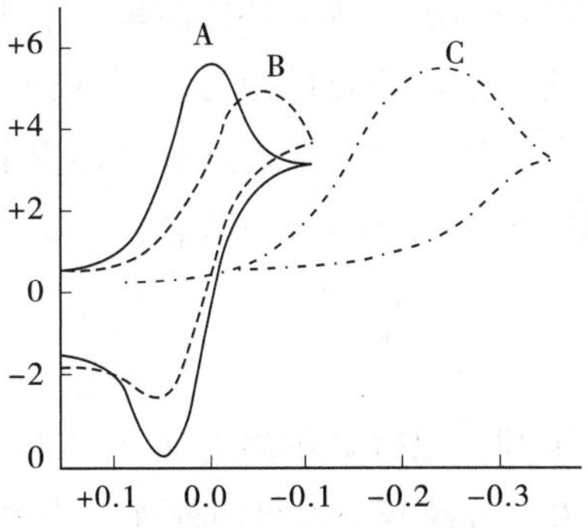

图 1－19　循环伏安曲线

（二）溶出伏安法

溶出伏安法（stripping voltammetry）是将待测物质先电解富集在电极表面，然后施加反向电压，使富集在该电极上的物质重新溶出，根据溶出过程的伏安曲线进行分析的方法。首先，电解富集过程，将工作电极电位调至极限电流电位进行电解，使待测物质在电极上富集。其次，溶出过程，待富集后再逐渐改变工作电极电位，电位变化的方向应使电极反应与上述富集过程电极反应相反，记录所得的电流－电压曲线，称为溶出曲线，呈峰状，其峰电流的大小与待测物质的浓度有关，如图1－20所示。

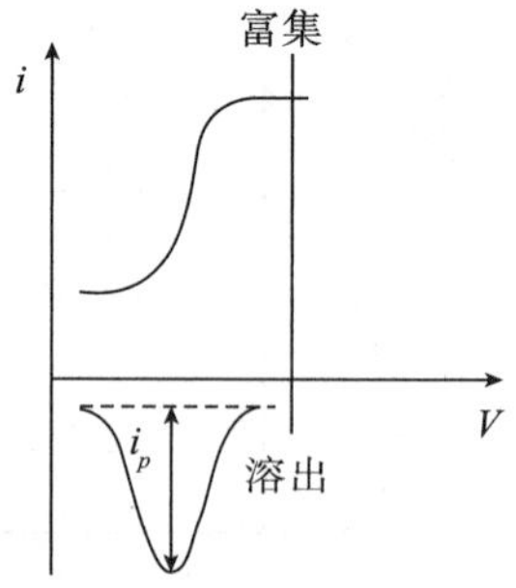

图1－20 溶出伏安法极化曲线

对悬汞电极来说，其溶出峰电流 i_p 与待测物质浓度 c 的关系是：$i_p = -k_1 mn^{\frac{3}{2}} D_R^{\frac{1}{2}} \gamma V^{\frac{1}{2}} ct$；对于汞膜电极，其关系为：$i_p = -k_2 mn^2 AVct$。当 n、D、V、γ、m、t 或（A）都为一定值时，则简化为：$i_p = -Kc$，这是溶出伏安法的定量的依据。

溶出伏安法灵敏度高，可达 $10^{-9} \sim 10^{-6}$mol/L，在条件适宜时，甚至可以达到 10^{-11}mol/L。但该方法电解富集费时（3～15min）、重现性不够理想（溶出曲线只能记录一次）。

四、永停滴定法

永停滴定法又称死停滴定法（dead－stop titration）或双安培滴定法，属于电流滴定范畴。该方法是把两支铂电极（或其他金属电极），插入滴定溶液中，在两支铂电极间外加一低电压（4～200mV），并连有一检流计，然后进行滴定，通过观察滴定过程中检流计指针的变化确定终点。在未到滴定终点时，极化的电极仅有很小或无电流通过。当到达终点时，滴定溶液略有过剩，去极化电极有电流通过，检流计指针突然偏转，不再变动。反之，电极由去极化变为极化，电流计指针则从偏转回到零点，也不再变动。永停滴定法具有装置简单、准确度高、终点易判断等优点，已成为卡氏（Karl Fisher）水分测定、重氮化滴定的终点确定的法定方法。

若溶液中同时含有某氧化还原电对的氧化型及其对应的还原型物质，如含有 I_2 以及 I^- 溶液，插入一个铂电极，由 Nernst 方程式

$$E = E^{\ominus} + \frac{0.059}{n} \lg \frac{c_{I_2}}{c_{I^-}^2} (25℃) \quad (1-29)$$

可知，电极显示出 I_2/I^- 电对的电极电位。若插入两个铂电极，两电极的电位相同，电极间的电位差为0。若在两个电极间外加一小电压，则接正极的铂电极上发生氧化反应：$2I^- \rightleftharpoons I_2 + 2e^-$；接负极的铂电极上发生还原反应：$I_2 + 2e^- \rightleftharpoons 2I^-$。也就是说，发生电解反应。当电解时，阴极（还原反应的铂电极）上得到多少电子，阳极（氧化反应的铂电极）上也就失去多少电子，两个铂电极上得失电子数总是相等的。待测溶液中电对的氧化型和还原型浓度不等时，由电解池电流的大小取决于浓度低的氧化型或还原型物质的浓度，当它们浓度相等时电流最大。

如 I_2/I^- 电对与两个铂电极组成电池，外加一小电压就发生电解，有电流通过，则称 I_2/I^- 电对为可逆电对。若 $S_4O_5^{2-}/S_2O_3^{2-}$ 电对与两个铂电极组成电池，也外加一小电压，其只能发生氧化反应：$2S_2O_3^{2-} \longrightarrow S_4O_5^{2-} + 2e^-$，不能发生还原反应：$S_4O_5^{2-} + 2e^- \longrightarrow 2S_2O_3^{2-}$，故不能发生电解，无电流通过。该电对称为不可逆电对。

永停滴定法正是利用上述现象来确定滴定终点的方法。在滴定过程中，会出现3种情况的电流变化。

（一）不可逆体系滴定可逆体系

用I_2滴定$Na_2S_2O_3$即是该种情况。将$Na_2S_2O_3$溶液倒入烧杯中，插入两个铂电极，加4～15mV外加电压，检流计检测两极间的电流。在终点前，溶液中只有$S_4O_5^{2-}/S_2O_3^{2-}$电对，因其是不可逆电对，电极上不能发生还原反应。另外，溶液中虽然存在I^-，阳极上可能有I^-氧化的I_2，但溶液中无I_2存在，阴极上不会发生I_2的还原反应，同样电解反应也不能发生。所以，检流计的指针一直保持停止不动。到达终点并有稍过量的I_2，溶液中才有了I_2/I^-可逆电对，发生电解反应，才有电解电流经过两个铂电极，检流计指针开始偏转。终点过后，随I_2浓度的逐渐增加，电解电流也逐渐增大，如图1－21所示。

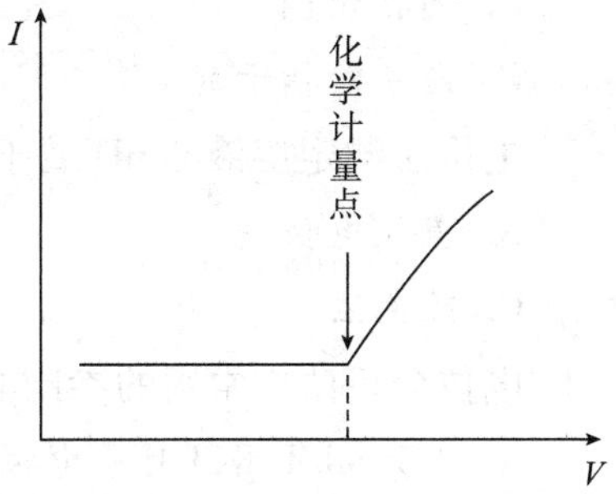

图1－21　碘滴定硫代硫酸钠的滴定曲线

（二）可逆体系滴定不可逆体系

用$Na_2S_2O_3$滴定I_2即是该种情况。在终点前溶液中存在I_2/I^-可逆电对，有电解电流通过，并随着滴定的进行逐渐减小，终点后溶液中只有$S_4O_5^{2-}/S_2O_3^{2-}$不可逆电对和I^-，无电解发生，电解电流降到最低点并无变化，如图1－22所示。

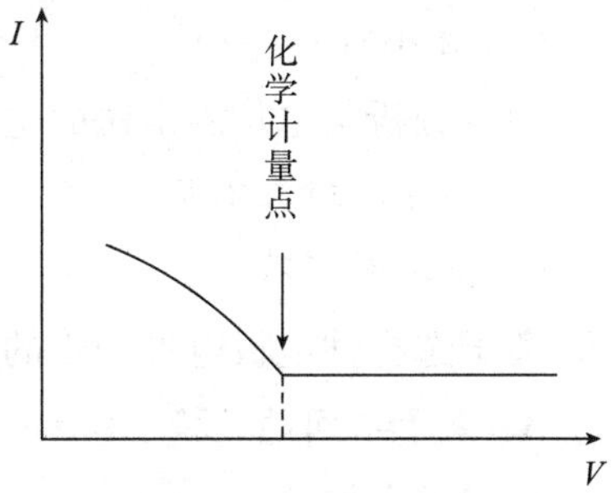

图1－22　硫代硫酸钠滴定碘的滴定曲线

（三）可逆体系滴定可逆体系

用Ce^{4+}滴定Fe^{2+}即是该种情况。滴定前溶液中只有Fe^{2+}，而无Fe^{3+}，阴极上不会有还原反应，故无电解反应，也无电流通过。当Ce^{4+}不断滴入时，Fe^{3+}不断增多，从而形成Fe^{3+}/Fe^{2+}可逆电对，故电解电流也不断增大，当$[Fe^{3+}]=[Fe^{2+}]$时，电解电流达到最大值，继续滴加Ce^{4+}，Fe^{2+}浓度逐渐降低，Fe^{3+}/Fe^{2+}可逆电对减少，电解电流也逐渐减小，达到终点时电解电流降至最低，终点过后，Ce^{4+}过量，溶液中出现了Ce^{4+}/Ce^{3+}可逆电对，随着$[Ce^{4+}]$不断滴入，电解电流又开始增大，如图1－23所示。

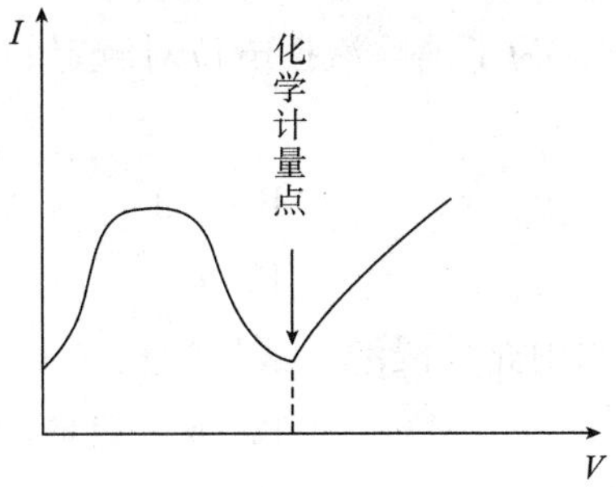

图1－23　Ce^{4+}滴定Fe^{2+}的滴定曲线

目标检测

答案解析

一、单项选择题

1. 电位法属于（　）

A. 酸碱滴定法　　B. 重量分析法

C. 电化学分析法　　D. 光化学分析法

2. 电位滴定法指示终点的方法是（ ）

A. 内指示剂　B. 外指示剂

C. 内－外指示剂　D. 电位的变化

3. 电位法测定溶液的 pH 属于（ ）

A. 直接电位法　B. 电位滴定法

C. 比色法　D. 永停滴定法

4. 电位分析法中常用的参比电极是（ ）

A. 0.1mol/L KCl 甘汞电极　B. 1mol/L KCl 甘汞电极

C. 饱和甘汞电极　D. 饱和银－氯化银电极

5. 玻璃电极需要预先在蒸馏水中浸泡（ ）

A. 1 小时　B. 6 小时

C. 12 小时　D. 24 小时

6. 滴定分析与电位滴定法的主要区别是（ ）

A. 滴定的对象不同　B. 滴定液不同

C. 指示剂不同　D. 指示终点的方法不同

7. 离子选择性电极电位产生的机制为（ ）

A. 离子之间的交换　B. 离子的扩散

C. A、B 均是　D. A、B 均不是

8. 进行酸碱电位滴定时应选择的指示电极是（ ）

A. 玻璃电极　B. 铅电极

C. 铂电极　D. 银电极

9. 以下电极属于膜电极的是（ ）

A. 银－氯化银电极　B. 铂电极

C. 玻璃电极　D. 氢电极

10. 用直接电位法测定溶液的 pH，为了消除液接电位对测定的影响，要求标准溶液的 pH 与待测溶液的 pH 之差为（ ）

A. 3　B. <3

C. >3　D. 4

11. 玻璃电极在使用前应在纯化水中充分浸泡，其目的是（ ）

A. 除去杂质　B. 减小稳定不对称电位

C. 在膜表面形成水化凝胶层　D. 使不对称电位处于稳定

12. 用离子选择电极标准加入法进行定量分析时，对加入标准溶液的要求为（ ）

A. 体积要大，其浓度要高　B. 体积要小，其浓度要低

C. 体积要大，其浓度要低　D. 体积要小，其浓度要高

二、简答题

1. 用 pH 玻璃电极测定 pH = 5.0 的溶液，其电极电位为 43.5mV。测定另一未知溶液时，其电极电位为 14.5mV，若该电极的响应斜率为 58.0mV/pH，试求未知溶液的 pH。

2. 何谓分解电压和析出电位？分解电压与电池的电动势、析出电位与工作电极的电极电位有何关系？

3. 用电解法测定铜合金（其中 Cu 约含 80%，Pb 约含 5）的 Cu 和 Pb。称取试样 1g，硝酸溶解并定容为 100ml。调节 HNO_3 浓度为 1mol/L。电解时，Cu^{2+} 在阴极上析出 Cu，Pb^{2+} 在阳极上析出 PbO_2，试计算溶液的分解电压。

书网融合……

本章小结　　题库

第二章 光谱分析

学习目标

【知识要求】

1. 掌握光谱吸收曲线和光吸收定律的意义；紫外-可见光谱法、原子吸收光谱法、原子荧光光谱法以及原子发射光谱法的原理。

2. 熟悉紫外-可见分光光度计、原子吸收分光光度计、原子荧光光度计以及原子发射光谱仪的基本结构；紫外-可见光谱法、原子吸收光谱法、原子荧光光谱法以及原子发射光谱法中干扰产生的机制。

3. 了解光的波粒二象性，物质对光的吸收具有选择性；原子光谱和分子光谱的分类及应用。

【技能要求】

1. 具有使用紫外-可见分光光度计、原子吸收分光光度计、原子荧光光度计以及原子发射光谱仪对食品样品进行分析的能力。

2. 能够对紫外-可见分光光度计、原子吸收分光光度计、原子荧光光度计以及原子发射光谱仪进行日常维护和保养。

3. 学会正确进行紫外-可见光谱法、原子吸收光谱法、原子荧光光谱法以及原子发射光谱法数据处理与结果判定。

第一节 光谱分析导论

PPT

光谱分析（spectral analysis）是一种化学分析方法，是指基于物质与能量相互作用使物质内部发生量子化①能级之间跃迁而产生的发射、吸收或散射引起辐射的波长和强度进行分析的方法。

这种分析方法利用了跃迁所产生辐射的波长和强度变化分析物质的结构、组成以及性质等信息。光谱分析技术包括紫外-可见光谱法、原子吸收光谱法、荧光分析法、红外光谱分析法、拉曼光谱分析法等，可以应用在化学、生物学、环境等各个领域。

一、光的波粒二象性

光的波粒二象性的发现历程可以追溯到19世纪末20世纪初。当时，科学家们已经发现了光的波动性和粒子性。1801年，托马斯·杨进行了双缝干涉实验，证明了光具有波动性；1905年，爱因斯坦提出了光电效应，证明了光具有粒子性；1924年，德布罗意提出了“物质波”假说，认为一切物质都具有波粒二象性，随后的电子衍射实验证实了这一假说。

①量子化（quantization）：微观体系物理量的不连续变化的现象。

光的波粒二象性是基于量子力学①的。量子力学认为，自然界所有的粒子，如光子、电子或是原子，都能用一个微分方程来描述，即薛定谔方程。这个方程的解即为波函数，它描述了粒子的状态。波函数具有叠加性，它们能够像波一样互相干涉和衍射。同时，波函数也被解释为描述粒子出现在特定位置的概率。这样，粒子性和波动性就统一在同一个解释中。

知识链接

薛定谔方程

薛定谔方程（Schrodinger equation）是量子力学的核心方程之一，于1926年由奥地利物理学家薛定谔提出。这个方程描述了微观粒子在时间演化过程中的状态变化规律。在量子力学中，微观系统的状态由波函数 Ψ（x，t）来描述，而不是力学量（如位置）的具体值。因此，波函数成为量子力学研究的主要对象。薛定谔方程是描述波函数演化的微分方程，通过给定初始条件和边界条件，可以从方程中解出波函数。

薛定谔方程在量子力学中具有重要的地位，类似于牛顿方程在经典力学中的作用。它是量子力学最基本的方程之一，用来解释和预测粒子的行为。通过求解薛定谔方程，我们可以获得力学量取值的概率分布以及随时间演化的变化情况。这个方程的提出是薛定谔对量子力学做出的杰出贡献，并为后续的量子力学研究奠定了坚实基础。

需要注意的是，薛定谔方程仅适用于速度较小且非相对论情况下的粒子系统，并且未包含与粒子自旋相关的描述。当涉及相对论效应时，薛定谔方程将被相对论量子力学方程所取代，并包含粒子自旋的考虑。

（一）光的波动性

光的波动性的历史可以追溯到17世纪，当时英国物理学家胡克以及荷兰物理学家惠更斯提出了光的波动性理论。认为，光在传播时具有一定的波阵面，波阵面上的振动方向与光的传播方向相同。光的波动性可以通过干涉、衍射等实验现象来证明。例如，两束光在相遇时会发生干涉、衍射等现象，这些现象都表明光具有波动性。

我们可以通过双缝干涉实验来证明光的波动性，在这个实验中，我们将光通过两个狭缝，让它们在屏幕上相遇。当光通过两个狭缝时，它们的波阵面会发生干涉，形成一系列明暗交替的条纹。这些条纹的出现表明光具有波动性，因为只有波动才能产生这种干涉现象。此外，我们还可以通过薄膜干涉、牛顿环等实验来证明光的波动性。这些实验都表明，光在传播时具有一定的波阵面，并且具有波动性。

（二）光的粒子性

17世纪，牛顿用大量的实验证明，光是一种物质微粒，它总是以直线传播，并会发生反射和折射的现象。因此他认为，光是由一系列微小的粒子组成的，这些粒子在传播时具有一定的能量和动量。到20世纪初，爱因斯坦提出了光子说，他认为，光在传播时具有一定的粒子性质，即光子。这一理论得到了后来的实验验证，成为光学的基础之一。

---

①量子力学（quantum mechanics）：研究物质世界微观粒子的运动规律的一门物理学分支学科。主要研究原子、分子、凝聚态物质，以及原子核和基本粒子的结构、性质的基础理论。

光的粒子性的原理是基于量子物理学的。量子物理学认为，光在传播时具有一定的粒子性质，即光子。光子的能量与频率成正比。此外，光子还具有波粒二象性，即既表现出粒子特性，又表现出波动特性。

二、光与物质的相互作用

在自然界中，光与物质的相互作用是普遍存在的，比如太阳光照射到地球上，植物通过光合作用吸收光能，动物通过视觉感官感知光的存在等等。从物理学的角度来看，光与物质的相互作用可以表现为吸收、发射、散射、干涉等现象。在食品仪器分析中经常用到的是光的吸收和发射。

（一）光的吸收

物质对光辐射能量的吸收过程称为光的吸收。在光谱分析中特指：特定波长（或频率）的光被物质吸收并转化为其他形式的能量，使光的强度减弱的过程。其实质是物质的量子化能级结构在吸收特定波长光线后发生能级跃迁，光能被转化为物质内部的能量，使物质中原子或者分子从低能态上升到高能态。根据吸收物质的结构、吸收光谱的不同，可以分为分子吸收和原子吸收。比如，红外线辐射被广泛应用于遥感、检测和识别领域，因为不同物质对红外线的吸收特性不同，可以通过测量红外线的吸收光谱来获取物质的信息。

（二）光的发射

一般来说高能态物质是不稳定的，会快速地回到低能的稳定状态，以光辐射的形式释放出多余的能量，这种现象称为光的发射。根据发生的本质，可分为原子发射、分子发射等。例如，荧光物质在受到紫外或可见光的激发后会发出可见光，这种现象被广泛应用于荧光检测、生物成像等领域。

（三）光的散射

当光子遇到物质中的粒子（如分子、原子、离子等）时，会发生散射现象。散射的程度与粒子的大小、形状、密度等有关。例如，天空为什么是蓝色？这是因为大气中的气体分子对可见光的散射使得天空呈现出蓝色。

（四）光的干涉

当两束或多束光相遇时，它们会产生干涉现象。干涉现象与光的相位、振幅等有关。例如，双缝干涉实验是光学中的一个经典实验，通过观察光在双缝上的干涉现象，可以探究光的波动性质。

三、光谱分析中常见的光谱

光是一种电磁波，具有波粒二象性。电磁辐射按照波长（能量）的不同，可以分为几个波谱区。

γ 射线（gamma rays），电磁波谱中，波长在 5 ~ 140pm 区间的光谱，主要由核跃迁引起。

X 射线（X - rays），电磁波谱中，波长在 0.001 ~ 10nm 区间的光谱，主要由内层电子跃迁引起。

真空紫外光谱（vacuum ultraviolet spectrum），电磁波谱中，波长在 10 ~ 200nm 区间的光谱。

紫外光谱（ultraviolet spectrum），电磁波谱中，波长在 200 ~ 340nm 区间的光谱。

可见光谱（visible spectrum），电磁波谱中，波长在 340 ~ 780nm 区间的光谱。

真空紫外光谱、紫外光谱、可见光谱主要由原子及分子的价电子或成键电子跃迁产生。

红外光谱（infrared spectrum），电磁波谱中，波长在 0.78 ~ 1000μm 区间的光谱，主要由分子的振动跃迁或转动跃迁产生。

四、光谱分析中的基本概念

光的能量（E）是指光子在传播过程中所携带的能量，与光的频率（v）成正比，即

$$E = v \times h = h\frac{c}{\lambda} = hc\sigma \tag{2-1}$$

h：普朗克常数，是一个物理学的基本常数，约为 6.63×10^{-34} J·s。

c：光在真空中的传播速度，通常用光速表示，即 2.9979×10^{8} m/s。

v：光的频率，是指光在传播过程中每秒钟完成的振动次数，单位是赫兹（Hz），即每秒钟振动次数。

λ：光的波长，是指光在传播过程中一个完整周期所占据的距离。波长的单位是米（m），通常用纳米（nm）或微米（μm）表示。光的波长与光的频率成反比。

σ：光的波数，是指光在传播过程中每个周期的波数，通常用 cm^{-1}表示。

光的频率与光的波长（λ）成反比，即

$$v = \frac{1}{\lambda} \tag{2-2}$$

光的波数与光的频率成正比，即

$$\sigma = \frac{v}{c} \tag{2-3}$$

光的能量、频率、波长和波数在光谱分析中有着广泛的应用。例如，在光谱学中，通过测量光的波长和强度，可以确定物质的组成和结构。在光学传感器中，通过测量光的波长或波数，可以检测材料的物理、化学和生物特性。

物质发出的光通常是由多种波长（或频率）的光组成，这种光被称为复合光。在光谱分析中，我们经常使用各种方法来获取只包含一种波长（或频率）的光，也就是单色光，作为分析手段。然而，实际所获得的单色光不纯，为了描述单色光的单色性，我们通常使用光谱的宽度（或半宽度）来表示。谱线宽度越窄，光谱包含的波长（或频率）范围越窄，表示光的单色性越好。

五、光的吸收定律

光的吸收定律是光学分析法的基本原理之一，它描述了物质对某一波长光吸收的强弱与吸光物质的浓度及其液层厚度间的关系。该定律是由英国物理学家比尔于1852年提出的，它的发现奠定了光度法的基础，为光学分析仪器的发展奠定了基础。

（一）物质对光的选择性吸收

当一束光照射到某物质时，组成该物质的粒子与光子发生碰撞，光子的能量传递到粒子上，粒子吸收光子的能量由基态（M）跃迁到激发态（M*）。这个过程就是物质对光的吸收过程，这个过程中光与物质之间发生了能量的传递。可用下式表示：

$$\text{M（基态）} + \text{E（光子）} \rightarrow \text{M*（激发态）} \tag{2-4}$$

当光子与粒子发生能量传递时，只有当光子的能量正好等于物质粒子从基态跃迁至某一激发态时的能级差时，物质才能吸收该光子，如图2-1所示：

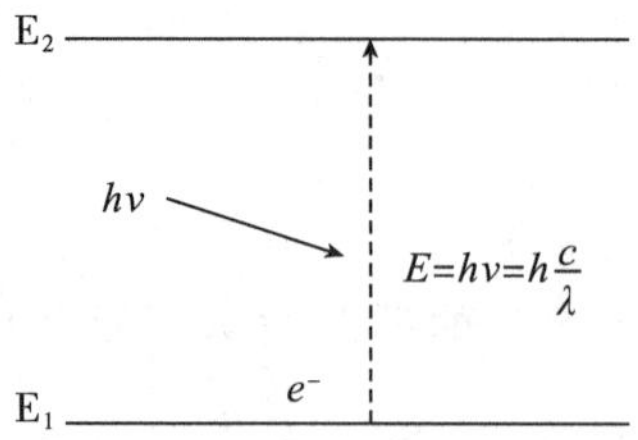

图 2-1　光的选择性吸收示意图

物质对光的吸收具有选择性，选择性吸收的光的波长（或频率）与组成该物质的粒子的能级差有关。

（二）朗伯-比尔定律

当一束平行单色光垂直通过某一均匀非散射的吸光物质时，其吸光度与吸光物质的浓度及吸收层厚度成正比，如图 2-2 所示。

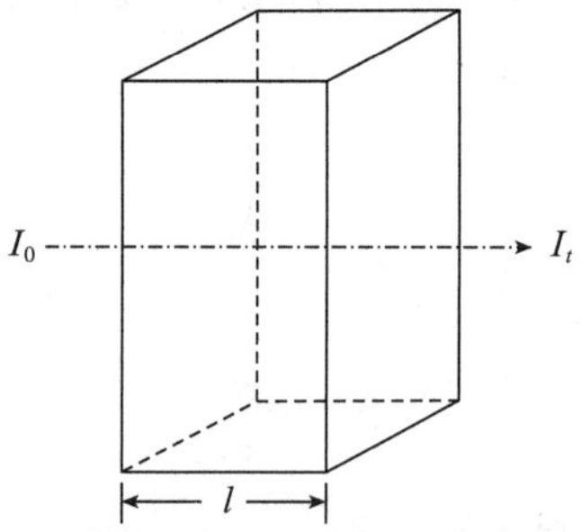

图 2-2　光的吸收示意图

朗伯-比尔定律（Lambert-Beer Law）数学表达式为：

$$A = -\lg(1/T) = Klc \tag{2-5}$$

其中，

A 表示吸光度（absorbance），入射光强度与透射光强度之比的对数或者透光率（T）倒数的对数。

T 表示透光率（transmissivity），一束平行的单色光通过任何均匀、非散射的固体、液体或气体介质时，透过光的强度与入射光的强度之比，常以百分数表示。

K 表示吸光系数（absorptivity），一束单色辐射通过液层厚度为 1cm、含有浓度为 1g/L 被测物质的溶液时所产生的吸光度值，单位为 L/(g·cm)。如果溶液浓度是 1mol/L 则为摩尔吸光系数（molar absorptivity），是表征光度分析灵敏度的一种参数。

l 表示吸光物质的厚度，单位为 cm。

c 表示吸光物质的浓度，可以是 g/L 或 mol/L。

光的吸收定律的意义在于，它为光谱分析法提供了理论基础，使得通过测量物质对光的吸收程度来确定物质的浓度成为可能。此外，光的吸收定律还为光学传感器、比色计、光度计等仪器的发展奠定了基础，这些仪器在环境监测、生物医学、化学分析等领域广泛应用。

（三）影响吸收定律的因素

在光谱分析中，比尔定律是一个有限的定律，要求待测物为均一的稀溶液、无散射，入射光为单色平行光。在实际应用中，由于各种因素的影响，可能会导致偏离朗伯-比尔定律，如图 2-3 所示。

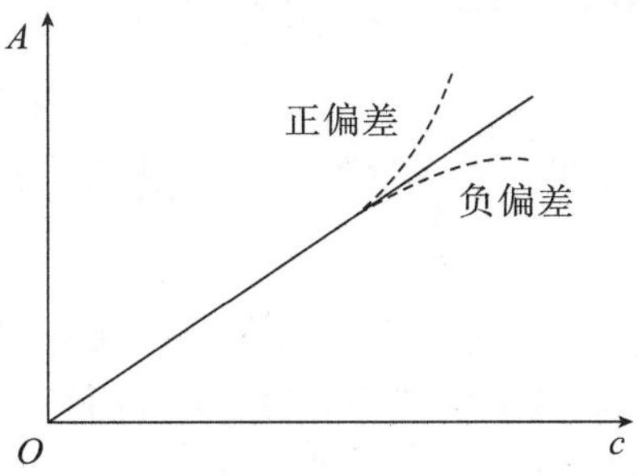

图 2-3 朗伯-比尔定律的偏离

1. 物理因素影响

（1）非单色光引起的偏离 朗伯-比尔定律首先要求是“单色光”。实际上，理论上的单色光是不存在的。这是因为光谱分析中的单色光来自仪器的分光系统，而分光系统通常由棱镜或光栅构成，它们将光分解成不同波长的光。然而，由于制造工艺的限制，分光系统中的色散元件分光能力并不完美，导致在工作波长附近或多或少含有其他杂色光。这些杂色光也会对比尔定律产生影响，导致偏离。

我们所做的只能是让入射光的光谱带宽尽可能的小，要尽可能地靠近单色光如图 2-4 所示。

（2）非平行或垂直的入射光引起的偏离 非平行或垂直的入射光会导致光程不一致引起偏离，如图 2-5 所示。

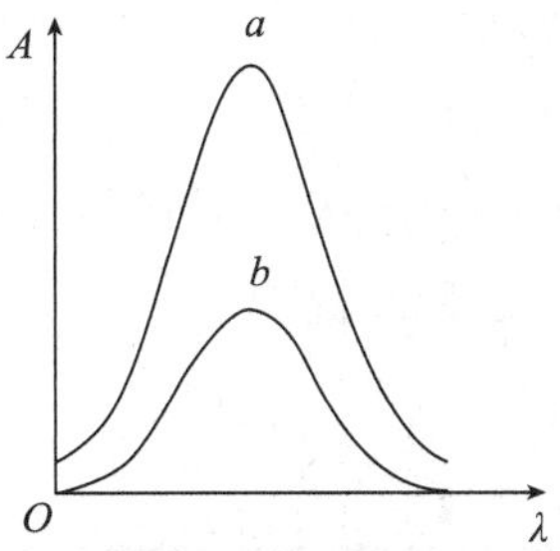

图 2-4 非单色光引起的偏离

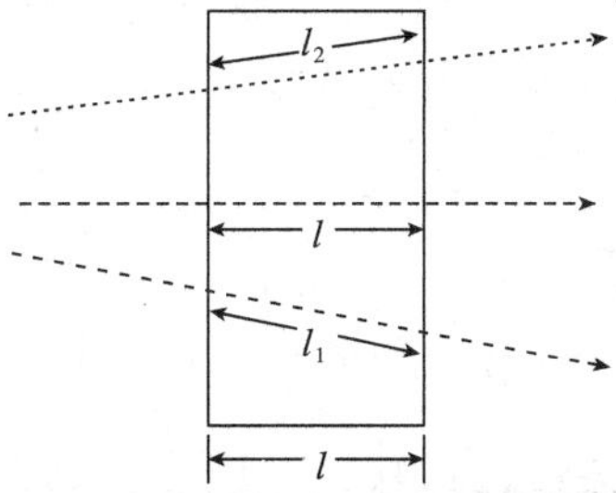

图 2-5 非平行或垂直入射光引起的偏离

（3）介质不均一所引起的偏离 介质不均匀性指的是待测溶液的不均匀性，如胶体溶液、乳浊液或悬浮液。当入射光通过这种不均匀的溶液时，除了一部分被试液吸收，还会有反射、散射使光损失，导致透光率减小，使透射比减小，使实际测量吸光度增大，使标准曲线偏离直线向吸光度轴弯曲，造成对朗伯-比尔定律的偏离。

为了改善溶质的均匀度，可以考虑在分析条件选择时，向样品溶液的测量体系中加入适量的表面活性剂等。表面活性剂可以降低介质不均匀性，提高溶液的均匀度，从而改善朗伯-比尔定律的偏离。此外，还可以通过调整样品的处理方法、改变测量参数等来降低介质不均匀性，提高测量精度。

2. 化学因素影响

（1）溶液浓度引起的偏离 当溶液浓度过高时，溶液粒子之间的平均距离减小，从而受到粒子间电荷分布相互作用的影响，导致它们的摩尔吸收系数发生改变。这种情况下，溶液中的吸光物质浓度过高，会导致吸光物质之间的相互作用增强，从而影响吸光物质的吸收光谱，使得其实际吸收的光谱与理论计算的光谱不符，从而导致朗伯-比尔定律的偏离。因此，在进行仪器分析时，需要控制待测溶液的浓度在适当的范围内，以保证测量结果的准确性。

（2）溶液本身的化学反应引起的偏离 溶液中的溶质常因各类化学反应（如解离、缔合、配合等）

形成新的化合物或者导致解离程度不同，引起吸光度发生变化。

第二节　紫外-可见光谱法

PPT

紫外吸收光谱和可见吸收光谱都属于电子光谱，它们都是由于价电子的跃迁而产生的。物质分子在紫外和可见光区域内吸收特定波长的电磁辐射能量，使其中的价电子从低能级“跃迁”到高能级。通过测量样品在不同波长的光下吸收的强度，可以得到吸收光谱曲线，通过检查吸收带的位置和形状来判断物质中存在的分子、离子的类型、数量和结构，进而对样品进行定性和定量分析。

物质分子在紫外和可见光区域内吸收电磁辐射能量，由于分子间的相互作用、电子跃迁等原因，导致吸收光谱带的出现。因此，紫外吸收光谱和可见吸收光谱都可以被称为电子光谱。利用这些光谱可以进行物质的分析、测量和推断。

紫外-可见光谱法（ultraviolet-visible spectrophotometry，简称 UI-Vis）是根据被测物分子本身或借助显色剂显色后对紫外到可见光波段范围单色光的吸收或反射光谱特性来进行物质的定量、定性或结构分析的一种方法。

一、紫外-可见光谱法发展历程

分光光度法源于牛顿（Newton）1666 年的太阳光束经棱镜色散后呈现出红、橙、黄、绿、蓝、靛、紫色带的实验，这条色带就被称为“光谱”。通过这个实验，牛顿揭示了太阳光是复合光的事实。

1815 年，夫琅和费发现了太阳光谱中有 600 多条暗线，并给其中的 8 条主要暗线标上了 A-H 的符号，如图 2-6 所示。这些暗线被称为“夫琅和费线”，是人们最早认识的吸收光谱线。直到 1859 年，本生和基尔霍夫发现食盐发出的黄色谱线波长与“夫琅和费线”中的 D 线完全一致，人们才意识到物质发射光的波长（或频率）与它所能吸收的波长（或频率）是一致的。

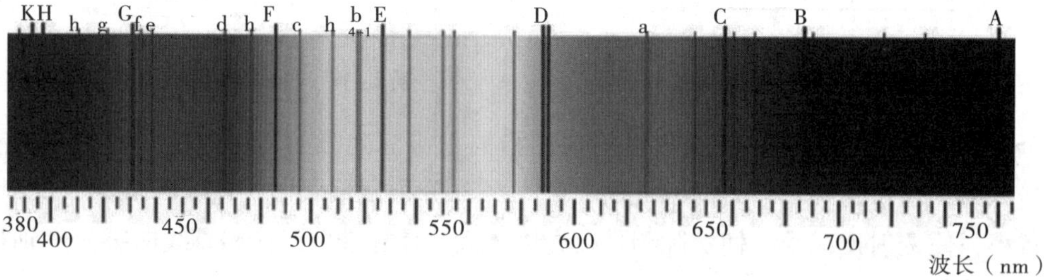

图 2-6　夫琅和费线

1862 年，密勒利用石英摄谱仪研究了 100 多种物质的紫外吸收光谱。他将光谱图表从可见区扩展到了紫外区，并指出吸收光谱不仅与组成物质的基团有关，而且与分子和原子的性质有关。随后，哈托莱和贝利等人对各种溶液进行了研究，发现了与吸收光谱相似的有机物质。这些研究初步建立了分光光度法的理论基础，并推动了分光光度计的发展。

值得一提的是，1852 年比尔参考了比尔和朗伯所发表的文章，提出了分光光度法的基本定律。液层厚度相等时，吸光度值与溶液的浓度成正比，为分光光度法定量分析奠定了理论基础。1854 年，杜包斯克和奈斯勒等人将此理论应用于定量分析化学领域，并设计了第一台比色计。

随着科技的进步，分光光度计不断改进。1918 年，美国国家标准局研制出了世界上第一台紫外可见分光光度计（尽管不够成熟）。1945 年，美国 Beckman 公司推出了第一台成熟的紫外分光光度计商品仪器。1952 年，日本岛津公司推出了第一台光电倍增管紫外分光光度计。1981 年，日本岛津公司又推出了世界上第一台扫描型紫外分光光度计。这些改进使紫外可见分光光度计的准确度和灵敏度不断提高，很快在各个领域的分析工作中得到了广泛应用。

二、紫外－可见光谱吸收机制

紫外－可见吸收光谱属于电子光谱，它们都是由于价电子的跃迁而产生的。根据分子轨道理论，价电子是指分子中参与化学键形成的外层电子，它们决定了分子的化学性质和反应性。

（一）无机化合物的紫外－可见吸收光谱的产生

无机化合物的紫外－可见吸收光谱主要是电荷迁移跃迁及配位场跃迁产生的。

1. 电荷迁移光谱　许多无机配合物，受辐射激发后，使一个电子从给予体外层轨道向接受体跃迁而产生电荷迁移吸收光谱。如 Fe^{3+} 硫氰酸盐络合物呈血红色，在 490nm 附近有强吸收峰，就是由于该络合物吸收 490nm 波长的可见光，使一电子从 SCN^- 的轨道跃迁到 Fe^{3+} 的某一轨道上。$FeSCN^{2+}$ 的电荷迁移跃迁可表示为：

$$M^{n+} - L^{b-} \xrightarrow{h\nu} M^{(n+1)} - L^{(b-1)-} \qquad (2-6)$$

$$[Fe^{3+} - SCN^-]^{2+} \xrightarrow{h\nu} [Fe^{3+} - SCN]^{2+} \qquad (2-7)$$

M 为中心离子（如 Fe^{3+}），是电子接受体；L 是配体（例中为 SCN^-），为电子给予体。受辐射激发后，使一个电子从给予体外层轨道向接受体跃迁而产生电荷迁移吸收光谱。许多水合离子、不少过渡金属离子与含生色团的试剂作用时，如 Cu^{2+} 和 Fe^{2+} 与邻二氮菲的配合物，可产生电荷迁移吸收光谱。电荷迁移吸收光谱的波长范围通常处于紫外区或可见区，摩尔吸光系数 ε_{max} 为 $10^3 \sim 10^4$L/(mol · cm)，可用于定量分析。

2. 配位跃迁光谱　配体存在过渡金属元素 5 个能量相等的 d 轨道和镧系、锕系 7 个能量相等的 f 轨道裂分能量不等的 d 轨道或 f 轨道，吸收光能后，低能态的 d 电子或 f 电子可以跃迁到高能态的 d 或 f 轨道上去。绝大多数过渡金属离子都具有未充满的 d 轨道，按照晶体场理论，当它们在溶液中与水或其他配体生成配合物时，受配体配位场的影响，原来能量相同的 d 轨道发生能级分裂，产生 d－d 电子跃迁或 f－f 跃迁。由于必须在配体的配位场作用下才可能产生，所以这种跃迁称为配位场跃迁。配体配位场越强，d 轨道分裂能越大，吸收波长越短。吸收系数 ε_{max} 越小，配位场跃迁通常处于可见光区，且具有较小的 ε_{max} 值 [$10 \sim 10^2$L/(mol · cm)]，因此较少用于定量分析，多用于研究配合物结构及其键合理论。

（二）有机化合物的紫外－可见吸收光谱的产生

在有机化合物中，价电子主要来自于碳氧、氮等元素的原子轨道。这些原子轨道通过共价键的形成而相互叠加，形成分子轨道。分子轨道是原子轨道的线性组合，可以是成键轨道或反键轨道。紫外－可见光谱法利用由分子中的电子跃迁引起的电磁辐射分析有机化合物的结构和性质。紫外吸收光谱是带状光谱，其电子的跃迁有 $\sigma \to \sigma^*$、$n \to \sigma^*$、$\pi \to \pi$ 和 $n \to \pi^*$ 四种类型，各种跃迁类型所需要的能量依下列次序减小：$\sigma \to \sigma^* > \pi \to \pi^* > n \to \sigma^* > n \to \pi^*$。如图 2－7 所示，几种分子轨道能量的相对大小，以及不同类型的电子跃迁所需吸收能量。

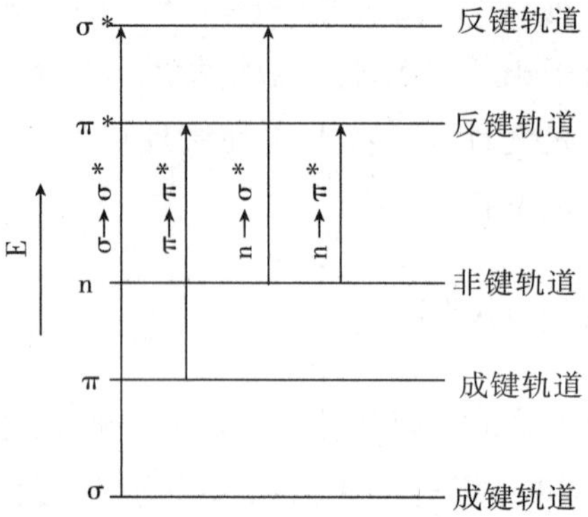

图 2-7 分子的电子能级

但是由于一般紫外-可见分光光度计只能提供190～850nm范围的单色光，主要观测的是：π→π*、n→π*以及n→σ*跃迁的吸收，而只能产生200nm以下吸收的σ→σ*的跃迁则无法测量。

1. σ→σ*跃迁 分子中一个电子从一个σ轨道跃迁到另一个较高能级的σ*轨道的过程。σ轨道是两个原子核沿轴向形成的共价键的轨道，而σ*轨道则是电子在离开σ键原子核的区域形成的反键。

引起σ→σ*跃迁所需的能量最大，其所产生的吸收峰在远紫外区，吸收波长λ小于200nm，如一些饱和的烃类，甲烷λ_{max}为125nm，乙烷λ_{max}为135nm。一般紫外-可见光分光光度计只能提供190nm波长以上的工作区间，而只有σ→σ*跃迁的物质在200nm以上波长没有吸收，因此紫外-可见吸收光谱分析时，常用的溶剂为饱和烃类化合物。

2. n→σ*跃迁 指非成键的n电子从非键轨道向σ*反轨道的跃迁；凡含有n电子的杂原子（如N、O、S、P等）的饱和化合物都可以发生n→σ*跃迁。相对于σ→σ*跃迁，n→σ*跃迁的能量要小，所产生的吸收光谱的波长要长一些，通常的λ_{max}在200nm附近，如CH_3Br的λ_{max}是204nm，CH_3I的λ_{max}是258nm。n→σ*跃迁引起的吸收，一般吸收系数不大，属于中等吸收。

3. π→π*跃迁 当具有共轭体系的有机分子吸收紫外光时，π电子会从低能级的π轨道跃迁到较高能级的π*轨道。这种跃迁对应于分子中π电子的重新排布，常见于含有双键、环状结构或具有共轭体系的化合物。π→π*跃迁引起的吸收，一般吸收系数不大，通常在1×10^4 L/(mol·cm)以上，属于强吸收。

4. n→π*跃迁 是指非成键的n电子从非键轨道向分子中一个非共轭σ电子轨道（通常是非共轭的孤对电子轨道或非共轭的取代基上的非键电子轨道）跃迁到一个π*轨道的过程。在π电子体系中，π轨道是特定于共轭体系的轨道，而π*轨道是与π轨道相对应的反键轨道。

三、紫外-可见光谱法中的几个概念

（一）生色团、助色团

生色团是指在200～1000nm波长范围内产生特征吸收带的具有一个或多个不饱和键和未共用电子对的基团。如—N═N—、—C≡N、—C≡C—、—COOH、—N═O等。所谓助色团是一些含有未共用电子对的氧原子、氮原子或卤素原子的基团。如—H，—OR，—NH_2，—NHR，—SH，—Cl，—Br，—I等。

助色团不会使物质具有颜色，但引进这些基团能增加生色团的生色能力，使其吸收波长向长波方向移动，并增加了吸收。

（二）红移和蓝移

由于取代基或溶剂的影响造成有机化合物结构的变化，使吸收峰向长波方向移动的现象称为吸收峰红移。能使有机化合物的 λ_{max} 向长波方向移动的基团（如助色团、生色团）称为红移基团。由于取代基或溶液的影响造成有机化合物结构的变化，使吸收峰向短波方向移动的现象称为吸收峰蓝移（紫移）。能使有机化合物的 λ_{max} 向短波方向移动的基团（如—CH_3，—O—CO—CH_3 等）称为蓝移基团。

（三）增色效应和减色效应

由于有机化合物的结构变化使吸收峰的摩尔吸光系数增加的现象称为增色效应。由于有机化合物的结构变化使吸收峰的摩尔吸光系数减小的现象称为减色效应。

（四）溶剂效应

由于溶剂的极性不同引起某些化合物吸收峰的波长、强度及形状产生变化，这种现象称为溶剂效应，如图 2－8 所示。例如异丙基丙酮 [$H_3C(CH_3)$—C ═CHCO—CH_3] 分子中有 $\pi\to\pi^*$ 和 $n\to\pi^*$ 跃迁，当用非极性溶剂正己烷时，$\pi\to\pi^*$ 跃迁的 $\lambda_{max}=230$nm，而用水作溶剂时，$\lambda_{max}=243$nm，可见在极性溶剂中 $\pi\to\pi^*$ 跃迁产生的吸收带红移了。而 $n\to\pi^*$ 跃迁产生的吸收峰却恰恰相反，以正己烷作溶剂时，$\lambda_{max}=329$nm；而用水作溶剂时，$\lambda_{max}=305$nm，吸收峰发生蓝移。

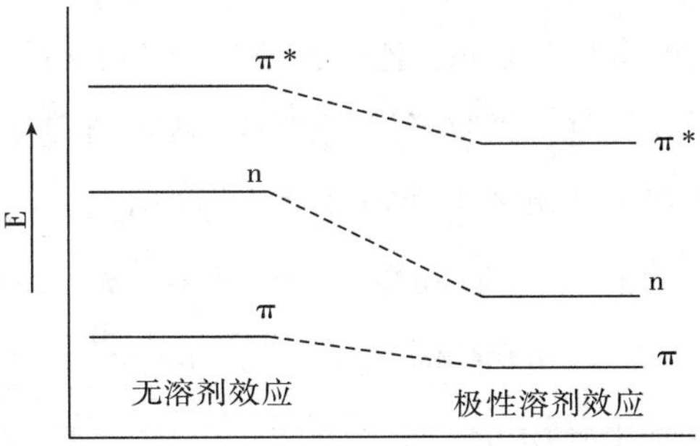

图 2－8　溶剂效应对跃迁能量的影响

（五）吸收带

紫外－可见吸收光谱是带状光谱，其吸收峰的波带位置称为吸收带，一些吸收带已被确认，其中有 K 带、R 带、B 带、E_1 和 E_2 带等。

1. K 带（取自德文，Konjugation，共轭谱作用）　是二个或二个以上 π 键共轭时，π 电子向 π^* 反键轨道跃迁的结果，可简单表示为 $\pi\to\pi^*$。其特点是吸收强度大，通常 $\varepsilon>1\times10^4$ L/(mol · cm)，吸收峰通常在 217～280nm 之间。K 吸收带，在紫外－可见光吸收光谱中常用于判断化合物的共轭结构，如 1,3－丁二烯。

2. R 带（取自德文，Radikal，基团）　是与双键相连接的杂原子（例如 C ═O、C ═N、S ═O 等）上未成键电子的孤对电子向 π^* 反键轨道跃迁的结果，可简单表示为 $n\to\pi^*$。其特点是吸收强度较弱，通常 $\varepsilon<100$L/(mol · cm)，吸收峰通常在 >270nm。

3. E 带（取自德文，ethylenic band，乙烯型谱带）　是苯环上三个双键共轭体系中的 π 电子向 π^* 反键轨道跃迁的结果，可简单表示为 $\pi\to\pi^*$，是芳香族化合物的特征吸收，可分为 E_1 带与 E_2 带。E_1 带出现在 185nm 处，为强吸收，$\varepsilon_{max}=6\times10^4$ L/(mol · cm)；E_2 带出现在 204nm 处，为较强吸收，$\varepsilon_{max}=8\times10^3$ L/(mol · cm)。

4. B带（取自德文，benzenoid band，苯型谱带） 是苯环上三个双键共轭体系中的 $\pi \rightarrow \pi^*$ 跃迁和苯环的振动相重叠引起的，但相对来说，该吸收带强度较弱。其特点是在 230 ~ 270nm 之间的谱带上出现苯的吸收峰，通常来判断芳香族化合物。

四、常见有机化合物紫外 - 可见光谱吸收

（一）饱和烃

饱和单键碳氢化合物只有 σ 电子，因而只能产生 σ 跃迁。由于 σ 电子最不容易激发，需要吸收很大的能量，才能产生 $\sigma \rightarrow \sigma^*$ 跃迁，因而这类化合物在 200nm 以上无吸收。所以它们在紫外光谱分析中常用作溶剂使用，如己烷、环己烷、庚烷等。当饱和单键化合物中的氢被氧、氮、卤素、硫等原子取代时，这类化合物既有 σ 电子，又有 n 电子，可以实现 $\sigma \rightarrow \sigma^*$ 跃迁和 $n \rightarrow \sigma^*$ 跃迁，其吸收峰可以落在远紫外区和近紫外区，例如甲烷的吸收峰在 125nm，而碘甲烷的 $\sigma \rightarrow \sigma^*$ 为 150 ~ 210nm，$n \rightarrow \sigma^*$ 跃迁为 259nm；氯甲烷相应为 154 ~ 161nm 及 173nm。可见，烷烃和卤代烃的吸收峰波长很小。饱和醇类化合物如甲醇、乙醇由于在近紫外区无吸收，常被用作紫外光谱分析的溶剂。

（二）不饱和脂肪烃

含孤立不饱和键的烃类化合物具有孤立双键或叁键的烯类或炔类，它们都产生 $\pi \rightarrow \pi^*$ 跃迁，但多数 200nm 以上无吸收。如乙烯吸收峰在 171nm，乙烯吸收峰在 173nm，丁烯在 178nm。若烯分子中氢被助色团如—OH、—NH_2、—Cl 等取代时，吸收峰发生红移，吸收强度也有所增加。

对于含有 >C=O、>C=S 等生色团的不饱和烃类，会产生 $\pi \rightarrow \pi^*$ 和 $n \rightarrow \pi^*$ 跃迁，它们的吸收带处于近紫外区甚至到达可见光区。如丙酮吸收峰在 194nm（$\pi \rightarrow \pi^*$）和 280nm（$n \rightarrow \pi^*$），亚硝基丁烷（C_4H_8NO）吸收峰在 300nm（$\pi \rightarrow \pi^*$）和 665nm（呈红色，$n \rightarrow \pi^*$）。

（三）含孤立不饱和键的烃类化合物

具有共轭双键的化合物，相同的 π 键相互作用生成大 π 键，由于大 π 键各能级之间的距离较近，电子易被激发，其吸收峰一般在 217 ~ 280nm。如丁二烯（$CH_2=CH-CH=CH_2$）吸收峰在 217nm，吸收强度也显著增加［$\varepsilon = 21000L/(mol \cdot cm)$］。吸收光谱的波长及强度与共轭体系的长短、位置、取代基种类等有关，共轭双键越多，波长越长，甚至出现颜色。因此可据此判断共轭体系的存在情况。

共轭分子除共轭烯烃外，还有 α、β 不饱和酮，α、β 不饱和酸，芳香核与双键或羰基的共轭等，如乙酰苯由于羰基与苯环双键共轭。

（四）芳香化合物

苯的紫外吸收光谱是由 $\pi \rightarrow \pi^*$ 跃迁组成的三个谱带，即 E_1、E_2 和具有精细结构的 B 吸收带。当苯环上引入取代基时，E_2 带和 B 带一般产生红移且强度加强。

（五）杂环化合物

在杂环化合物中，只有不饱和的杂环化合物在近紫外区才有吸收。以 O、S 或 NH 取代环戊二烯的 CH_2 的五元不饱和杂环化合物，如呋喃、噻吩和吡咯等，既有 $\pi \rightarrow \pi^*$ 跃迁引起的吸收谱带，又有 $n \rightarrow \pi^*$ 跃迁引起的谱带。

强国园地

紫外 - 可见分光光度计在中国的发展

紫外 - 可见分光光度计是一种重要的光学仪器，由光源、单色器、吸收室、检测器和信号处理器等部件组成。其中，光源的作用是提供稳定而高强度的连续光谱。利用分光光度法，可以通过物质的吸收光谱研究其成分、结构和相互作用，是一种有效的分析手段。光谱呈带状，可以反映分子中某些基团的信息。

新中国第一台分光光度计是由中国科学院上海光学精密机械研究所研制成功的。该仪器于1954 年投入使用，被命名为“上光一号”分光光度计。这台仪器采用国产化的光学元件和机械结构，能够精准地测量物质的吸收光谱。

这一重要成果对于推动中国光学仪器的发展起到了关键作用，填补了我国在分光光度学领域的空白。

随后，我国逐步实现了对分光光度计的自主研制，并在仪器性能和功能方面不断提升。现今，我国在全球范围内分光光度学研究和生产方面具有重要地位。我们为我国在分光光度学仪器领域取得的成就感到骄傲。

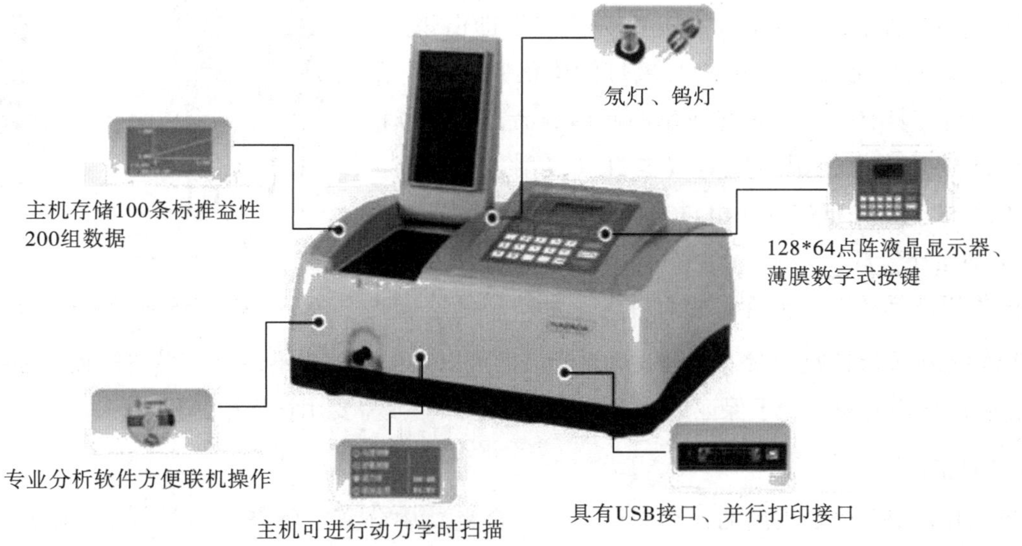

国产紫外 - 可见分光光度计

第三节　紫外 - 可见分光光度计及应用

PPT

一、紫外 - 可见分光光度计的基本构造

紫外 - 可见分光光度计是一种广泛应用于化学、生物学、环境科学等领域的仪器，用于测量物质在紫外和可见光区域（200 ~ 1000nm）的吸收光谱，从而确定物质的浓度和性质。其主要由光源、单色器、吸收池、检测器、输出系统五大部件组成，如图 2 - 9、图 2 - 10 所示。

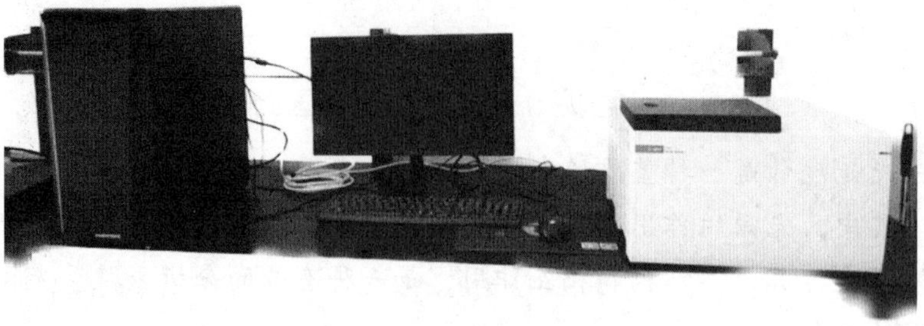

图 2－9　紫外－可见分光光度计实物

图 2－10　紫外－可见分光光度计结构示意图

（一）光源

光源提供足够强度的、稳定的、具有连续波长的紫外及可见光。如图 2－11 所示，可见光常用光源为钨灯（即白炽灯）或卤钨灯（发射波长 350～2500nm），钨灯的价格和使用寿命相对较低，卤钨灯具有较长的发光效率和使用寿命，价格也相对较高；紫外光常用的光源为氘灯或氢灯（发射波长 160～375nm），氘灯的光谱分布与氢灯相同，但光强比同功率氢灯大 3～5 倍，寿命也比氢灯长。

卤钨灯　　氘灯

图 2－11　紫外－可见分光光度计光源

光源的作用就是提供分析所需的入射光。紫外－可见分光光度计使用的光源要求在整个紫外光区或可见光谱区可以发射连续光谱，且有足够的辐射强度、较好的稳定性、较长的使用寿命。为了保证灯的发光强度稳定，一般需要用稳压电源供电。

（二）单色器

单色器的作用是从光源发出的连续光谱（即复合光）中分离出所需要的单色光。通常单色器由入射狭缝、准直透镜、物镜和出口狭缝构成。

入射狭缝用于限制杂散光进入整个单色器，通过准直透镜将入射光束变为平行光束，然后进入色散元件（棱镜或光栅），如图 2－12 所示。色散元件将复合光分解成单色光，然后通过物镜将出自色散元件的平行光聚焦于出口狭缝。出口狭缝用于限制通带宽度。

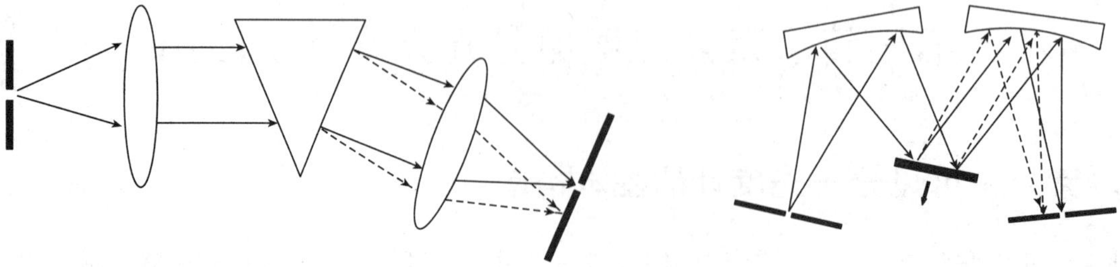

a. 棱镜　　b. 光栅

图 2－12　单色器工作原理

棱镜由玻璃或石英玻璃制成，当复合光通过棱镜时，由于入射光的波长不一，其折射率也不同而产生折射。根据折射定律，波长小的偏向角大，波长大的偏向角小，导致经过棱镜后光线的色散不均匀，短波长的光排列比较疏，长波长的光排列比较密，且强度的损失较大。现代分光光度计基本已经淘汰棱镜型的分光系统。

光栅是一种利用光的衍射和干涉作用实现色散的光学器件。光栅表面刻有等宽等间距的平行狭缝，不同波长的光在经过光栅时会发生不同程度的衍射，从而形成条纹。透射光栅和反射光栅是两种常见的光栅类型。透射光栅是在玻璃片上刻出大量平行刻痕制成，刻痕为不透光部分，两刻痕之间的光滑部分可以透光；反射光栅则是在镀有金属层的表面上刻出许多平行刻痕，两刻痕间的光滑金属面可以反射光。光栅的色散原理是利用不同波长的光在光栅上的衍射角不同，使得复合光经过光栅时按照波长顺序排列成单色光。这种色散方式能够实现均匀的色散，并且可供选择的波长范围较广。但光栅也存在光谱重叠和杂散光的影响较大等缺点。杂散光会影响吸光度的正确测量，其主要原因是光学部件和单色器内外壁的反射和大气或光学部件表面上尘埃的散射等。

（三）吸收池

吸收池是在紫外－可见分光光度计里也叫比色皿，通常由无色透明耐腐蚀的硅酸盐玻璃或石英材料制成，如图 2－13 所示。玻璃吸收池只能用于可见光区，而石英池既可用于可见光区，也可用于紫外光区。每个吸收池在不同波长下的透光率应大于 84%，并且同种规格的吸收池需要匹配，包括液层厚度和透光面材料厚度的匹配。为了消除误差，在测量前还必须对吸收池进行匹配性检验。吸收池可根据用途不同制成不同形状和尺寸，其中光程为 1cm 的吸收池最为常用。对于稀溶液可采用光程较长的吸收池，而对于微量试液的测定，可选用不同体积的微量吸收池。在实际工作中，要按照厂家出厂前已经配套好的吸收池一起使用，不能任意互换。

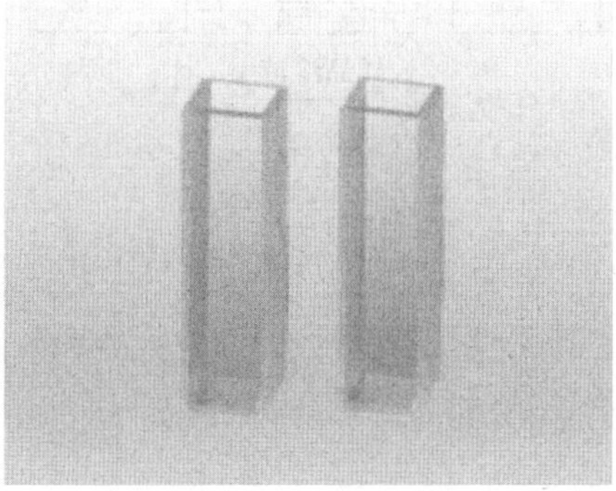

图 2－13 比色皿

（四）检测器

检测器是光谱测量和分析的关键元件，常用的检测器有光电管、光电倍增管和二极管阵列检测器。这些检测器的主要作用是将透过吸收池的光信号转换成电信号，以便进行光强、光谱等信息的测量和分析。

光电管是一种由阳极和光敏阴极组成的真空二极管，根据阴极上光敏材料的不同，可分为蓝敏和红敏两种。光电管具有灵敏度高、光敏范围广和不易疲劳等优点，尤其在紫外－可见分光光度计中应用广泛。

光电倍增管是检测弱光的最常用光电元件，具有快速响应、高灵敏度和可检测低至 10^{-9} ~ 10^{-8}s 的脉冲光等特点。它广泛应用于紫外－可见分光光度计等领域。光电倍增管利用二次电子发射放大光电流，是由一个光电发射阴极、一个阳极和若干级倍增极组成的真空光敏器件。

二极管阵列检测器，也称为光电二级阵列管检测器或光电二极管矩阵检测器，是一种光学多通道检测器。其结构是在晶体硅上紧密排列一系列光电二极管，每一个二极管相当于一个单色器的出口狭缝。二极管越多，分辨率越高。它可以在同一时间检测所有波长的紫外吸收，快速获得全光谱信息，还可以做三维谱图，适合于研究工作。然而，其灵敏度比光电倍增管检测器略低。

（五）输出系统

输出系统也可以称为信号指示装置，是分光光度计中的重要组成部分，用于显示或记录检测器产生的电信号。常见的信号指示装置包括直读检流计、电位调节零装置和数字显示或自动记录装置等。现代分光光度计通常已配备计算机，可实现数据显示、记录和处理。信号显示器的作用是对电信号进行放大处理，并以适当方式进行指示或记录。

二、紫外-可见分光光度计类型

紫外-可见分光光度计型号较多，按光学系统的结构可分为单光束分光光度计、双光束分光光度计以及双波长分光光度计。

（一）单光束分光光度计

光源的复合光，经单色器分光后的一束平行光，轮流通过参比溶液和样品溶液，以进行吸光度的测定。这种简易型分光光度计结构简单，如图2-14所示。操作方便，容易维修，适用于常规分析。但是单光束分光光度计测定结果受光源强度波动的影响较大，因而给定量分析结果带来较大误差。

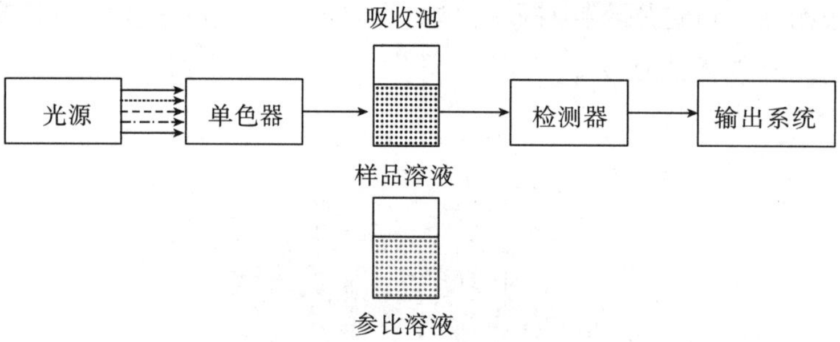

图2-14　单光束分光光度计示意图

（二）双光束分光光度计

双光束分光光度计是一种能够通过两束单色光交替测量样品和参比溶液透光强度的紫外-可见分光光度计。其结构如图2-15所示，在仪器的光路设计中，加入了一组切光器，其作用是将一束光交替分为强度相等的两束光，其中一束通过参比溶液，另一束通过样品溶液。然后，检测器会交替接收参比信号和样品信号，这些信号经过前置放大器放大、解调、放大和补偿等处理，最后由显示系统显示出来。

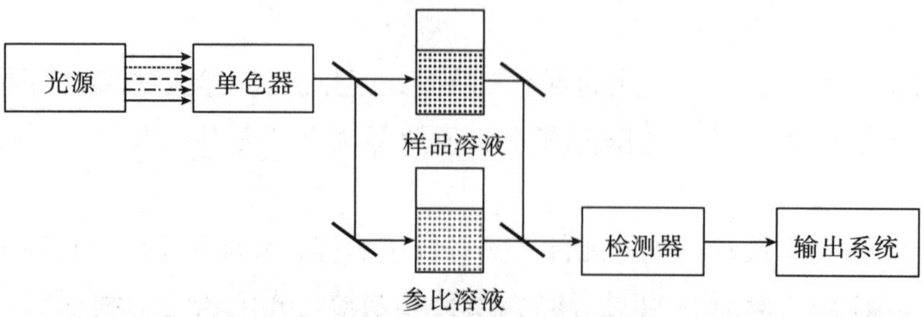

图2-15　双光束分光光度计示意图

双光束分光光度计具有连续改变波长的能力，并能自动比较样品和参比溶液的透光强度，同时自动消除光源强度变化所引起的误差。这使得它在进行必须在较宽的波长范围内获得复杂的吸收光谱曲线的分析时非常合适。除了标准的定量测量和动力学测试之外，双光束分光光度计还可以进行光谱扫描，以分析物质的特征波长，并判断实验过程的误差。它可以用于 DNA/蛋白质测试、总磷总氮测试、重金属测试、农药残留测试、食品安全检测、热力发电金属离子测试等等，广泛应用于食品、药品、电力、生物研究、教学科研、化学化工、质量监督、水质环保和商检等各大领域。

（三）双波长分光光度计

双波长分光光度法是一种在传统分光光度法基础上发展起来的光度测量技术，其理论基础是差吸光度和等吸收波长，其结构如图 2－16 所示。该方法通过在同一吸收池中交替照射两个不同波长的单色光，并检测其吸光度差值，从而计算出物质的浓度。与传统分光光度法不同，双波长分光光度法采用两个不同的波长（测量波长和参比波长）利用切光器控制两束光的交替照射，吸收池测定一个样品溶液，以提高测定结果的精密度和准确度。

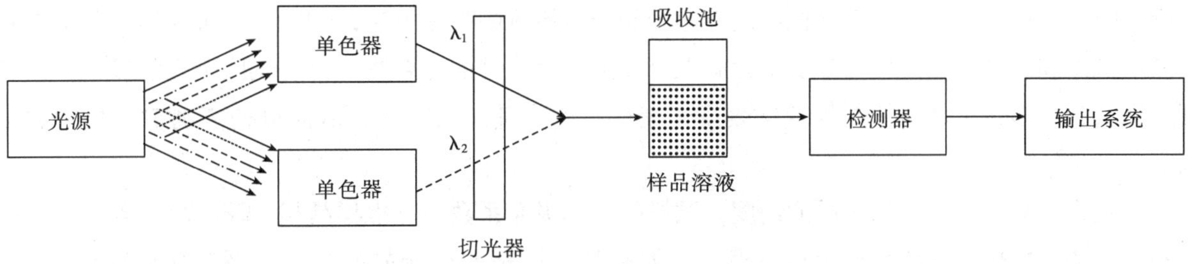

图 2－16　双波长分光光度计示意图

双波长分光光度计的应用范围广泛，特别适用于多组分混合样品、浑浊样品以及背景吸收较大的样品。该方法能增加测定的选择性，提供更多的样品信息。对于多组分混合物、混浊试样（如生物组织液）以及存在背景干扰或共存组分吸收干扰的分析，双波长分光光度法能提高灵敏度和选择性。

三、紫外－可见光谱法定性分析

紫外－可见光谱法是一种用来研究有机化合物结构特征的重要方法。不同化合物具有不同的紫外或可见光吸收光谱，其形状、峰的数目、波长位置及 λ_{max} 等特征可以作为化合物的定性依据。因此，可以通过与标准物及标准图谱对照来确定化合物的身份。

（一）定性分析过程

为了进行对照分析，需要将分析样品和标准样品以相同浓度配制在同一溶剂中，并在相同条件下测定它们的紫外－可见吸收光谱。如果两者是同一物质，它们的光谱图应完全一致。因此，这种方法要求仪器准确、精密度高，并且测定条件要相同。如果没有标样，也可以与现成的标准谱图进行比较。

在分析样品和标准样品的光谱对比中，吸收系数的比较也是一项重要的考虑因素。虽然不同分子结构可能具有相同的紫外吸收光谱，但它们的吸收系数是有差别的。因此，如果分析样品和标准样品具有相同的吸收波长和吸收系数，那么它们很可能是同一物质。

有机化合物的紫外光谱可以提供多方面的结构信息。它能反映化合物中生色团、助色团的种类、数目及其位置，以及化合物的共轭程度、空间效应和氢键等特征。

（二）物质结构与光谱特征

根据一般规律，可以总结出一些有机物发色体系的特征。

1. 在200～750nm波长范围内无吸收峰的化合物可能是直链烷烃、环烷烃、饱和脂肪族化合物或仅含一个双键的烯烃。

2. 在270～350nm波长范围内有低强度吸收峰（$n\rightarrow\pi^*$跃迁）的化合物可能含有一个简单非共轭且含有n电子的生色团，如羰基。

3. 在250～300nm波长范围内有中等强吸收峰的化合物可能在结构中含有一个苯环。

4. 在210～250nm波长范围内有强吸收峰的化合物可能含有2个共轭双键；在260～300nm波长范围内有强吸收峰的化合物可能含有3个或3个以上共轭双键。

5. 如果某有机物的吸收峰延伸至可见光区，可能表示它是长链共轭或稠环化合物。

紫外吸收光谱来是一种用于有机物定性鉴定和杂质检测的有效方法，常用于有机物结构范围初步确定、杂质检测和纯度评估。例如分子中含有五个以上共轭双键的化合物在可见光区呈现强吸收，波长越长则共轭双键越多；反之，非共轭双键表现出紫外吸收，其波长较短，从而可初步确定有机物的结构范围。

其次吸光系数可用于评估物质的纯度。试样的摩尔吸光系数与标准样品相比较小时，表明其纯度较低。利用菲的三氯甲烷溶液来演示这一概念，如果某方法精制的菲的摩尔吸光系数比标准菲低10%，则说明实际含量仅为90%，剩余部分可能是杂质。紫外吸收光谱也可用于检测化合物中的杂质，若化合物无吸收峰，而杂质有明显吸收，则可检测出杂质的存在。

但是仅凭紫外吸收光谱进行定性鉴定还不够准确，需要结合红外光谱、核磁共振、质谱等方法进行进一步结构分析。

四、紫外－可见光谱法定量分析

（一）单组分物质定量分析

紫外－可见光谱法是进行定量分析中应用最为广泛、有效的手段之一。一般可检测10^{-5}～10^{-4}mol/L的微量组分，通过某些特殊方法（如胶束增溶）可检测10^{-7}～10^{-6}mol/L的组分。而且准确度高，一般相对误差为1%～3%。紫外－可见吸收光谱定量分析法有以下几种。

1. 标准曲线法 是一种常用的定量分析方法，用于确定待测物质的浓度或量与测量仪器的响应量或其他指标之间的定量关系。该方法的基本原理是在相同实验条件下，测量一系列已知浓度或量的标准物质，并记录下测量仪器的响应量或其他指标的变化情况，将标准物质的浓度或量作为横坐标，仪器响应量作为纵坐标，从而得到一条标准曲线。然后，通过将待测物质的测量结果与标准曲线进行比较，可以计算出待测物质的浓度或量。在标准曲线法中，理论上标准曲线应为通过原点的直线，但由于误差的存在，实验数据可能不完全在一条直线上。为了提高准确度，可以采用最小二乘法确定直线回归方程，得到唯一的一条直线。这种方法能够解决通过手工绘制直线所带来的主观性和随意性问题。我们可以通过Excel等软件得到采用最小二乘法确定的直线回归方程，如图2－17所示。

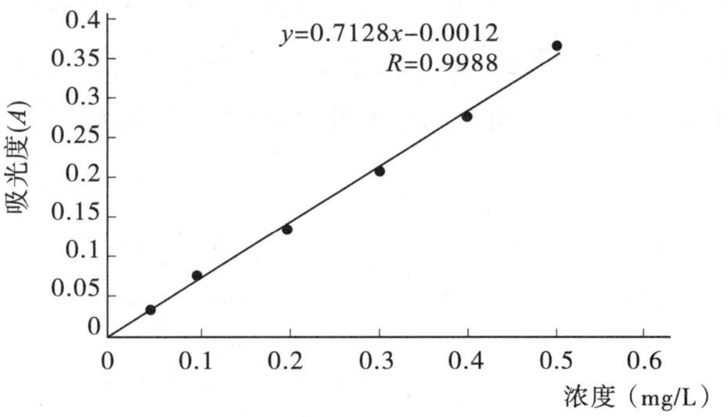

图 2-17　标准曲线

标准曲线法的优点是操作简便、结果可靠、精度高，适用于多种分析对象和分析场合。此外，该方法还可以通过多条标准曲线的建立，实现对多种待测物质的同时定量分析。标准曲线的准确性受到实验条件、仪器响应等因素的影响，因此需要定期进行标准曲线的校准和更新。

基于标准曲线法根据不同的应用，发展出来以下定量方法。

（1）标准对照法　该法是标准曲线法的简化，即只配制一个浓度的标准溶液，并测量其吸光度，求出吸收系数 k，然后测定样品的吸光度 A_s，再由 $A_s = kc_s$，求出样品浓度 c_s。该法要求其浓度遵守朗伯-比尔定律的要求，且样品浓度与标准溶液浓度大致相当时，可得到准确结果。

（2）工作曲线法　工作曲线与标准曲线略有不同，当标准物质加入到空白样品中按照样品分析步骤同样处理时（如同样加掩蔽剂、过滤、加热等），得到的标准曲线又叫工作曲线。工作曲线的优势在于相对于标准曲线可以消除基质对最终结果的影响，但是其缺点是操作比较复杂，理想的空白样品获取有一定难度。

（3）标准加入法　标准加入法是一种常用的定量分析方法，特别适用于样品组成复杂、样品基体成分高且不稳定、或含有固体物质对吸收影响难以保持一定的情况。具体操作是将待测试样分成若干等份，加入不同已知量的待测组分配制溶液，然后依次测定溶液的吸光度。通过作一定波长下浓度与吸光度的关系曲线，得到一条直线，如图 2-18 所示。绘制波长与吸光度的关系曲线，若直线通过原点则样品中不含待测组分，若不通过原点则通过截距延长与横轴相交，得到的交点距离原点的距离即为待测组分的浓度。该方法能准确测定样品中待测组分的浓度，克服了样品复杂组成、基体成分变化和固体物质对吸收的干扰等问题。

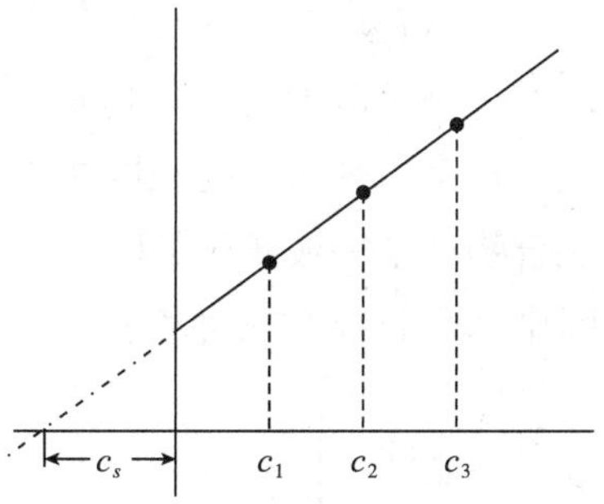

图 2-18　标准加入法工作曲线

2. 示差分光光度法　紫外-可见光谱法适用于浓度范围为 10^{-6} ~ 10^{-2}mol/L 的测定，普通分光光度法在浓度过大或过小时存在误差。为解决这个问题，差示分光光度法使用稍低或稍高浓度的标准溶液代替空白试剂来调节仪器的透光率，以提高测定的精密度、准确度和灵敏度。差示分光光度法的原理是通过比较样品和标准溶液的吸光度差异来测定被测组分的浓度。这种方法能够消除仪器误差和样品浓度过高或过低造成的问题，从而提高分光光度法的可靠性和准确性。

例如用试剂空白作参比溶液，测得某试液的透光度 $T_x = 5\%$（差示分光光度法一般适用于分析 $T <$ 10% 的组分），显然，这时的测量误差是很大的。采用示差吸光光度法时，若按试剂空白测得 $T_1 = 10\%$ 的标准溶液作参比溶液，使其透光率调至 $T_2 = 100\%$，如图 2-19 所示，则相当于把标尺扩展到原来的

10 倍（$T_2/T_1=100\%/10\%=10$）。使待测试液透光率读数能够落在测量误差较小的区域，此时试液的透光率 $T_x'=50\%$，此读数落在了适宜的范围内（紫外可见吸收测定时，应尽量使溶液透光率在 $T=15\%\sim65\%$，相应的吸光度为 $A=0.20\sim0.80$ 之间），从而提高了测定的准确度。高吸光度差示法相对误差可低至 0.2%。

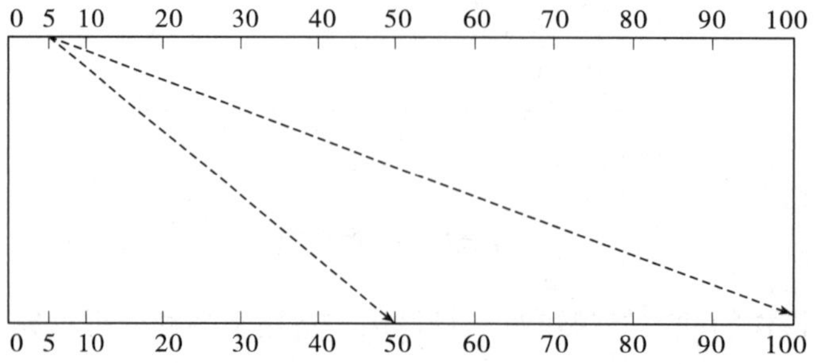

图 2-19 示差分光光度法扩展原理

（二）多组分的定量分析

基于朗伯-比尔定律可以得到，当多个物质同时存在于同一溶液中时，它们各自对某一波长下单色光的吸光度可以相加，即吸光度的总和等于各个物质在该波长下的吸光度之和，被称为吸光度加和性原理。因此，当多个物质共存时，它们各自的吸光度可以相加，从而得到整个溶液在该波长下的吸光度。

根据吸光度加和性原理，如果一个溶液中存在多个吸收物质，它们的吸光度可以简单地相加。假设溶液中包含两个物质 A_1 和 A_2，它们在同一波长下对光的吸收强度分别为 A_1 和 A_2，那么总吸光度 A 可以表示为：

$$A=A_1+A_2=(\varepsilon_1c_1l)+(\varepsilon_2c_2l) \tag{2-8}$$

可以看出，吸光度是各个组分的吸光度乘以浓度和光程的乘积之和。这意味着在分光光度法中，可以通过测量溶液的总吸光度，并利用已知的吸光度和浓度关系，推导出各个组分的浓度。

这个原理在分光光度法中被广泛应用，例如在测量混合物中各种成分的浓度时，可以通过测量整个混合物在某一波长下的吸光度，然后根据各个成分在该波长下的吸光系数据，计算出它们的浓度。在实际中，吸收峰有三种相互干扰的情况，如图 2-20 所示。

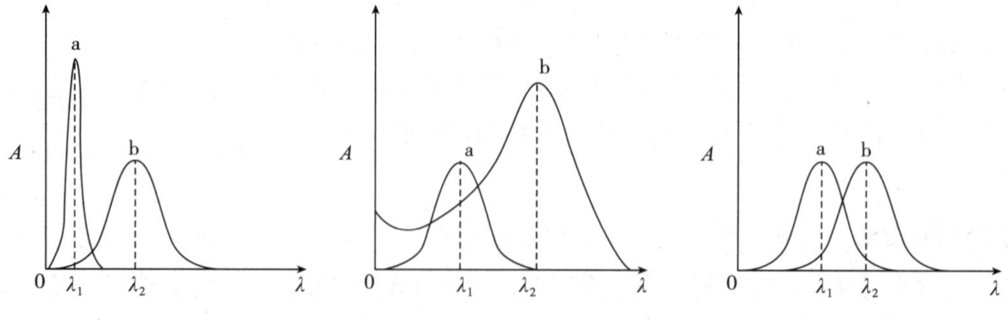

（a）不重叠　（b）单向重叠　（c）双向重叠

图 2-20 多组分的紫外-可见光吸收光谱

1. 吸收光谱不重叠 如图 2-20（a）所示，当混合物中组分的吸收峰不相互干扰，可按照单组分测定组分的浓度。

2. 吸收光谱单向重叠 如图 2-20（b）所示，当混合物中组分的吸收峰 a 被组分 b 干扰，而 b 的吸收峰无干扰，可先在 λ_2测定组分 b 的吸光度 $A_{\lambda_2}^{b}$ 。

$$A_{\lambda_2}^{b} = \varepsilon_{\lambda_2}^{b} c^{b} l \tag{2-9}$$

式中 $\varepsilon_{\lambda_2}^{b}$ 为组分 b 在 λ_2处的吸收系数，可以由标准溶液求得，进而求得 b 组分的浓度。然后再 λ_1处测得的吸光度为组分 a 与组分 b 的吸光度的叠加记作 $A_{\lambda_1}^{a+b}$ 。

$$A_{\lambda_1}^{a+b} = A_{\lambda_1}^{a} + A_{\lambda_1}^{b} = \varepsilon_{\lambda_1}^{a} c^{a} l + \varepsilon_{\lambda_1}^{b} c^{b} l \tag{2-10}$$

其中 $\varepsilon_{\lambda_1}^{a}$ 以及 $\varepsilon_{\lambda_1}^{b}$ 分别为组分 a、b 在 λ_1处的吸收系数，可以用标准溶液求得，已经求得 b 组分的浓度，进而求得 a 组分的浓度。

3. 吸收光谱双向重叠　如图 2-20（c）所示，当混合物中组分 a 与组分 b 的吸收光谱相互干扰，可以分别在 λ_1、λ_2测定吸光度 $A_{\lambda_1}^{a+b}$ 以及 $A_{\lambda_2}^{a+b}$ 。可得

$$A_{\lambda_1}^{a+b} = A_{\lambda_1}^{a} + A_{\lambda_1}^{b} = \varepsilon_{\lambda_1}^{a} c^{a} l + \varepsilon_{\lambda_1}^{b} c^{b} l \tag{2-11}$$

$$A_{\lambda_2}^{a+b} = A_{\lambda_2}^{a} + A_{\lambda_2}^{b} = \varepsilon_{\lambda_2}^{a} c^{a} l + \varepsilon_{\lambda_2}^{b} c^{b} l \tag{2-12}$$

其中吸收系数 $\varepsilon_{\lambda_1}^{a}$ 、$\varepsilon_{\lambda_1}^{b}$ 、$\varepsilon_{\lambda_2}^{a}$ 以及 $\varepsilon_{\lambda_2}^{b}$ 均可由标准溶液求得，通过解方程组就可以求得组分 a、b 的浓度。

如果有 n 个组分的混合物，可以联立 n 个方程组便可求得各个组分的含量，但是随着组分增加，实验的误差也会增大，准确度降低。

五、应用案例（食品中亚硝酸盐的测定）

20＊＊年 7 月 21 日，某区卫生监督所报告：该区人民医院急诊科接诊了 3 名因头晕、恶心、呕吐、胸闷、口唇发绀等症状而就诊的患者，疑似食物中毒，其中 2 名病情较重。当地疾控中心对事发餐厅采集了生牛肉、味精、盐、糖等样品，经检测表明，亚硝酸盐（以 $NaNO_2$计）检测结果显示蒋某吃剩的五香鸡腿（骨）280mg/kg，档内采集的五香鸡腿 1585mg/kg，分别超过 GB 2760－2014《食品安全国家标准 食品添加剂使用标准》的限量标准的 9. 3 倍、52. 8 倍，证实亚硝酸盐中毒。

（一）确定检测项目

本次事件 3 人发病，首发患者发病潜伏期为 17min，末例患者何某发病潜伏期约为 22min，平均潜伏期 20min。3 名患者的主要临床症状以腹痛、恶心、呕吐、口唇指甲及皮肤发绀、头晕为主，呕吐物无其他异常气味。通过现场调查极度怀疑亚硝酸盐中毒。

亚硝酸盐作为食品发色剂，通过亚硝酸盐和肉制品中的肌红蛋白反应生成亚硝酸基肌红蛋白，使肉制品的颜色在热加工后保持红色，保持肉制品的商业价值。熟肉制品加工店为吸引消费者，往往超量添加，导致食用者中毒。

（二）确定检测方法

根据 GB 5009. 33－2016《食品安全国家标准 食品中亚硝酸盐与硝酸盐的测定》亚硝酸盐的测定有两种方法，分别为离子色谱法与分光光度法。由于中毒样品中亚硝酸盐的含量并不确定，而离子色谱法的线性范围相对较小，因此选择分光光度法。

其原理是：试样经沉淀蛋白质、除去脂肪后，在弱酸条件下，亚硝酸盐与对氨基苯磺酸重氮化后，再与盐酸萘乙二胺偶合形成紫红色染料，于波长 538nm 处测吸光度，外标法测得亚硝酸盐含量。

（三）样品的制备

分光光度法通常是在溶液中进行测定的，因此样品需要经过预处理转化成溶液才可上机测定。

称取 5g（精确至 0.001g）匀浆试样，置于 250ml 具塞锥形瓶中，加 12.5ml 50g/L 饱和硼砂溶液，加入 70℃左右的水约 150ml，混匀，于沸水浴中加热 15min，取出置冷水浴中冷却，并放置至室温。定量转移上述提取液至 250ml 容量瓶中，加入 5ml 150g/L 亚铁氰化钾溶液，摇匀，再加入 5ml 220g/L 乙酸锌溶液，以沉淀蛋白质。加水至刻度，摇匀，放置 30min，除去上层脂肪，上清液用滤纸过滤，弃去初滤液 30ml，滤液备用。

（四）样品及标准曲线的测定

吸取 40.0ml 上述滤液于 50ml 带塞比色管中，另吸取 0.00ml、0.20ml、0.40ml、0.60ml、0.80ml、1.00ml、1.50ml、2.00ml、2.50ml 亚硝酸钠标准使用液（相当于 0.0μg、1.0μg、2.0μg、3.0μg、4.0μg、5.0μg、7.5μg、10.0μg、12.5μg 亚硝酸钠），分别置于 50ml 带塞比色管中。于标准管与试样管中分别加入 2ml 4g/L 对氨基苯磺酸溶液，混匀，静置 3~5min 后各加入 1ml 2g/L 盐酸萘乙二胺溶液，加水至刻度，混匀，静置 15min，用 1cm 比色杯，以零管调节零点，于波长 538nm 处测吸光度，绘制标准曲线比较。同时做试剂空白。

标准曲线制设计原则：①必须在仪器的线性范围内，如一般分光光度计吸光度范围的选择最适宜的测量范围为 0.2~0.8 之间；②标准曲线一般在 5 个点以上（不含零点）；③测定浓度尽量在标准曲线的中段；④标准曲线第一点（除零点）尽可能在定量限附近。

（五）数据处理

亚硝酸盐（以亚硝酸钠计）的含量按下式计算：

$$X = \frac{m_2 \times 1000}{m_1 \times \frac{V_1}{V_0} \times 1000} \tag{2-13}$$

式中，X 为试样中亚硝酸钠的含量，单位为毫克每千克（mg/kg）；m_2 为测定用样液中亚硝酸钠的质量，单位为微克（μg）；1000 为转换系数；m_1 为试样质量，单位为克（g）；V_1 为测定用样液体积，单位为毫升（ml）；V_0 为试样处理液总体积，单位为毫升（ml）。

第四节　分子发光分析法

PPT

一、分子发光分析法概述

某些物质的分子吸收一定能量后，电子从基态跃迁到激发态，以光辐射的形式从激发态回到基态，这种现象称为分子发光，在此基础上建立起来的分析方法为分子发光光谱法（molecular luminescence spectrometry），包括光致发光（photo - luminescence）、化学发光（chemiluminescence）和生物发光（bioluminescence）等。光致发光可按延迟时间分为荧光（fluorescence）和磷光（phosphorescence）。

分子荧光分析法（molecular - fluorescent method），是一种直接或间接利用分子的荧光强度、荧光光谱等特性进行物质定性、定量分析的方法。分子荧光分析法有以下特点。

（1）灵敏度高　荧光强度随激发光强度增强而增强（提高激发光强度，可提高荧光强度）；荧光分析法检测限比分光光度法低 2~4 个数量级。

（2）选择性好　既可根据特征发射光谱，又可根据特征吸收光谱来鉴定物质，还可以采用同步荧光光谱和时间分辨荧光光谱测量方法，进一步提高选择性。

（3）简便快速　荧光分析通常无需复杂的样品预处理步骤，操作简便快速，适用于在线监测和高通量分析。

荧光分析法历史悠久，1575 年门那德（Monades）发现荧光现象以来，进展缓慢。1852 年，斯托克斯（Stokes）阐明荧光的发射机制；1867 年人们就建立了用铝－桑色素体系测定微量铝的荧光分析法，到 19 世纪末，已经发现包括荧光素、曙红、多环芳烃等 600 多种荧光化合物。1925 年武德（Wood）发现了共振荧光。1926 年格威拉（Gaviola）进行了荧光寿命的直接测定以后，才逐步发展到现代水平。20 世纪 80 年代以来，由于激光、计算机、光导纤维传感技术和电子学新成就等科学新技术的引入，大大推动了荧光分析理论的进步，加速了各式各样新型荧光分析仪器的问世，使之不断朝着高效、痕量、微观和自动化的方向发展，建立了诸如同步、导数、敏化、时间分辨和相分辨荧光、荧光免疫测定、三维荧光光谱技术和荧光光谱等新的荧光分析技术。荧光分析方法的灵敏度、准确度和选择性日益提高，解决了生产和科研中的不少难题。

二、荧光和磷光光谱的产生

当基态分子光照吸收能量后，其价电子可跃迁到高能级的分子轨道上称为激发态的电子。但是这种状态是不稳定的，它很快会跃迁到基态。在这个过程中会产生荧光和磷光，见图 2－21 所示。

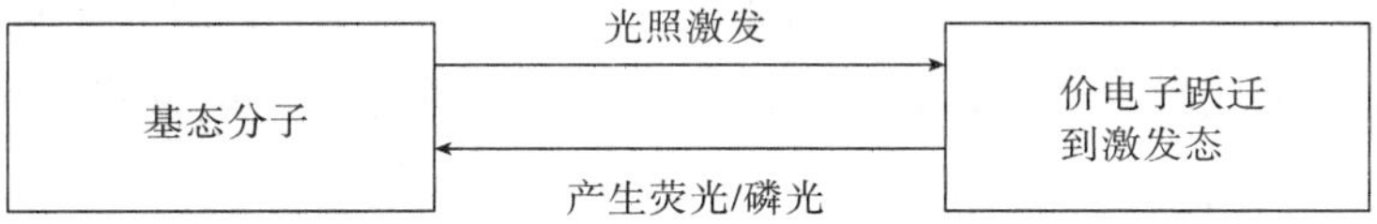

图 2－21　荧光和磷光光谱的产生示意图

（一）电子自旋状态的多重性

大多数分子含有偶数电子，在基态时，这些电子成对地存在于各个原子或分子轨道中，成对自旋，方向相反，电子净自旋等于零：$S=1/2+(-1/2)=0$，其多重性：$M=2S+1=1$（M 为磁量子数），因此，分子是抗（反）磁性的，其能级不受外界磁场影响而分裂，称“基态单重态”；当基态分子的一个成对电子吸收光辐射后，被激发跃迁到能量较高的轨道上，通常它的自旋方向不改变，则激发态仍是单线态，即“激发单重态”；如果电子在跃迁过程中，还伴随着自旋方向的改变，这时便具有两个自旋不配对的电子，电子净自旋不等于零，而等于 1：$S=1/2+1/2=1$ 其多重性：$M=2S+1=3$ 即分子在磁场中受到影响而产生能级分裂，这种受激态称为“激发三重态”。“激发三重态”比“激发单重态”能量稍低，但由于电子自旋方向的改变在光谱学上一般是禁阻的，即跃迁概率非常小，如图 2－22 所示。

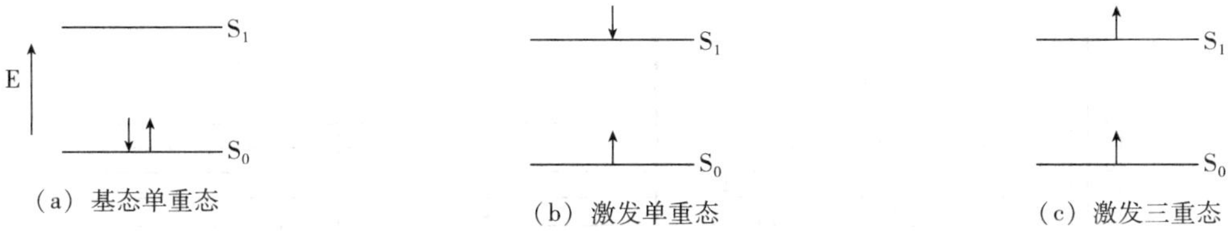

图 2－22　单重态和三重态的激发示意图

（二）非辐射跃迁

处于激发态的分子不稳定，在较短的时间内可通过不同途径释放多余的能量（辐射或非辐射跃迁）回到激态，这个过程称为“去活化过程”。非辐射跃迁途径包括：

移，荧光强度增强

减弱荧光的取代基有—COOH、—NO_2、—COOR、—NO、—SH 吸电子基团，使荧光波长短移，荧光强度减弱。

（三）环境对荧光的影响

1. 溶剂的影响 一般来说，溶剂的极性增强，荧光波长长移，荧光强度增大。

2. 温度的影响 因为辐射跃迁的速率基本不随温度改变，而非辐射跃迁随温度升高显著增大。大多数荧光物质都随溶液温度升高荧光效率下降，荧光强度减弱。

3. pH 的影响 大多数含有酸性或碱性基团的芳香族化合物的荧光性质受溶液 pH 的影响很大。共轭酸碱对是具有不同荧光性质的两种型体，具有各自的荧光效率和荧光波长。

四、荧光光度计的结构

荧光光度计与紫外－可见分光光度计相似，主要由光源、单色器、吸收池、检测器和输出系统组成，但有两点与紫外－可见分光光度计不同，首先由两个单色器，其次检测器与光源互为直角，如图 2－26 所示。

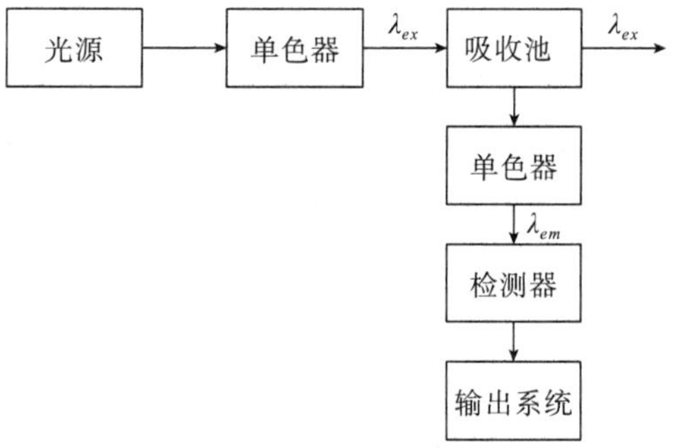

图 2－26 荧光光度计的结构

（一）光源

一般要求激发光源比吸收测量中的光源有更大的发射强度，适用波长范围宽。分子荧光分光光度计常用的光源是高压汞灯和氙弧灯。高压汞灯的平均寿命为 1500～3000h，常用其发射的 365nm、405nm、436nm 等谱线作为激发光，不是连续光谱，氙灯的寿命大约为 2000h，其发射光强度大，能在紫外、可见光区给出比较好的连续光谱，可用于 200～700nm 波长范围，在 200～400nm 波段内辐射强度几乎相等。但氙灯需要稳定电源以保证光源的稳定，现常用氙灯作为分子荧光分光光度计的光源。光源的作用就是激发分子中的电子由基态跃迁到激发态。

（二）单色器

荧光光度计有两个单色器，第一单色器分离出所需要的激发光，选择最佳激发波长 λ_{ex}，用此激发光激发液池内的荧光物质；第二单色器滤掉一些杂散光和杂质所发射的干扰光，用来选择测定用的荧光波长 λ_{em}，在选定的 λ_{em} 下测定荧光强度，定量分析。

而大多数荧光分光光度计采用光栅作为单色器，它具有较高的灵敏度，较宽的波长范围，能扫描光谱。即能够给出激发光谱和荧光光谱。采用光栅作为单色器的荧光分光光度计既可用于定性分析，也可用于定量分析。单色器的作用就是获得分析时所需要的波长。采用光栅作为单色器时，需选择光的狭缝。狭缝越小单色性越好，但光强和灵敏度降低。当入射狭缝和出射狭缝的宽度相等时，单色器射出的单色光有75%的能量是辐射在有效的带宽内。此时既有好的分辨率，又保证了光通量。

（三）样品池

样品池用于盛放测定溶液，通常是石英材料的方形池，与紫外－可见光分光光度计所使用的比色皿不同，荧光分光光度计的样品池四面都透光，只能用手拿棱或最上边。

（四）检测器

荧光的强度一般较弱，要求检测器有较高的灵敏度，荧光分光光度计采用光电倍增管。

五、应用案例（荧光光谱法测定核黄素）

（一）原理

核黄素（维生素 B_2）是一种异咯嗪衍生物，它在中性或弱酸性的水溶液中为黄色并且有很强的荧光。这种荧光在强酸和强碱中易被破坏。核黄素可被亚硫酸盐还原成无色的二氢化物，同时失去荧光，因而样品的荧光背景可以被测定。二氢化物在空气中易重新氧化，恢复其荧光，其反应如图2－27所示：

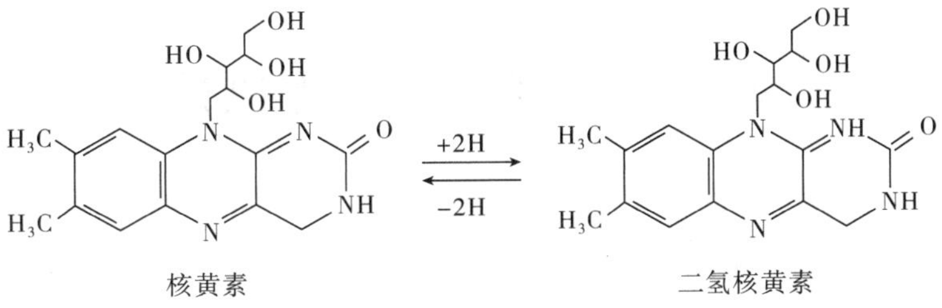

图2－27　核黄素与二氢核黄素之间的转换

核黄素的激发光波长范围为440～500nm（一般为440nm），发射光波长范围为510～550nm（一般为520nm）。利用在稀溶液中核黄素荧光的强度与核黄素的浓度成正比，由还原前后的荧光差数可进行定量测定。根据核黄素的荧光特性亦可进行定性鉴别。在整个过程中要避免核黄素受阳光直接照射。

（二）绘制核黄素的激发光谱和荧光光谱

荧光为光致发光，合适的激发光波长需根据激发光谱确定。可以利用核黄素标准溶液测绘激发光谱和荧光光谱。

1. 荧光光谱　先把第一单色器的波长固定，使激发的 λ_{ex} 不变，改变第二单色器波长，让不同波长的光扫描，测定它的发光强度，以 I 为纵坐标，λ_{em} 为横坐标，即荧光物质的发射光谱，从曲线上找出最大的 λ_{em}。

具体做法是：先固定激发波长为440nm，在440～600nm测定荧光强度，获得溶液的发射光谱，在520nm附近为最大发射波长 λ_{em}。

2. 激发光谱　先把第二单色器的波长固定，使测定的 λ_{em} 不变，改变第一单色器波长，进行扫描，让不同波长的光照在荧光物质上，测定它的荧光强度，以 I 为纵坐标，λ_{ex} 为横坐标，即荧光物质的激发光谱，如图2－28（a）所示。从曲线上找出 λ_{ex}，实际上选波长较长的高波长峰。

固定发射波长 λ_{em}，测定激发波长为400～500nm时的荧光强度，获得的激发光谱，在440nm附近为最大激发波长 λ_{em}，如图2－28（b）所示。

而产生的。只有原子在空间的位置发生改变的转动才能形成一个自由度。因此，不能用平动和转动计算的其他所有自由度就是振动自由度。这样，振动自由度 = $3n$ - (平动自由度 + 转动自由度)。

对于线性分子，围绕 x、y 和 z 轴的转动中，由于绕自身键轴 x 转动的转动惯量为 0，只有绕 y 和 z 轴的转动会引起原子的位置改变，因此各形成一个转动自由度。而围绕 x 轴的转动不会改变原子的位置，因此不能形成转动自由度。因此，线性分子的振动自由度为 $3n-(3+2)=3n-5$。

非线性分子（如 H_2O）围绕 x、y 和 z 轴的转动，均会改变原子的位置，因此都能形成转动自由度。因此，非线性分子的振动自由度为 $3n-6$。理论上一个振动自由度，在红外光谱上会相应产生一个基频吸收带。例如，三个原子的非线性分子 H_2O 具有 3 个振动自由度，红外光谱图中会出现三个吸收峰，分别为 $3650cm^{-1}$、$1595cm^{-1}$ 和 $3750cm^{-1}$。同样，理论上苯在红外光谱上应出现 $3\times12-6=30$ 个峰。

然而，实际上，绝大多数化合物在红外光谱图上出现的峰数远小于理论上计算的振动数，这有可能是因为：

1. 没有偶极矩变化的振动不产生红外吸收，即非红外活性。
2. 相同频率的振动吸收会重叠，合并为一个吸收峰。
3. 倍频峰和合频峰的产生。
4. 某些振动吸收强度太弱，或者某些振动吸收频率十分接近，仪器不能检测或不能分辨；某些振动吸收频率超出了仪器的检测范围。

例如，CO_2 分子，理论上计算其基本振动数为 $3n-5=4$。其具体振动形式如图 2-30 所示。

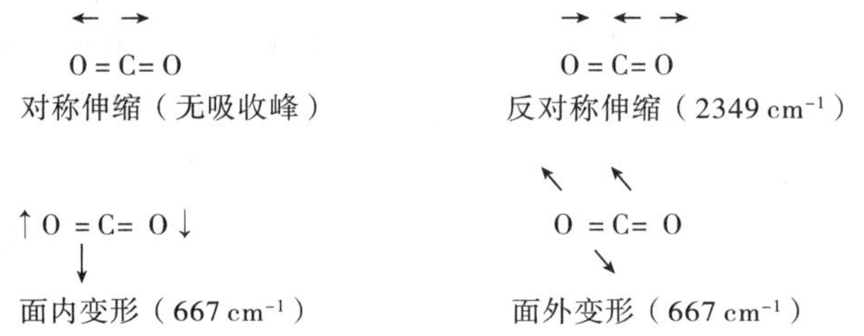

图 2-30 CO_2 理论振动形式

对于 CO_2 分子来说对称伸缩振动偶极矩变化为零，不会产生吸收；而面内变形和面外变形振动的吸收频率完全一样重叠，发生简并。但是在红外图谱上，只 $667cm^{-1}$ 和 $2349cm^{-1}$ 两个吸收峰出现。

（四）影响红外吸收峰强度的因素

振动能级的跃迁概率和振动过程中偶极矩的变化是影响红外光谱谱峰强弱的两个主要因素。当从基态向第一激发态跃迁时，跃迁概率较大，因此基频吸收带一般较强。相比之下，从基态向第二激发态跃迁，尽管偶极矩的变化较大，但能级的跃迁概率较小，因此相应的倍频吸收带较弱。

应该指出的是，基频振动过程中偶极矩的变化越大，其对应的峰强度也越大。通常情况下，极性基团（如 O—H，C ═O，N—H 等）在振动时偶极矩变化较大，吸收峰较强；而非极性基团（如 C—C，C ═C 等）的吸收峰较弱，在分子比较对称时，其吸收峰更弱。

很显然，如果化学键两端连接的原子电负性相差越大，或分子的对称性越差，那么在伸缩振动时，其偶极矩的变化会越大，产生的吸收峰也越强。例如，υC ═O 的强度大于 υC ═C 的强度。因此，反对称伸缩振动的强度大于对称伸缩振动的强度，伸缩振动的强度大于变形振动的强度。

红外光谱的吸收强度通常根据摩尔吸光系数 ε 的大小划分吸收峰的强弱等级，具体如下：很强（vs，$\varepsilon>100$）、强（s，$100>\varepsilon>20$）、中（m，$20>\varepsilon>10$）、弱（w，$10>\varepsilon>1$）和很弱（vw，$1>\varepsilon$）。

三、红外吸收光谱与分子结构之间的关系

当分子吸收一定频率的红外线后，会发生振动能级的跃迁。从基态（V_0）跃迁到第一激发态（V_1）时所产生的吸收峰，我们称之为基频峰。而当振动能级从基态（V_0）跃迁到第二激发态（V_2）、第三激发态（V_3）等时所产生的吸收峰，则称为倍频峰。

需要注意的是，基频峰的强度通常比倍频峰强。这是因为分子的非谐振性质导致的倍频峰并非是基频峰的两倍，而是略小一些。例如，H—Cl 分子的基频峰强度很大，为 2885.9cm^{-1}，而其二倍频峰则较弱，为 5668cm^{-1}。此外，还存在组频峰，包括合频峰和差频峰，它们的强度更弱，一般不易辨认。倍频峰、差频峰和合频峰统称为泛频峰。在多原子分子的红外光谱分析中，我们通常通过实验手段来探究其与结构的关系。具体而言，我们需要通过比较大量已知化合物的红外光谱，从中总结出各种基团的吸收规律。实验表明，在有机物分子中，各种基团如 O—H、N—H、C—H、C ═C、C ≡ C、C ═O 等，都有自己特定的红外吸收区域，而分子的其他部分对其吸收位置的影响较小。

这种能代表基团存在且具有较高强度的吸收谱带，我们称之为基团频率，它一般是由基态跃迁到第一振动激发态产生的。基团频率所在的位置通常又称为特征吸收峰。基团的特征吸收峰可以用于鉴定官能团。同一类型化学键的基团在不同化合物的红外光谱中吸收峰位置大致相同，这一特性为我们提供了鉴定各种基团（官能团）是否存在的判断依据，从而成为红外光谱定性分析的基础。

（一）基团频率区和指纹区

在红外光谱中，吸收峰的位置和强度取决于分子中各基团的振动形式和所处的化学环境。只要掌握了各种基团的振动频率及其位移规律，就可应用红外光谱来鉴定化合物中存在的基团及其在分子中的相对位置。常见的基团在波数 $4000 \sim 400\text{cm}^{-1}$范围内都有各自的特征吸收，这个红外范围是一般红外分光光度计的工作测定范围。

在实际应用时，为了便于对红外光谱进行解析，通常将这个波数范围划分为以下几个重要的区段。参考此划分，我们可以推测化合物的红外光谱吸收特征；或根据红外光谱特征，初步推测化合物中可能存在的基团。

首先，中红外光谱可划分成 $4000 \sim 1300\text{cm}^{-1}$高波数段基团频率区（官能团区）和 $1300 \sim 600\text{cm}^{-1}$低波数段指纹区两个重要区域。在高波数段基团频率区，各种基团的振动频率及其位移规律有所不同，因此会产生特征吸收峰。通过分析这一区域的吸收峰，我们可以鉴定化合物中存在的基团。

在低波数段指纹区，虽然基团的特征吸收峰强度较弱，但通过分析这一区域的吸收峰，我们可以初步推测化合物中可能存在的基团。此外，在红外光谱分析中，我们还需关注一些其他重要的区段，如氨基酸的吸收峰区、羰基化合物的吸收峰区等。通过掌握这些区段的特征，我们可以更有效地分析红外光谱，从而为化合物的结构鉴定提供依据，见附录 1。

（二）影响基团频率的因素

在红外光谱图中，虽然基团频率主要受其原子质量和原子力常数的影响，但分子内部结构和外部环境的变化也会导致频率的改变。因此，许多具有相似基团的化合物在红外光谱图中出现在较宽的频率范围内。为了解析红外光谱并推断分子结构，了解影响基团振动频率的因素是非常重要的。这些因素可以分为内部和外部两大类。

1. 内部因素

（1）电子效应　电子效应是指取代基的电子特性对分子中化学键和基团的振动频率产生的影响。

一般而言，色散型红外分光光度计的光学设计与双光束紫外－可见分光光度计没有太大区别，它们两者之间最基本的区别在于：前者的参考和样品室总是位于光源和单色器之间，而后者则位于单色器之后。这种设计能够有效地进行红外光谱测量，并确保最小化来自样品和吸收池的杂散辐射。

常用的红外光谱仪光源有硅碳棒和能斯特灯。硅碳棒由碳化硅制成，适用于中红外区域，具有价格低廉和操作简便等优点。能斯特灯则由混合稀土金属制成，适用于近红外区域，具有较长的使用寿命和稳定性好的特点。大气污染物和水溶液中的吸收物质通常采用可调二氧化碳激光光源，其辐射强度较高。

吸收池用于容纳样品进行红外光谱测定，不同样品形态采用不同的吸收池。气态样品注入真空吸收池，液体样品滴在两窗之间形成薄膜，溶液样品则注入液体吸收池，固态样品常使用压片法。吸收池的窗片通常采用透光材料如 NaCl、KBr、CsI 等制成，但需注意防潮。

红外光谱仪常用的单色器包括闪耀光栅与滤光器或前置棱镜结合使用，以降低次级光谱的干扰。

常见的红外检测器有热电偶、热释电检测器和光导电检测器。热检测器主要用于色散型分光光度计中，光检测器具有较高的灵敏度，包括硒化铅和碲镉汞等材料，其中汞/镉碲化物光电导检测器在多通道傅里叶变换的红外光谱仪中得到广泛应用。

（二）傅里叶变换红外光谱仪

傅里叶变换红外光谱仪（Fouier transform infrared spectrometer，FTIR）是第三代红外光谱仪，于 20 世纪 70 年代问世。它由红外光源、干涉仪、试样插入装置、检测器、计算机和记录仪等组成，见图 2－32。傅里叶变换红外光谱仪与色散型红外光谱仪相比，主要区别在于使用迈克逊（Michelson）干涉仪和电子计算机。

1. 傅里叶变换红外光谱仪的工作原理 迈克逊干涉仪是傅里叶变换红外光谱仪中的关键组件之一。它通过将光源分成两束光，并以不同的光程差重新组合，引起干涉现象。当两束光的光程差为 λ/2 的偶数倍时，相干光会叠加并产生明亮的干涉线；相反，当光程差为 λ/2 的奇数倍时，相干光会相互抵消而形成暗线。干涉图由各单色光的干涉图叠加而成，呈现出中心强度最大并迅速衰减的对称干涉图。在干涉仪的光路中引入一个具有红外吸收特征的样品，干涉图的强度曲线会相应变化。通过对每个频率的光强应用 Fourier 变换，可以得到吸收强度或透射率与波数变化的普通光谱图。Michelson 干涉仪在傅里叶变换红外光谱仪中发挥着重要作用。它通过干涉现象和 Fourier 变换技术，提供了关于光强度、吸收强度和波数变化的详细信息。这使得傅里叶变换红外光谱仪成为研究样品吸收特性和红外光谱的重要工具。

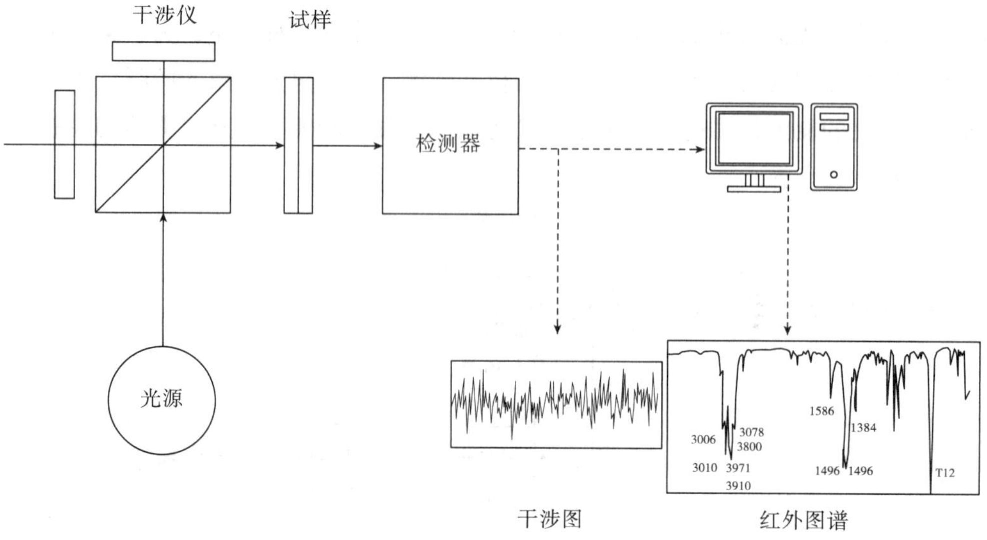

图 2－32 傅里叶变换光谱仪结构

2. 傅里叶变换光谱仪的优点　首先，傅里叶变换红外光谱仪拥有极快的扫描速度。它能够在很短的时间内同时测定所有频率的信息，通常只需要大约 1 秒。相比之下，传统的色散型红外光谱仪每次只能观测一个很窄的频率范围，一次完整扫描需要较长的时间。傅里叶变换红外光谱仪采用干涉仪分光，使得光谱的信息可以更快速地记录下来，提高了记录速度和信噪比，尤其适用于测量不稳定物质的红外光谱。

其次，傅里叶变换红外光谱仪具有很高的分辨率。它的分辨率通常可以达到 $0.005 \sim 0.1 cm^{-1}$，比传统的棱镜型和光栅型仪器要高出许多。这使得傅里叶变换红外光谱仪可以研究因振动和转动吸收带重叠而导致的复杂光谱，对气体混合物的研究十分有利。

第三，傅里叶变换红外光谱仪具有高灵敏度。由于它不需要狭缝和单色器，能量损失较小，到达检测器的能量更大，因而可以检测非常微小的样品，数量级可达 10^{-9}克。相比之下，传统的色散型红外光谱仪需要合适宽度的狭缝来截取辐射能，导致单位光谱元的能量较低。傅里叶变换红外光谱仪没有狭缝的限制，能够提供更大的辐射通量，从而使检测器接收到的信号和信噪比增大，具有较高的灵敏度。该优点使得傅里叶变换红外光谱仪特别适用于测量弱信号光谱，例如红外发射光谱和大气污染物、水污染物的检测。

此外，傅里叶变换红外光谱仪还具有宽波谱范围、高波数准确度、测量精度高、重复性好、杂散光干扰小等优点，可以进行广泛的研究。它的波谱范围从中红外到远红外，能够研究无机化合物和金属有机化合物。傅里叶变换红外光谱仪还适用于微少试样的研究，成为现代化学研究中不可或缺的基本设备之一。

（三）非色散型红外光谱仪

非色散型红外光谱仪是一种简易的红外流程分析仪，它使用滤光片或滤光劈替代色散元件，甚至可以不使用波长选择设备。主要用于大气中各种有机物质的定量分析，例如卤代烃、光气、氢氰酸、丙烯腈等。非滤光型光度计用于单一组分的气流监测，例如工业上连续分析气体样品中的杂质，比如一氧化碳。这些仪器主要适用于被测组分吸收带的波长范围内，当其他组分没有吸收或只有微弱吸收时，可以进行连续测定。尽管非色散型仪器结构简单、价格低廉，但仅适用于气体或液体分析，仍然是一种通用的分析仪器。

五、红外分光光谱法试样的处理与制备

样品制备是红外光谱分析中的重要步骤，针对气体、液体和固体试样，不同的制备方法被使用。

（一）气体试样的制备方法

常见的做法是将气体灌注到玻璃气槽中进行测定。气槽的两端粘合有透红外光的窗片，如 NaCl 或 KBr 材质。在进样前，气槽会被抽成真空，之后才会灌注试样。

（二）液体试样的制备方法

液体试样的制备包括液膜法和溶液法。液膜法简便易行，适合用于定性分析高沸点或不易清洗的试样。操作时，只需在可拆池的窗片之间滴上少量液体试样形成一薄膜。液膜厚度可通过池架上的固定螺丝微调。溶液法适用于定量分析，液体（或固体）试样会溶于适当的红外溶剂（如 CS_2、CCl_4、$CHCl_3$），再注入固定池进行测定。溶液法还可用于定性分析红外吸收较强、无法通过液膜法得到满意光谱图的液体试样。在选择溶剂时，需要注意红外溶剂的吸收情况以及对试样吸收带的影响。

液体试样有几种不同的液体池可供选择，其中透光面经常使用 NaCl 或 KBr 晶体制成。常用的液体

池包括密封固定池（厚度固定）、可拆池（垫片可改变厚度）以及密封可变池（通过微调螺丝改变厚度）。根据不同的实验需求，可以选择合适的液体池。

（三）固体试样的制备方法

固体试样的制备除了溶液法，还有压片法、糊状法、薄膜法和发射法等。压片法是最常用的方法，将200mg的KBr与1～2mg的固体试样共同研磨，然后在高压下用油压机将样品压成透明片，再进行测定。糊状法将试样与悬浮剂（如液体石蜡油）混合研磨至糊状后，放入可拆池中测定。薄膜法主要适用于高分子化合物的分析，可以将其熔融后涂制或压制成薄膜进行测定。

其次对于样品量很少或样品面积很小的情况，可以使用光束聚光器，并配备微量液体池、微量固体池和微量气体池，采用全反射系统或带有卤化碱透镜的反射系统进行测量。

六、红外分光光谱法的应用

（一）定性分析

定性分析在红外光谱分析中占据着重要的地位。

1. 已知物的鉴定 可以将试样的红外光谱图与标准谱图或文献上的谱图进行对比。如果两张谱图的吸收峰位置和形状完全相同，峰的相对强度也一样，那么可以确定样品是该种标准物。但如果两张谱图不同，或者峰位不一致，说明两者不是同一化合物，或者样品中存在杂质。此外，利用计算机谱图检索时，可采用相似度来判别。在使用文献上的谱图时，需要注意试样的物态、结晶状态、溶剂、测定条件以及所用仪器类型等都应与标准谱图一致。虽然红外光谱专著中详细描述了各种官能团的红外光谱特征频率表，但要解析红外光谱、判断官能团是否存在还需要根据经验。因此，分析人员必须熟知基团的特征频率表，并尽可能熟悉一些典型化合物的标准红外光谱图，以提高解析红外光谱的能力和加快分析速度。

2. 红外光谱法对未知物结构的测定 对于非新化合物的未知物，可以通过两种方式利用标准谱图进行对照。一种方式是查阅标准谱图的谱带索引，从中寻找与试样光谱吸收带相同的标准谱图；另一种方式是进行光谱解析，根据试样可能的结构，在化学分类索引中查找标准谱图进行核实。在定性分析过程中，除了获得清晰可靠的谱图外，正确解析谱图至关重要。所谓谱图的解析，就是根据实验所测绘的红外光谱图的吸收峰位置、强度和形状，利用基团振动频率与分子结构的关系，确定吸收带的归属，确认分子中所含的基团或键，进而推定分子的结构。简单来说，就是通过红外光谱所提供的信息，正确地解读化合物的结构。通常还需要结合其他实验数据，如相对分子质量、物理常数、紫外光谱、核磁共振波谱和质谱等数据，才能正确判断其结构。

3. 标准图谱 应注意所使用的仪器类型和制样方法等应与标准图谱一致。常见的标准图谱集包括美国Sadtler研究实验室编辑出版的“Sadtler标准红外光谱集”、英国和西德合作编制的“分子光谱文献DMS穿孔卡片”以及美国石油研究所编制的“API红外光谱资料”。这些图谱集涵盖了各种有机化合物、无机化合物和烃类化合物的光谱信息。此外，现在许多红外光谱仪配备了计算机检索系统，可从储存的红外光谱数据中鉴定未知化合物。

（二）定量分析

红外光谱定量分析是一种通过测量特定吸收谱带的强度来确定组分含量的方法，其理论基础是朗伯-比尔定律。红外光谱具有谱带选择余地大、适用于单一和多组分的优势，并可以用于气体、液体和固体样品的定量分析。然而，红外光谱定量分析的灵敏度相对较低，对于微量组分的测定还不够适用。

这是因为在某些情况下，峰的强度可能较低，导致定量分析的灵敏度受到限制。为了克服这一问题，可以采用前处理方法、化学修饰和多变量校正等增强技术。前处理方法可以增强信号与噪声的比例，提高灵敏度；化学修饰可以改变样品的光学性质，增加吸收信号的强度；多变量校正方法通过建立校正模型综合考虑多个红外光谱参数，提高定量分析的准确性和精确度。

第六节　原子吸收光谱法

PPT

一、原子吸收光谱法概述

原子吸收光谱法（AAS），又称原子吸收光谱法（AAS），其发展历程可以追溯到20世纪50年代。1953年，锐线光源（空心阴极灯）的发明为该方法的应用带来了突破。随后，澳大利亚的A. Walsh以及荷兰的C. T. J. Akemade和J. M. W. Milatz开发了最早的火焰原子吸收光谱法。同时，前苏联的学者Б. В. Львов开发了石墨炉电热原子化法。这些开创性的研究和发明为原子吸收光谱法的发展奠定了基础。它通过测量待测元素对特征光的吸收来相对测量元素的含量。原子吸收法主要适用于金属元素和部分非金属元素的分析，在材料科学、环境科学、医药食品、农林产品、生物资源等多个领域中得到广泛应用。

原子吸收光谱法的基本原理是利用特殊光源发出待测元素特征谱线的光，在样品的原子化蒸气中被待测元素的基态原子吸收，从而导致特征辐射光的强度减弱。这种减弱的程度符合朗伯－比尔定律，即吸光度的大小与待测元素原子浓度成正比关系。通过测量吸光度，可以计算出待测元素的含量。

原子吸收光谱法具有很多优点，如有高灵敏度，可以达到10^{-15}～10^{-13}g的绝对灵敏度，能够分析痕量和超痕量元素；其次，原子吸收法具有良好的选择性，干扰较少，易于消除；此外，原子吸收法具有较高的精密度和准确度，受外界因素的影响相对较小；该方法可以测定70多种元素，具有广泛的应用范围。另外，原子吸收法所需的样品量较少，分析速度较快。当然传统原子吸收光谱法存在一些限制，如对不同元素需要使用不同的灯，更换灯比较不方便。对于大多数非金属元素，目前还不能直接进行测定，并且无法实现多元素的同时分析。

原子吸收光谱法在过去几十年中得到了广泛的发展和应用，在科学研究和工业生产中发挥着重要的作用。随着技术的进步和仪器设备的改进，相信原子吸收光谱法将继续为我们提供更精确、快速和多元素分析的解决方案。

二、原子吸收光谱法基本原理

（一）原子光谱的产生

通常原子处于基态，当入射光的能量（或频率）恰好等于原子从基态跃迁到激发态所需的能量（或频率）时，原子会吸收能量并产生原子吸收光谱。这种吸收现象源于原子中电子的跃迁过程。

在原子吸收光谱法中，通过用特定波长的光照射基态原子蒸气，如果光的频率与原子中电子从基态跃迁至高能态所需的能量频率相匹配，原子将吸收光的能量，这会导致入射光的强度发生变化，形成原子吸收光谱。这种吸收现象被称为共振吸收。原子的能级是量子化的，因此对不同频率的光，原子的吸收是有选择性的。基态到第一电子激发态的跃迁所需能量最低，因此这个跃迁是最容易发生的跃迁，也被称为主共振跃迁或第一共振跃迁，所产生的吸收谱线称之为共振吸收线。共振吸收线是原子吸收光谱法中最主要的测量线，对于大多数元素都是最灵敏的。

例如钠原子从基态可以跃迁到两个激发态，其所需的能量分别为 2. 2eV 以及 3. 6eV，对应的波长为 589. 0nm、330. 3nm 的光具有吸收能力，跃迁所需能量较低产生的吸收谱线即为共振吸收线，如图 2－33 所示。

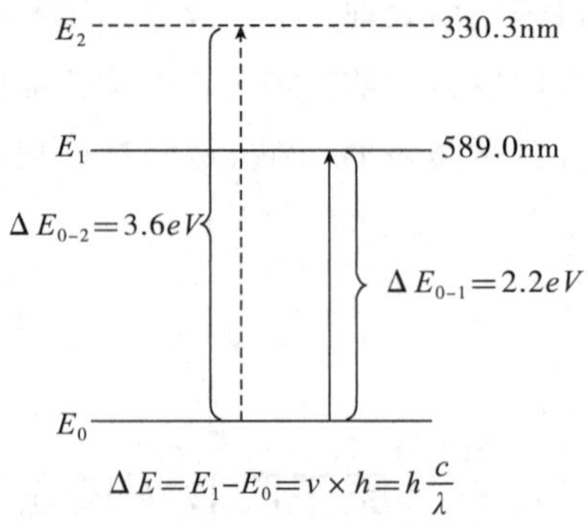

图 2－33　钠原子光谱产生示意图

（二）基态原子与待测元素含量的关系

要得到原子吸收光谱，首先要将样品中的待测元素转化为原子状态。在实验条件下，待测元素经过蒸发和解离等过程转变为基态原子和激发态原子。根据热力学原理，在一定温度下达到热平衡时，基态原子数 N_0 和激发态原子数 N_j 的比值符合波尔兹曼分布规律，可用波尔兹曼方程描述。

$$\frac{N_j}{N_0}=\frac{P_j}{P_0}e^{(-\frac{\Delta E}{KT})} \tag{2-15}$$

根据元素的谱线波长，可以得到相应的 P_j/P_0 和能级差 ΔE 的数值，而 K 为玻尔兹曼常数（$1.38\times10^{-23}J\cdot K^{-1}$），从而计算得出一定温度下 N_j/N_0 的比值。实验结果表明，对于相同元素，随着温度的升高，N_j/N_0 的数值也增大。在相同温度下，能级差较小的元素产生更多的激发态原子，导致 N_j/N_0 较大。在实际分析中，N_j/N_0 的数值通常在 10^{-3} 以下，即激发态原子数占总原子数的比例较小。因此，基态原子数 N_0 可被视为吸收光辐射的总原子数，在保持原子化效率恒定的情况下，基态原子数 N_0 与待测元素的浓度呈线性关系。

在原子吸收光谱法中，激发态原子数量受温度影响较大，而基态原子数量受温度影响较小。

（三）原子吸收谱线的轮廓与变宽

原子结构相较于分子结构更简单，理论上应产生线状光谱吸收线。实际上用特征吸收频率辐射光照射时，获得一种具有一定宽度、轮廓和占据频率范围的光谱线。由于其窄，难以观察形状，习惯称为原子吸收谱线。特征量是吸收线的特征频率（v_0）和宽度。特征频率 v_0 是吸收系数极大值 K_0 对应的频率。吸收线宽度是吸收系数极大值一半（$K_0/2$）处吸收线轮廓间的频率差，称为半宽度，通常用 Δv 表示。如图 2－34 所示为吸收系数 K_v 随频率的变化情况，即原子吸收线的轮廓。

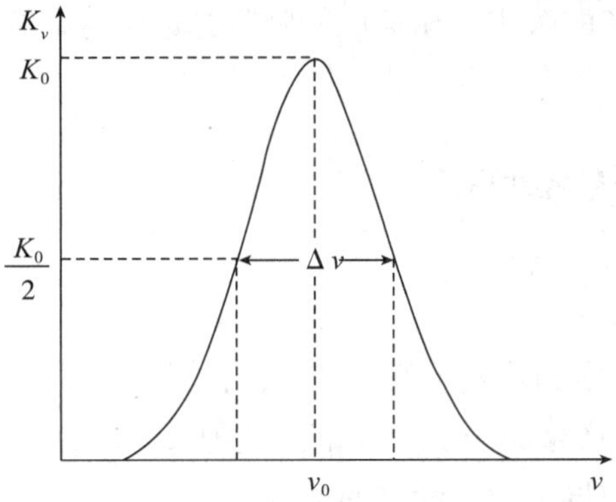

图 2－34　原子吸收线的轮廓

原子吸收线的宽度受多种因素影响，其中主要有以下几种。

1. 自然宽度（natural width，$\Delta\nu_N$） 谱线的宽度在无外界干扰下被称为自然宽度。由于电子在跃迁过程中在高能级上会有一定时间的停留，这个时间也认为是激发态原子的寿命。原子在基态和激发态的寿命是有限的，基态中电子停留时间较长，而在激发态中时间很短。根据海森堡不确定原理，这种情况导致激发态能量具有一定的不确定性，而这个不确定性使得谱线具有一定的宽度 $\Delta\nu_N$（约为 10^{-5}nm），即自然宽度。该宽度比光谱仪本身产生的宽度要小得多，在实际应用中可忽略不计。

2. 多普勒变宽（Doppler broadening, $\Delta\nu_D$） 它与原子的无规则热运动有关，因此又称热变宽。原子蒸汽中，原子处于无规则热运动，当趋向光源方向运动时，原子将吸收频率较高的光波，当背离光源方向运动时，原子将吸收频率较低的光波，相对极大吸收频率而言，既有紫移（向高频方向移动），又有红移（向低频方向移动），这种现象称多普勒变宽或热变宽。其范围一般为 $1\times10^{-3}\sim5\times10^{-3}$nm，影响其变宽的因素可用下式表示：

$$\Delta\nu_D = \frac{2\nu_0}{C}\sqrt{\frac{2RTln2}{A}} = 7.162\times10^{-7}\nu_0\sqrt{\frac{T}{A}} \qquad (2-16)$$

式中，R 为气体常数；A 为吸光原子的相对原子质量；c 为光速；T 为绝对温度；ν_0 为极大吸收频率。

多普勒变宽与绝对温度的平方根成正比，与吸收原子的相对质量的平方根成反比。相同原子的下，温度越高，变宽程度就越大。

3. 压力变宽（pressure broadening） 吸收原子与外界气体分子之间的相互作用会导致谱线变宽，这种现象被称为压力变宽，主要是由于碰撞使得激发态的寿命变短所引起。压力变宽可以分为劳伦兹（Lorentz）变宽和赫鲁兹马克（Holtsmark）变宽两种。劳伦兹变宽指的是待测原子与其他粒子相互碰撞而引起的变宽；而赫鲁兹马克变宽则是指待测原子之间相互碰撞所引起的变宽，也被称为共振变宽。在待测元素浓度不太高时，共振变宽可以忽略不计，此时原子吸收谱线的变宽仅取决于劳伦兹变宽。劳伦兹变宽随着外界气体压力和碰撞粒子的有效截面积增加而增大；而随着温度的上升以及外界分子和吸光原子的相对质量增加而减小。

对火焰原子吸收来说，产生吸收的原子蒸汽中，由于火焰中外来气体的压强较大，劳伦兹变宽是主导。而对石墨炉原子吸收，主要受多普勒变宽影响。

（四）原子吸收线的测量

1. 积分吸收 原子的发射线和吸收线都是具有一定宽度范围的谱线。原子蒸气中基态原子数 N_0 积分吸收的峰面积呈线性关系，因此理论上通过积分整个吸收峰的面积，如图 2-35 所示，就可以计算出 N_0，然后根据 N_0 与待测物中的原子总数 N 以及待测物浓度的关系，可以求得待测物的绝对含量，无需与标准比较。积分吸收与原子蒸汽中基态原子数的关系，有下方程式表示：

$$\int k_v d_v = \frac{\pi e^2}{mc}N_0 f = aN_0 \qquad (2-17)$$

式中，k_v 为吸收系数；e 为电子电荷；m 为电子质量；c 为光速；N_0 为基态原子密度；f 为振子强度。在某一种元素一定条件下，$\frac{\pi e^2}{mc}f$ 为一定值，a 可以看作一个常数。

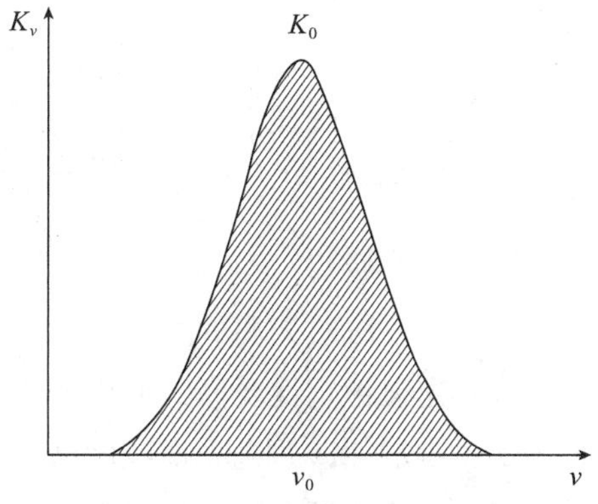

图 2-35 积分吸收示意图

然而，实际上，由于原子吸收谱线宽度仅为 10^{-3}nm，在这么窄的范围内准确测量积分吸收是困难的。一方面，需要具有极高分辨率的单色器，但制造此类单色器仍存在技术难题。另一方面，使用传统光源（如氘灯、钨灯等连续光源）进行常规分光光度法测量积分吸收也是行不通的。原因是原子吸收光谱法使用氘灯、钨灯等连续光源通过单色器分光后，得到的是相对单色的光谱带。然而，在原子吸收光谱分析中，通过普通单色器的原子吸收分光光度计（狭缝最小可调至0.10mm）进行分离得到的通带宽度约为0.2nm，而吸收该谱线的原子吸收谱线宽度约为10^{-3}nm。因此，吸收前后入射光的强度减小仅为0.5%（即0.001/0.2×100%），接近一般仪器分析的误差范围，无法进行精确测定。

2. 峰值吸收 澳大利亚物理学家瓦尔西（Walsh A）在1955年提出了一种新的方法，利用锐线光源测量谱线的峰值吸收。锐线光源是一种能够辐射出谱线宽度很窄的原子线光源，如图2-36所示。通过使用纯物质作为光源的阴极，可以保证发射线的特征频率与吸收线的特征频率完全一致。这种方法的优点是避免了使用高分辨率的单色器，并且将吸收线和发射线变成了同类线，使其强度相近，有利于测量的准确性。

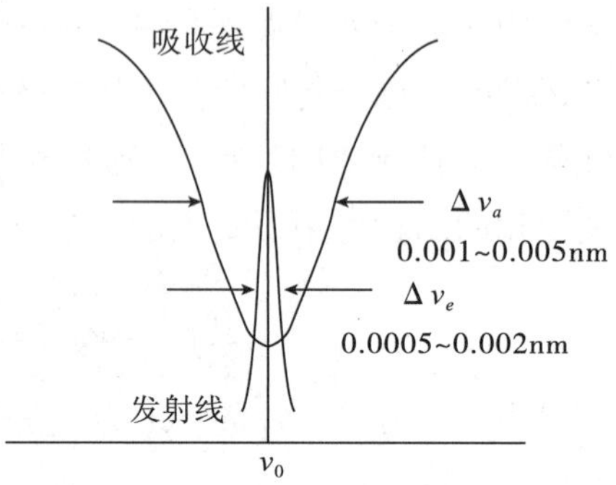

图2-36 锐线光源积分吸收示意图

三、原子吸收分光光度计结构

原子吸收光谱仪也叫原子吸收分光光度计，是一种用于测量和分析待测物质在一定条件下形成的基态原子蒸气对其特征光谱线吸收程度的仪器。根据原子化方式的不同，可分为火焰原子化和非火焰原子化两种类型；根据入射光束的不同，可分为单光束和双光束型；根据通道的多少，可分为单通道和多通道型。然而，不论型号如何，它们都由四个关键部件组成，包括光源、原子化器、单色器（分光系统）和检测系统。

以单光束火焰原子吸收分光光度计为例，如图2-37所示，我们来讨论各个部件的作用和测定原理。光源会发射待测元素的特征谱线，这些谱线会经过原子化器，其中待测元素的原子蒸气会吸收部分谱线。透过分光系统和检测系统，我们可以测量到被吸收的特征谱线的吸光度。根据吸光度与浓度呈线性关系的原理，我们可以推导出待测物质的含量。

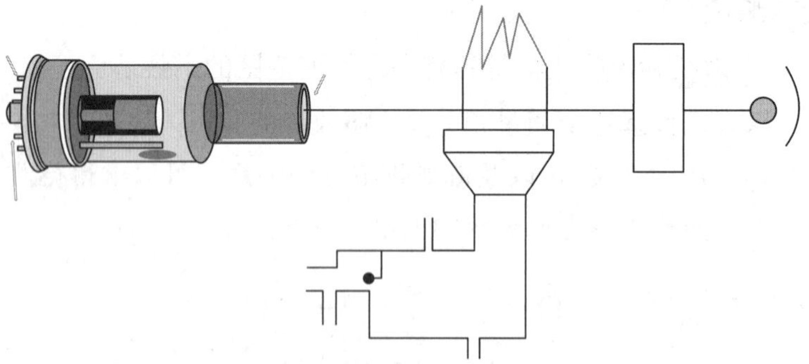

图2-37 原子吸收仪结构示意图

（一）光源

原子吸收法对光源的基本要求是，发射的共振辐射的线宽应明显小于吸收线的线宽，光源的辐射强度要大，光强稳定性要高，使用寿命要长。具体到锐线光源，要求发射线的宽度小于吸收线，具有高辐射强度和稳定性，并且光谱纯度高，无干扰光谱。常见的锐线光源包括蒸汽放电灯、无机放电灯和空心阴极灯，这些光源在不同情况下具有各自的特点和适用范围，但由于空心阴极灯具有明确的优点，逐渐成为应用最广泛的光源之一。

空心阴极灯的结构如图2－38所示，它是一种玻璃管密封的放电管，内部充有低压惰性气体，一般是氩气或氖气。其内部构件主要由阳极和空心阴极组成。阳极是钨棒或镍棒，上面装有钛丝或钽片作为吸气剂。空心阴极是一个空心圆柱形结构，由待测元素的高纯金属或合金制成。空心阴极灯圆柱形外壁通常是玻璃制品，而灯的光窗材料根据发射的共振线波长而定，可采用硬质硅硼玻璃或石英玻璃。

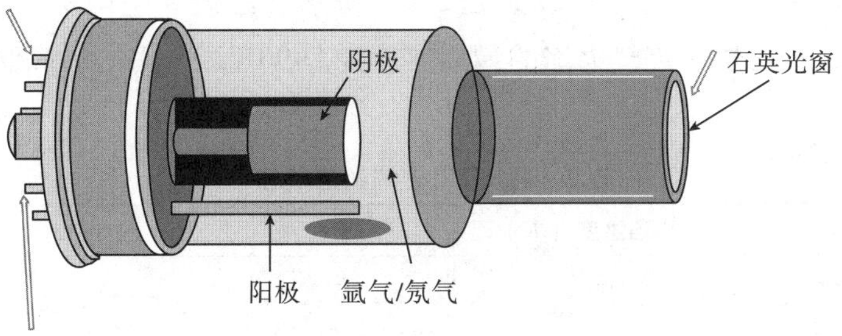

图2－38　空心阴极灯结构

空心阴极灯是原子吸收法中一种重要的光源，用于发射被测元素的特征共振辐射。相比于其他光源来说具有明显的优势。首先，它能够提供锐线的光源，满足原子吸收法中对锐线光源的要求；其次，空心阴极灯具有较大的发光强度和高度稳定的输出光谱，利于提高分析的信噪比和精密度；此外，空心阴极灯结构简单，操作方便，使用寿命较长。

（二）原子化器

试样中待测元素或化合物转化成为自由原子的过程称为原子化。原子化器通过火焰、电加热或非加热方式实现试样蒸发、干燥和原子化，同时充当吸收池的功能。根据原子化能量方式的不同，原子化方法可分为火焰原子化法和非火焰原子化法。火焰原子化法利用火焰的热能将试样转化为气态原子蒸气，而非火焰原子化法采用电加热或化学还原等方法实现原子化过程。石墨炉原子吸收法属于非火焰原子化法，通过石墨管加热实现原子化。另外，低温原子化法包括汞低温（冷）原子化法和氢化法。原子化过程是试样分析的关键步骤，确保待测元素以气态基态原子蒸气的形式吸收入射光。

1. 火焰原子化器　通过可燃气体燃烧的高温实现试样蒸发、干燥和原子化。目前常用的是预混合型火焰原子化器，主要由雾化器、预混室、燃烧器和供气系统四部分组成，结构如图2－39所示。

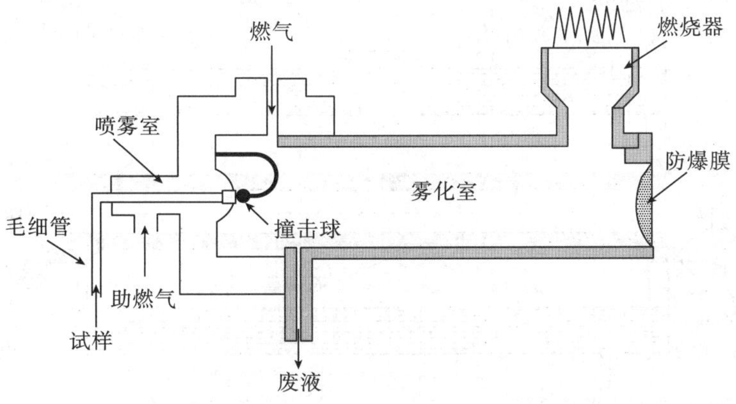

图2－39　预混合型火焰原子化器

试样经雾化器喷雾形成雾珠，较大的雾珠在预混合室内经撞击球撞击成较小的雾珠（约10mm），未撞击到的大雾珠经冷凝后沿废液管流出。较小的雾珠在预混合室内与燃气、助燃气混匀后，一起进入燃烧器燃烧，形成层流火焰，预混合型原子化器虽然试样利用率较低，但火焰稳定，干扰少，因此应用较普遍。

火焰温度是原子化程度的关键因素。温度过高会导致试样中原子的激发或电离，减少基态原子的数量，从而使吸光度降低。温度过低则无法使盐类完全解离或解离率过低，影响测定的灵敏度。未解离分子的吸收会引起更大的干扰。因此，必须根据具体情况选择适当的火焰温度。火焰种类有多种，但最常用的是乙炔 - 空气和乙炔 - 笑气火焰，参数如表 2 - 2 所示。乙炔 - 空气火焰的最高温度约为 2500K，适用于大多数元素的测定；乙炔 - 笑气火焰的最高温度为 2990K，适用于耐高温、难解离和具有高激发电位的元素的原子化。

表 2 - 2 常用火焰的燃烧温度

燃气	助燃气	火焰温度（K）	燃气	助燃气	火焰温度（K）
乙炔	空气	2500	氢气	空气	2318
	氧气	3160		氧气	2933
	笑气（N_2O）	2990		笑气（N_2O）	2880

同一种火焰又可分为贫燃焰、富燃焰和化学计量焰三种类型。化学计量焰（又称中性焰）是指助燃气和燃气按照它们的化学计量比提供的火焰。通常具有较高温度，适用于大多数元素的原子化。燃气量大于化学计量比的火焰称为富燃焰，呈现黄色，在燃烧不完全的情况下温度略低于化学计量焰，具有还原性，适用于难解离氧化物元素的测定。然而，富燃焰会引起更多的干扰和高背景。助燃气量小于化学计量比的火焰称为贫燃焰，具有蓝色火焰，氧化性较强，温度较低，适合测定易解离和易电离的元素，如碱金属。

2. 石墨炉原子化器 石墨炉原子化器和火焰原子化器的加热方式存在本质区别。前者使用电加热，而后者使用火焰加热。石墨炉原子化器结构如图 2 - 40 所示，其核心是一个长 30 ~ 60mm、外径 8 ~ 9mm、内径 4 ~ 6mm 的石墨管，图 2 - 41 所示的是三种类型的石墨管。石墨管上有直径为 1 ~ 2mm 的小孔，用于注入样品和通入惰性气体。石墨管的两端有可允许光束通过的石英窗和连接石墨管的金属电极。加电后，石墨管会快速加热，使注入的样品蒸发和原子化。为了保护石墨管，管外部设计有水冷外套。在管上的小孔处通入的惰性气体如 N_2、Ar 等可防止已形成的基态原子和石墨管本身被氧化。

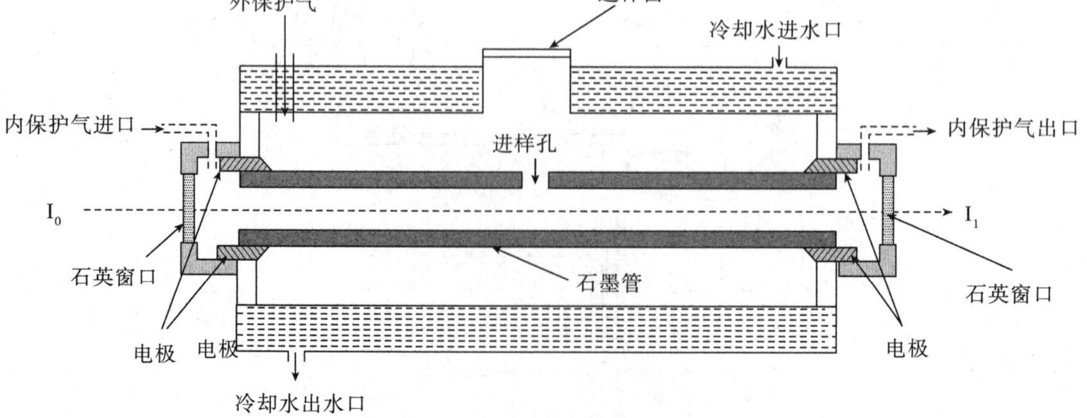

图 2 - 40 石墨炉原子化器

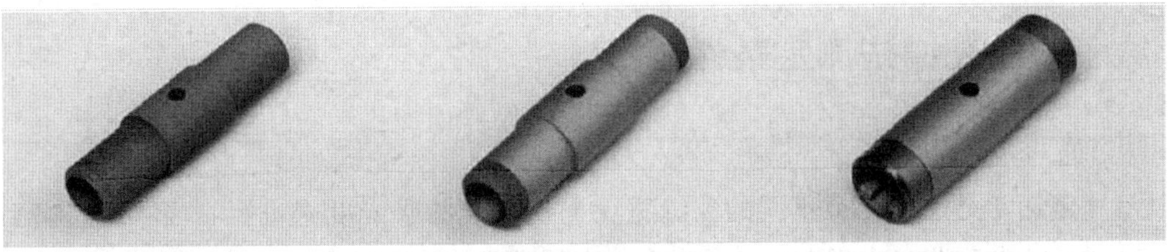

图 2-41 不同类型的石墨管实物

在测定过程中,样品通过微量进样器注入石墨管。首先，通过小电流在 380K 左右干燥样品，去除溶剂。然后升温至 400~1800K 以焚烧样品并去除基体。随后再升温至 2300~3300K，使待测元素高温原子化，并记录吸光度值。最后升温至 3300K 以上，以蒸发管内残留的待测元素，消除其对下一样品的记忆效应，即进行清洗。

石墨炉原子化器具有高原子化效率，气相中的基态原子浓度比火焰原子化器高数百倍，并且基态原子在光路中停留的时间更长，因此具有更高的灵敏度。特别适用于低含量样品分析，且取样量较少，能直接分析液体和固体样品。然而，石墨炉原子化器的操作条件较难控制，重现性和准确性均不如火焰原子化器，且设备复杂，费用较高。

（三）分光系统

分光系统的主要功能是将待测元素的分析线和干扰线分开，使检测系统只接收到分析线的信号。它主要由入射狭缝、反射镜、色散元件（如光栅、棱镜等）和出射狭缝等部件组成。光源发出的特征光在经过第一透镜聚焦后照射到待测原子蒸气中，其中一部分被基态原子吸收。通过一系列光学透镜的作用，该光线经过反射镜反射到单色器中进行色散，然后经过出射狭缝反射到检测器上。

分光系统的分辨能力取决于色散元件的色散率和狭缝的宽度。对于光栅来说，色散率通常用线色散率的倒数表示，即 $D=\frac{d\lambda}{dL}$，D 表示每毫米焦面上光栅所分散的波长数（单位为 $nm \cdot mm^{-1}$）。该值越小，色散率越大。狭缝的宽度与色散率的倒数相乘，得到单色器的光谱通带宽度 W，即通过单色器射出狭缝的光束的波长宽度（也是光电倍增管所接受到的光的波长范围）。其数学表达式为：

$$W=D \cdot S \tag{2-18}$$

其中，W 表示单色器的通带宽度（单位为 nm），S 表示狭缝宽度（单位为 mm）。

每台仪器的色散元件的色散率是固定的，因此分辨能力仅与仪器的狭缝宽度相关。减小狭缝宽度可以提高分辨能力，有助于消除干扰谱线。然而，狭缝宽度变得过小会导致透过的光强度减弱，分析灵敏度下降。一般情况下，狭缝宽度调节在 0.01~2mm 之间。

（四）检测系统

原子吸收检测系统由光电转换器、输出系统组成，其作用是将单色器分离出的光信号转换为电信号，并通过放大器进行放大，最终以透光率或吸光度的形式显示出来。

在原子吸收法中，常用的光电转换器是光电倍增管。光电倍增管的质量特性主要通过光谱灵敏度、暗电流和输出稳定性来描述。采用 Ga-As 作为光敏材料的光电倍增管在较宽波长范围内都具有良好的光谱灵敏度，因此被广泛应用。暗电流是在光电管阴极未照射光时输出的电流。暗电流越小，噪声越小，光电倍增管的质量越高。在使用光电倍增管时，应尽量避免非信号光的照射和长时间的连续使用，同时避免使用过高的电压，以确保光电管保持良好的工作特性。

四、原子吸收光谱法测定条件选择

（一）狭缝宽度

确定狭缝宽度通常是通过调节不同的狭缝宽度测量试液的吸光度来进行。当狭缝变宽到一定程度时，由于其他谱线或非吸收光出现在光谱通带内，会导致吸光度的减小。因此，最合适的狭缝宽度是在不引起吸光度减小的情况下的最大狭缝宽度。

（二）分析线

选择原子吸收分析线应考虑到高灵敏度和少干扰的两个方面。大多数情况下，选择主共振线作为分析线，因为主共振线具有低激发能量和高测定灵敏度等特点。如果某个分析线附近存在其他光谱干扰，可以选择灵敏度稍低的谱线作为分析线。适宜的分析线可以通过如下实验方法来确定：首先对空心阴极灯的发射光谱进行扫描，了解可选择的谱线数量，然后将相应的溶液喷入，观察这些谱线的吸收情况，选取吸光度最大的谱线作为分析线。常用的分析线可以参考相关手册。

（三）灯电流

空心阴极灯的发射特性依赖于工作电流。如果灯的工作电流过低，则光输出不稳定且强度较弱；如果工作电流过大，放电不稳定，谱线会变宽且灵敏度下降，校正曲线会出现弯曲，同时灯的寿命也会缩短。在实际工作中，选择原则是在保证输出稳定和合适光强的条件下，尽量选用低的工作电流。

（四）试样用量

根据朗伯－比尔定律，原子吸收的吸光度与待测元素的原子浓度成正比。然而，如果进样量过大，吸光度不会增加，反而会因溶剂的冷却效应和大粒子的散射导致吸收值下降，背景增加。因此，适当的取样量应通过实验来确定。具体方法是在适当的燃烧器高度下，调节毛细管出口的压力以改变进样速率，找到能够达到最大吸光度值的进样量，该量即为适当的试样用量。

五、原子吸收光谱法测定中干扰及消除方法

（一）物理干扰及消除

物理干扰是指试样在转移、蒸发和原子化过程中，由于溶质或溶剂的物理化学性质改变而引起的干扰。在火焰原子吸收光谱中，试样黏度和雾化气体压力的变化直接影响试样的提升量和基态原子的浓度；表面张力影响气溶胶雾滴的大小；溶剂的蒸气压差异影响溶剂的挥发和冷凝；吸样毛细管的直径、长度以及浸入试液的深度也会影响进样速率。此外，大量基体元素会对待测元素的蒸发产生影响。

物理干扰的消除方法通常是配制与待测溶液组成相似的标准溶液或采用标准加入法，使试液与标准溶液在物理干扰上相一致，从而达到抵消误差的作用。

（二）化学干扰及消除

化学干扰是指在溶液或原子化过程中，待测元素与其他组分发生化学反应，导致其原子化效率降低或升高的干扰。化学干扰是原子吸收法的主要干扰因素。某些物质在原子化前的雾化室内相互混合时，由于小环境发生了变化，常温常压下不发生化学反应的物质，会生成新的难溶解物质，从而改变其原子化效率。有些元素易生成难溶氧化物，导致解离度下降，从而降低了其原子化效率。

化学干扰的产生原因较复杂，常用的消除干扰方法是加入释放剂和保护剂。也可采用萃取、沉淀、离子交换等分离方法，预先将干扰物或待测元素分离出去，然后进行测定。

（三）电离干扰及消除

电离干扰是指在形成自由原子后，待测元素进一步失去电子，导致基态原子数减少，从而使测定结果和灵敏度降低。电离干扰在火焰温度高、待测元素的电离电位低的情况下最容易发生。

为了避免和消除电离干扰，通常在实际测量中会加入一定量的比待测元素更易电离的其他元素（即消电离剂），以抑制电离的发生。例如，在钙的测定中常加入一定量的钾盐溶液（钾和钙的电离电位分别为4.34eV 和6.11eV）。由于溶液中存在大量的钾，其电离产生的自由电子可以抑制待测元素钙的电离。

（四）光谱干扰及消除

光谱干扰主要来自光源和原子化器。在原子吸收法中，光源发射的共振线需要与原子化器中待测元素的吸收线完全匹配，并且最大吸收频率应相一致。然而，吸收线的宽度通常比发射线要宽，而能够发射特征辐射的元素很多，因此在光谱通带内常会出现以下光谱干扰。

1. 非共振线干扰　光源在发射待测元素的多条特征谱线时，通常选择最灵敏的共振线作为分析线。如果分析线附近存在单色器无法分离的其他待测元素的特征谱线，这些谱线将会对测量产生干扰。这种情况经常出现在谱线较多的过渡元素中。例如，在镍的分析线（232.00nm）附近还有231.60nm 等多条镍的特征谱线，而这些谱线都可以被镍原子吸收。由于非共振线的吸收系数较共振线的吸收系数小，因此会导致吸光度降低，标准曲线出现弯曲。改善和消除这种干扰的方法是缩小狭缝宽度。

2. 背景吸收　包括分子吸收和光散射引起的干扰。

分子吸收是指在原子化过程中，试样生成某些气体分子、难解离的盐类、难溶氧化物、氢氧化物等对待测元素的特征谱线产生吸收而引起的干扰。例如，在测定钡时，钙的存在会生成 $Ca(OH)_2$，它在530 ~ 560nm 处引起吸收，从而干扰钡的测定（波长为553.5nm）。

光散射是指在原子化过程中产生的固体微粒使光发生散射，使得散射光偏离光路无法被检测器检测到，从而导致测得的吸光度过高。在石墨炉原子吸收中，由于原子化过程产生固体微粒和难解离分子的可能性更大，所以光散射和分子吸收的干扰更为严重。

3. 光谱干扰的消除　消除背景吸收常用的方法包括空白校正法、氘灯校正法和塞曼效应校正法等几种方法。

（1）空白校正法　配制一个与待测样品组成和浓度相近的空白溶液。两种溶液的背景吸收大致相同，测得待测溶液的吸光度减去空白溶液的吸光度即为待测液的真实吸光度。但是，配制与待测样品相近的空白溶液不容易。

（2）氘灯校正法　同时使用空心阴极灯和氘灯两个光源，让两者发出的光交替通过原子化器，如图2－42 所示。空心阴极灯的特征辐射通过原子化器时，会产生待测原子和背景两种组分的总吸收。而氘灯发出的连续光源通过原子化器时，只会产生背景吸收。两者的差值即为待测元素的真实吸收。现代仪器中可以自动进行这种校正，并且只能在氘灯辐射强度较强的190 ~ 350nm 范围内使用，同时两种光源的辐射应严格重叠。

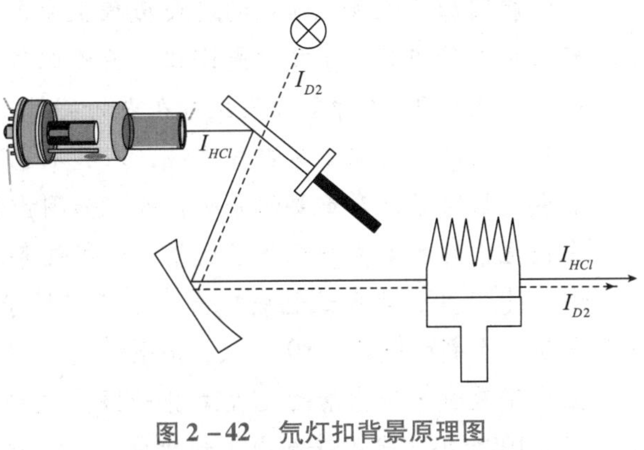

图2－42　氘灯扣背景原理图

（3）塞曼效应校正法　塞曼效应是指将产生光谱的光源置于强磁场中时，光源发出的每条谱线会分裂为几条带有偏振的线，如图2－43 所示。通过在光源上加上与光束方向垂直的磁场，待测元素的特征谱线会分裂为 π 线和 σ^-、σ^+ 两组线。π 线的偏振方向与磁场平行，波长不变；σ^- 和 σ^+ 的偏振方向与磁场垂直，且波长分别向长波和短波方向偏移。当光源的三组线通过原子化器时，基态原子只对 π 线产生吸收，对 $\sigma^{\pm}$ 线没有吸收。背景对 π 线和 $s\pm$ 线都有吸收。通过旋转式偏振器分离 π 线和 $\sigma^{\pm}$ 线，待测元素的吸收值减去 $s\pm$ 线的吸收值即为真实吸收值。塞曼效应校正法是目前最理想的背景校正方法，许多先进的原子吸收仪器都具备这种自动校正功能。

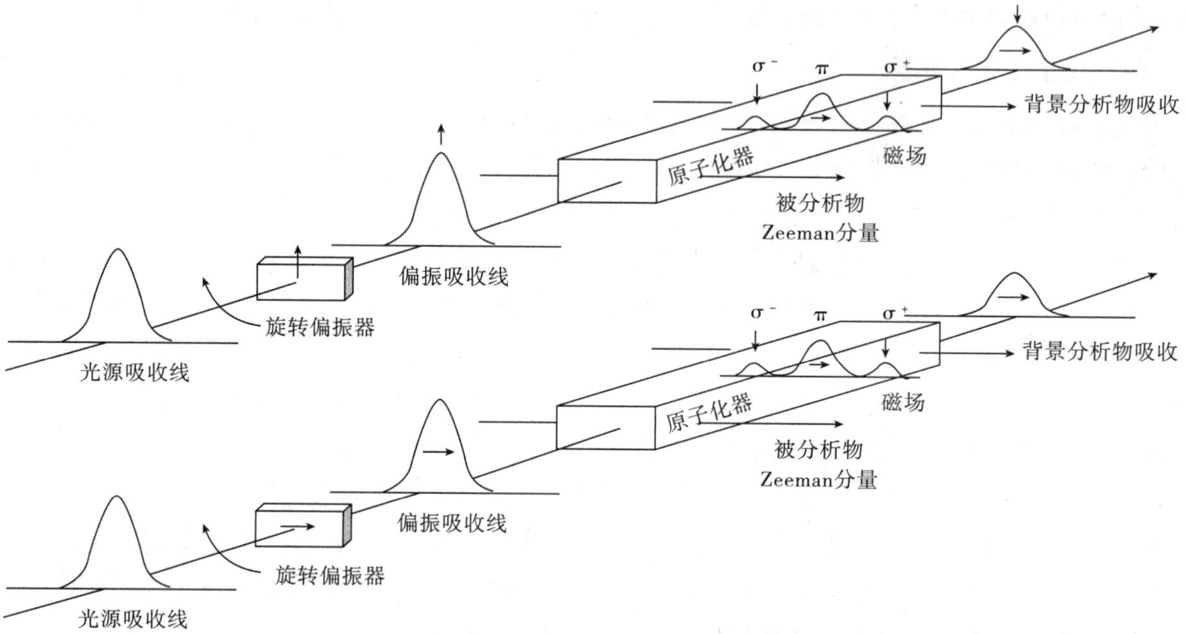

图 2-43 塞曼效应背景矫正原理示意图

强国园地

原子吸收光谱仪

原子吸收光谱（atomic absorption spectroscopy，AAS）作为一种重要的分析技术，在我国得到了蓬勃的发展。早在1965年，北京有色金属研究院的吴廷照教授等人成功研制出我国第一台原子吸收光谱仪，为我国原子吸收事业的发展奠定了坚实基础。自此之后，我国的原子吸收光谱仪不断完善，迅速发展，为我国科技进步做出了显著贡献。

我国原子吸收光谱仪的发展历程主要包括以下几个阶段。在1970年以前，一些实验室靠科研人员自行组装原子吸收光谱仪，吴廷照等在1965年首次组装了实验室型原子吸收光谱仪，并研制了包括30多种空心阴极灯在内的关键元件。这种原子吸收光谱仪的基本结构包括空心阴极灯及其电源、火焰喷雾燃烧系统、石英单色器、光电倍增管及其电源、选频测量放大器等。该仪器成功解决了许多重要的分析任务，如陶瓷制品的质量检验、克山病环境地质普查和铜合金标样中镁元素的测定，并承担了大量的分析任务。

1970年，我国试制成功第一台商用原子吸收光谱仪，标志着我国原子吸收光谱仪的发展进入了一个新的阶段。80年代，石墨炉原子化器和微型电子计算机控制的仪器成功试制，并开始生产了氘灯扣除背景的无火焰原子吸收光谱仪。此外，几种塞曼效应原子吸收光谱仪也相继问世。1985年，我国研制出了利用自吸效应和氘灯进行背景扣除的无火焰原子吸收光谱仪。

进入90年代，电子计算机控制的仪器广泛应用于原子吸收光谱仪，具备了更强大的自动化功能和丰富的软件界面。针对原子吸收光谱分析技术和理论的研究，我国科学家也处于该领域的前沿。例如，流动注射分析（flow injection analysis，FIA）与原子吸收光谱的联用技术、氢化物发生石墨炉原位预富集技术、石墨炉原子吸收光谱基体改进剂的研究以及高性能空心阴极灯的研制等。1991年，WFX－1E2和WFX－1F2B型原子吸收分光光度计参加了由中国分析测试协会咨询委员会主持的“91分析仪器评议”，与美国PERKIN－ELMER公司、澳大利亚GBC公司、日本日立公司以及后来的岛津公司等一同参评。专家评议的结果认为，北京第二光学仪器厂的两台仪器具有结构简单、价格低廉、操作简便的特点，采用了400Hz点灯脉冲技术，速度快，背景扣除能力提高，各项仪器性能测试结果与国外仪器相当。

通过多年的努力和改进，我国原子吸收光谱仪器技术取得了显著进展，为我国科学研究和工业生产提供了重要支持。经过广大科技工作者的不断努力，我国已经形成了一系列具有中国特色的原子吸收光谱仪器产品，年产量为500～600台，其中一部分产品已经进入国际市场。

第七节　原子吸收光谱法的应用

（GB 5009.12－2023《食品中铅的测定》）

一、原子吸收光谱法测定食品中铅概述

铅广泛分布于自然界中，包括方铅矿（PbS）、白铅矿（$PbCO_3$）、角铅矿（$PbSO_4$）、黄铅矿（$PbCl\cdot H_3AsO_4$）、绿铅矿［$PbCl_2\cdot 3Pb_3(PO_4)_2$］等矿石中。食品中的铅有相当一部分是通过植物吸收土壤中的铅，再经由食物链进入人类食物中的。一些食具容器，如瓷器、搪瓷器和马口铁容器，可能含有铅。使用铅桶存放酒或使用锡壶盛酒都有可能造成铅污染。食品加工设备、管道等也可能含有铅。一些非金属材料，如聚乙烯塑料，使用铅作为稳定剂，会在一定条件下逐渐迁移至食品中。此外，一些非食品化学产品中含有铅和其他杂质，在用作食品添加剂时会导致食品中的铅污染。某些食品在加工过程中，即使未直接接触铅，随着时间的推移，铅也会逐渐渗透进去。例如，在加工皮蛋时，使用含有氧化铅的黄麸粉，铅会通过蛋壳迁移到食品中。此外，染料、油漆、玻璃着色剂和陶瓷器等也可能导致食品污染。FAO/WHO（联合国粮农组织/世界卫生组织）对食品中的铅有了明确的限量要求，如表2－3所示。

表2－3　FAO/WHO食品法典中铅的限量

食品名称	限量（mg/kg）	食品名称	限量（mg/kg）
水果	0.1	幼儿配方粉	0.02
草莓、葡萄	0.2	可食猪、牛、家禽内脏	0.5
果汁（包括果汁饮料）	0.05	牛奶	0.02
谷物、豆类蔬菜	0.2	葡萄酒	0.20
牛肉、羊肉、猪肉、家禽类	0.1	脂肪、油脂（不包括黄油）	0.1

铅的化学符号是Pb（源自拉丁语“plumbum”），英文名为lead，化学品名称和编号为lead，7439－92－1。

铅是一种重金属，呈灰白色，具有柔软和延展的性质，密度为 11.34g/cm^3，熔点为 327℃，沸点为 1740℃。铅能溶于稀硝酸，相对原子质量为 207.2，原子序数为 82，常见的化合价为 +2 和 +4。Pb^{4+} 离子非常不稳定，很容易变为 Pb^{2+} 离子，因此 PbO_2 是一种强氧化剂。铅离子 Pb^{2+} 与 Cl^-、I^- 等阴离子反应可生成 $PbCl_2$ 和 PbI_2。但当 Cl^- 和 I^- 过量时，会生成 $[PbCl_4]^{2-}$ 和 $[PbI_4]^{2-}$。这些配合离子可溶于有机溶剂如甲基异丁基甲酮（MIBK），利用这个原理可以从样品中富集铅。

四乙基铅曾用作汽油中的抗爆剂，因此汽车尾气中会含有铅。铅对人体有害，人体中摄入的大部分铅会通过排泄排出体外，但仍有一部分残留在体内。长期累积会对人体造成损害，成年人血液中的铅浓度可达 0.20μg/ml，超过 0.80μg/ml 将出现明显症状。铅可以与人体内的 δ－氨基脱水酶和血红素合成酶中的巯基（—SH）作用，导致缺铁性贫血。铅还会对外观产生影响，出现“铅线”和“铅边”，同时还会导致血管痉挛、腰腿痛、视网膜小动脉痉挛、高血压等症状。铅及其化合物的毒性与其溶解性有关，一般而言，酸溶性和水溶性盐的毒性大于不溶于水的盐，而不溶于水的盐的毒性则大于铅金属本身。

GB 5009.12－2023 第一法和第三法里食品中的铅有三种测定方法，以应对不同的样品以及实验环境，接下来我们分别讨论。

二、石墨炉原子吸收光谱法测定食品中的铅

（一）原理

试样消解处理后，经石墨炉原子化器原子化，在 283.3nm 处测定吸光度，在一定浓度范围内铅的吸光度值与铅含量成正比，与标准系列比较定量。

（二）试样前处理

在采样和制备过程中，应注意不使试样污染。

粮食、豆类去杂物后，磨碎，过 20 目筛，储于塑料瓶中，保存备用。蔬菜、水果、鱼类、肉类及蛋类等水分含量高的鲜样，用食品加工机或匀浆机打成匀浆，储于塑料瓶中，保存备用。

（三）试样消解

目前试样消解主要以湿法消解为主，湿法消解又称湿灰化法或湿氧化法，在适量的样品中加入氧化性强酸，并同时加热消煮，使有机物质分解氧化成 CO_2、水和各种气体，可同时加入各种催化剂加速样品的氧化分解。含有大量有机物的试样通常采用混酸进行湿法消解，包括 $HNO_3-H_2O_2$、HNO_3-HClO_4、$HNO_3-HClO_4-H_2SO_4$、$HNO_3-H_2SO_4$等，其中硝酸＋高氯酸或浓硫酸＋高氯酸的混酸最常用，如样品有机物成分特别多，硝酸或硫酸的比例可适当增加以防止加热消解过程中爆沸。

湿法消解又分为三种消解方法，即传统湿式消解法、微波消解法、压力罐消解法。目前常采用的是微波消解法，样品和试剂置于聚四氟乙烯焖罐中密封，外部采用固定器固定，于微波环境中施加热量，可同时处理多个样品，既实现了增压消化的高效率，又因为密封处理而大大降低了损失，是微量痕量元素样品处理的推荐方法。压力罐消解和微波消解法相类似，只是无需专用微波消解仪，只需烤箱或者烘箱就可完成。

1. 传统湿式消解法 称取试样 0.2～3g（精确至 0.001g）或准确移取液体试样 0.50～5.00ml 于锥形瓶或高脚烧杯中，放数粒玻璃珠，加 10ml 混合酸（硝酸：高氯酸 9：1），加盖浸泡过夜，加一小漏斗电炉上消解，若变棕黑色，再加混合酸，直至冒白烟，消化液呈无色透明或略带黄色，放冷用滴管将试样消化液洗入或过滤入（视消化后试样的盐分而定）10～25ml 容量瓶中，用水少量多次洗涤锥形瓶或

高脚烧杯，洗液合并于容量瓶中并定容至刻度，混匀备用；同时作试剂空白。

2. 微波消解法 称取固体试样0.2～2.0g（精确至0.001g）或准确移取液体试样0.500～3.00ml于微波消解罐中，加入5～10ml硝酸，按照微波消解的操作步骤消解试样。冷却后取出消解罐，在电热板上于140～160℃赶酸至1ml左右。消解罐放冷后，将消化液转移至10ml容量瓶中，用少量水洗涤消解罐2～3次，合并洗涤液于容量瓶中并用水定容至刻度，混匀备用。同时做试剂空白试验。

3. 压力罐消解法 称取固体试样0.2～1g（精确至0.001g）或准确移取液体试样0.500～5.00ml于消解内罐中，加入5～10ml硝酸。盖好内盖，旋紧不锈钢外套，放入恒温干燥箱，于140～160℃下保持4～5h。冷却后缓慢旋松外罐，取出消解内罐，放在可调式电热板上于140～160℃赶酸至1ml左右。冷却后将消化液转移至10ml容量瓶中，用少量水洗涤内罐和内盖2～3次，合并洗涤液于容量瓶中并用水定容至刻度，混匀备用。同时做试剂空白试验。

（四）标准溶液配制

标准溶液在原子吸收光谱法中具有重要作用，为确保准确性，其组成应与待测溶液尽可能相同。商用标准溶液常采用元素的盐类配制，浓度为1.000g/L。使用时需要分级稀释得到所需浓度的工作溶液。为防止表面吸附，一般在稀释液中加入酸类物质。储备溶液常保存于聚四氟乙烯、聚乙烯和玻璃容器中，由于浓度较高，可在低温下保存1～6个月。然而，工作溶液浓度通常很低（<1ppm），因此不稳定，使用时间为1～7天（不同元素有所差异）。

若无适用商用标准溶液，可直接将高纯度（99.99%）金属溶解于合适溶剂中，逐级稀释得到所需的标准溶液。常采用丝状、片状、棒状或颗粒状金属，溶解前需抛光并酸洗除去表面氧化层。不宜使用金属粉末或其他具有大表面积的金属材料（多含氧化物杂质）。

原子吸收光谱法的最佳测量范围为吸光度0.1～0.8或透射比15%～65%，因此标准溶液浓度需适应该范围。为提高测量结果的准确性和精确度，应均匀分布浓度点。通过精确配置符合要求的标准溶液，可提高分光光度法的测量精度和可靠性。标准溶液的准备和选择对于原子吸收光谱法的分析结果至关重要。

（五）仪器条件的优化

1. 空心阴极灯灯电流的优化 在确定待测元素后，首要任务是选择适用的光源。目前，单元素灯仍然广泛采用。每个空心阴极灯都附有身份条码，上面注明了所有参数。在使用时，需选择的唯一条件是工作电流。在保证放电稳定和适当光强输出的前提下，应尽量选择较低的工作电流。空心阴极灯的灯电流与使用寿命的乘积通常是一个恒定值，因此，灯电流越大，使用寿命越短。每个空心阴极灯的灯座上标注有最大工作电流和推荐工作电流（额定工作电流）。大部分元素分析可采用额定电流的40%～60%以确保锐线光源输出稳定且强度满足分析要求。如果空心阴极灯长时间使用后光强衰减明显，则需增加灯电流以保持发光强度。此外，对于高熔点元素如镍、钴、钛等，可适度增加工作电流；对于低熔点元素如铋、钾、钠、铯等，可适度降低工作电流。具体的灯电流选择需要通过实验绘制吸光度与灯电流之间的曲线图，并选择吸光度最大时对应的最小灯电流。

灯电流的选择对于原子吸收光谱法的分析结果至关重要。通过合理控制灯电流，可确保光源的稳定性、使用寿命和光强满足分析要求。因此，在具体应用中需仔细考虑各种因素，通过实验和经验确定最佳的灯电流设置。做好光源的选择与优化调节，有助于提高原子吸收光谱法的测量准确性和可靠性。

2. 吸收线的选择 每种元素的基态原子都具有多条吸收线，为了提高测定的灵敏度，常常选择最具敏感性的吸收线作为分析线，如表2-4所示。然而，当待测元素在样品中的浓度过高时，选择最敏感的吸收线可能导致吸光度超过1的情况。在这种情况下，需要选择其他吸收线来进行分析；另外，有些元素的吸收线非常接近，使用这些吸收线可能产生严重的光谱干扰，因此需要选择其他吸收线以避免干扰。

因此，吸收线的选择原则是在排除附近光谱干扰的前提下，对于高浓度样品，选择次敏感的吸收线作为分析线；而对于低含量样品，则尽量选择最敏感的吸收线进行分析。此外，还需要考虑到空气-乙炔火焰对于短波区域光的吸收较强的情况。因此，如果最敏感的吸收线位于短波方向，可能会引入较大的噪声。因此，最好考虑选择波长较长的其他吸收线，以获得较好的信噪比。

吸收线的选择对于原子吸收光谱法的分析结果具有重要影响。通过合理选择吸收线，可以最大限度地提高分析的灵敏度，并排除谱线干扰的影响，从而保证结果的准确性。为确定最合适的吸收线选择，需要充分了解元素吸收线的特性，并进行实验验证。

表2-4 原子吸收光谱法常用元素光谱特征线

元素常用光谱特征线					
元素	灵敏线	元素	灵敏线	元素	灵敏线
Cs	852.11	Ti	364.268	Pt	265.945
Rb	789.023	Zr	360.119	Ge	265.158
K	766.491	Cr	357.869	Ir	263.971
Li	670.784	U	351.463	W	255.135
Na	588.995	Ru	349.894	Hg	253.7
Ba	553.548	Re	346.046	Si	251.612
La	550.134	Rh	343.489	B	249.678
Pr	495.136	Lu	335.956	Fe	248.327
Nd	463.424	Nb	334.371	Pd	247.642
Sr	460.733	Ag	328.068	Au	242.795
Eu	459.403	Cu	324.754	Co	240.725
Tb	432.647	V	318.398	Be	234.861
Sm	429.674	Mo	313.259	Ni	232.003
Ca	422.673	Al	309.271	Sn	224.605
Dy	421.172	Hf	307.288	Bi	223.061
Ho	410.384	In	303.936	Sb	217.581
Y	407.738	Os	290.906	Pb	216.999
Er	400.797	Ga	287.424	Te	214.275
Sc	391.181	Mn	279.482	Zn	213.856
Mg	385.213	Tl	276.787	Se	196.09
Gd	368.413	Ta	271.467	As	188.99

3. 光谱通带宽度的选择 光谱通带是夹缝宽度和单色器倒数线色散率的乘积。仪器的单色器和倒数线色散率都是固定值，因此能够调整的参数只有夹缝宽度。许多仪器直接标明了可供选择的缝宽度。选择光谱通带的原则主要包括两个方面：一是保证光谱强度足够，二是排除附近的干扰线。如果光谱通带过小，通过夹缝的光线较少，进入检测器的光信号会很弱，从而降低测定的灵敏度；如果光谱通带过宽，则会有附近的干扰谱线进入系统，从而影响测定的准确性。

以Cu元素和Fe元素为例如图2-44所示，Cu的光谱相对简单，谱线之间距离较远。为了保证共振线能够完全通过，并将其他干扰线排除在外，可以选择0.5nm的夹缝宽度。而Fe的光谱非常复杂，谱线之间相互间隔较近。如果选择其共振线作为分析线，就需要将夹缝宽度调整为0.2nm，才能排除附近的干扰线。同时，也要尽量确保共振线能够完全通过夹缝，从而保证充足的光强度。

通常光谱通带宽度在0.1～10nm之间，常用的范围是0.5～4nm。具体的选择需要通过实验方法确定。方法是逐渐改变单色器的夹缝宽度，观察检测器输出信号的变化。当输出信号最强、吸光度最大时，确定信号最强对应的夹缝宽度。然后根据文献资料，确定所需选择的吸收线以及附近的干扰线，并进一步确定在排除干扰线的条件下，能够采用的最大夹缝宽度。

正确选择光谱通带对于分析结果的准确性和灵敏度具有重要影响。通过提供足够的光强度并排除干扰，可以优化分析条件，确保测定结果的可靠性。具体的光谱通带选择需要通过实验方法，结合文献资料进行确定。

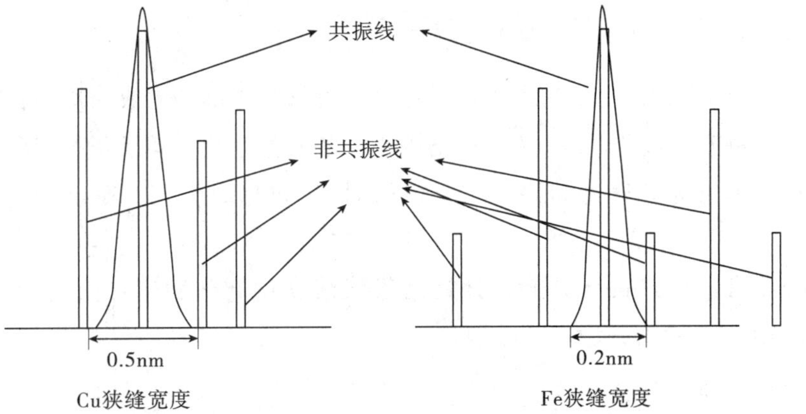

图2－44　Cu与Fe元素测定夹缝宽度的选择示例

4. 原子化条件的选择　目前仪器常常配置有程序升温模式，用于设定干燥、灰化、原子化和净化这四个阶段的参数。

在干燥阶段，需要优选干燥温度和干燥时间。干燥温度的选择取决于溶剂的性质，通常选择接近溶剂沸点的温度，以避免试样的“飞溅”和被测元素的挥发损失。干燥时间则受溶剂性质和量的影响，易挥发的有机溶剂的干燥时间较短，大量样品需要较长的干燥时间。通常干燥时间在10～30秒之间，具体时间需通过如蒸馏水或空白溶液试验来确定。

在灰化阶段，需要优选灰化温度和灰化时间。灰化温度的选择取决于基体的性质，在不损失被测元素的情况下，选择较高的灰化温度以达到尽可能完全去除基体的目的。可以根据吸光度随灰化温度变化的曲线来选择灰化温度，找到吸光度最大的温度作为灰化温度上限。灰化时间的长短根据基体的性质和量而定，水溶液样品需要较短的灰化时间，而生物样品、有机样品和其他复杂样品则需要较长的灰化时间。在基体量较大时，需要较长的灰化时间。一般灰化时间在10～30秒之间，最佳的灰化时间需根据吸光度随灰化时间变化的曲线来确定。

在原子化阶段，需要优选原子化温度和原子化时间。原子化温度取决于被测元素的性质，原则上应选择较低的原子化温度，使原子吸收信号最大化或能够满足测定要求，同时避免过高温度对石墨炉的损耗。原子化时间取决于样品性质、样品量和原子化温度。最佳的原子化温度和原子化时间可通过绘制吸光度随原子化温度或原子化时间变化的曲线来确定。

设置净化条件相对较简单，在原子化温度或以上，升温至300℃，停留时间在3～7秒。最高温度一般不超过3000℃，否则石墨管容易受损。一些仪器配备了空烧程序，可选择使用以清洁石墨管。

一般来说，干燥和灰化阶段采用斜坡升温模式，而原子化阶段则采用快速升温模式。快速升温可以改善峰形，提高灵敏度，即使使用较低的原子化温度也能获得良好的测定效果。一些现代仪器进行了改进，将原子化过程分为多个（多达10个）阶段，逐步升温，实现更精细的干燥和灰化处理，以彻底去除基体，消除基体干扰，同时避免被测元素的挥发损失，从而提高测定的灵敏度。

（六）测定

将10μl铅标准系列溶液、空白溶液或试样溶液和5μl磷酸二氢铵－硝酸钯溶液（基体改进剂）同时注入石墨炉，原子化后测其吸光度值，进行标准曲线制作以及定量分析。

（七）分析结果的表述

试样中铅的含量，计算公式：

$$X = \frac{(\rho - \rho_0) \times V}{m \times 1000} \tag{2-19}$$

式中，X 为试样中铅的含量，单位为毫克每千克或毫克每升（mg/kg 或 mg/L）；ρ 为试样溶液中铅的质量浓度，单位为微克每升（μg/L）；ρ_0 为空白溶液中铅的质量浓度，单位为微克每升（μg/L）；V 为试样消化液的定容体积，单位为毫升（ml）；m 为试样称样量或移取体积，单位为克或毫升（g 或 ml）；1000 为换算系数。

当铅含量≥1.00mg/kg（或 mg/L）时，计算结果保留3位有效数字；当铅含量＜1.00mg/kg（或 mg/L）时，计算结果保留2位有效数字。

（八）分析方法的评价指标

1. 灵敏度 根据IUPAC规定，方法的灵敏度是衡量分析方法或仪器的一个重要指标。它表示当被测组分的浓度或含量发生单位变化时，所引起的分析信号的变化程度。灵敏度可以通过分析信号与浓度或含量之间的斜率（$\frac{dA}{dc}$）来表示，其中 A 是分析信号，c 是浓度或含量。

在原子吸收光谱法中，常用特征浓度或特征质量来评估方法的灵敏度。特征浓度通常用于火焰原子吸收法，它表示产生1%吸收或0.0044吸光度所需的被测元素浓度。特征浓度的计算需要测定一定浓度的标准溶液，然后根据公式特征浓度＝(标样浓度×0.0044)/标样吸光度进行计算。

另一种衡量方法灵敏度的方式是特征质量，主要用于石墨炉分析方法。特征质量表示被分析元素产生0.0044吸光度所需的质量。计算特征质量需要考虑标样浓度、0.0044吸光度以及进样体积，并应用公式特征质量＝（标样浓度×0.0044×进样体积）/标样吸光度进行计算。

值得注意的是，特征浓度或特征质量越小，方法的灵敏度越高。

2. 检出限（LOD） 能够产生一个确证在试样中存在被测定组分的分析信号所需要的该组分的最小浓度或最小含量称为检出限（LOD），它表征了分析方法的最大检测能力（检出限针对于整个检测方法，这个和灵敏度是有区别的）。根据IUPAC的规定，在符合正态分布条件的前提下，当能够获得一个比空白噪声强3倍的吸光度时，对应的元素浓度或质量即是检出限。这里，空白噪声指测定空白试样（与被测试样品成分相同但不含被测组分的样品）的标准偏差 σ。具体的做法是对空白或接近空白的溶液进行多次测量（通常进行11次或以上），计算3倍标准偏差（3σ），得到的结果即为检出限，表示元素在溶液中能够被检测到的最低浓度。

$$D_c = \frac{c \times 3\delta}{A} \tag{2-20}$$

$$D_m = \frac{c \times V \times 3\delta}{A} \tag{2-21}$$

式中，D_c 为相对检出限，μg/ml；D_m 为绝对检出限，μg。

如果样品的信号大于或等于 10 倍的标准偏差（10σ），则可以认为对该元素进行有效测定，此时的浓度或质量被称为定量限或检测限。

检出限的确定是分析方法评价的重要指标之一。它揭示了分析方法对于低浓度或低含量目标物的能力，同时也与仪器的灵敏度和背景噪声水平有关。通过确保所测量的信号明显高于背景噪声，可以有效地将目标物与噪声分开，提高分析结果的准确性和可靠性。

当称样量为 0.5g（或 0.5ml），定容体积为 10ml 时，该方法的检出限为 0.02mg/kg（或 0.02mg/L），定量限为 0.04mg/kg（或 0.04mg/L）。

三、火焰原子吸收光谱法测定食品中的铅

（一）原理

试样经处理后，铅离子在一定 pH 条件下与二乙基二硫代氨基甲酸钠（DDTC）形成络合物，经 4-甲基-2-戊酮（MIBK）萃取分离，导入原子吸收光谱仪中，经火焰原子化，在 283.3nm 处测定吸光度。在一定浓度范围内铅的吸光度值与铅含量成正比，通过与标准系列比较来定量。

（二）试样前处理

由于样品基体中常含有多种无机和有机成分，因此会出现严重的干扰现象。为了提高测量的准确性，需要采取措施将被测元素尽可能地从基体中分离出来。例如，Ca 和 Ba 的吸收光谱几乎完全重叠，如果不事先进行分离，就很难通过光度法测定它们的含量，必须采用分离方法。常用的分离方法可以实现对待测微量元素的富集，通过将分散的待测微量元素集中起来，可以大大提高痕量物质测定的灵敏度。常见的分离富集方法包括萃取、离子交换、沉淀、蒸馏、活性炭吸附、浮选分离和色谱等技术。在实际应用中，选择合适的分离方法需要根据待测元素的含量、性质和测定方法来确定。然而，需要注意的是，在尽可能彻底分离基体元素或干扰元素的同时，要保证待测元素能够尽可能地完全回收。

该方法的试样前处理和石墨炉法一致，在消解完成以后，需要进行待测元素的分离与富集。取消解液 10ml 于 125ml 分液漏斗中，补加水至 60ml。加 2ml 柠檬酸铵溶液（250g/L），溴百里酚蓝水溶液（1g/L）3～5 滴，用氨水溶液（1+1）调 pH 至溶液由黄变蓝，加硫酸铵溶液（300g/L）10ml，DDTC 溶液（1g/L）10ml，摇匀。放置 5min 左右，加入 10ml MIBK，剧烈振摇提取 1min，静置分层后，弃去水层，将 MIBK 层放入 10ml 带塞刻度管中，得到标准系列溶液、试样溶液和空白溶液。

将试样溶液和空白溶液分别导入火焰原子化器，原子化后测其吸光度值，与标准系列比较定量。

（三）仪器条件优化

该方法的仪器条件优化除原子化条件外其余优化过程与原理与石墨炉基本一致，因此着重讨论火焰原子吸收法的原子化条件的优化，主要涉及以下三个方面。

1. 火焰类型　火焰类型的选择是根据样品的性质来确定的，它主要决定了火焰的大致温度范围。一般情况下，在选择火焰时还需要考虑火焰对光的吸收情况。烃类火焰在短波区有较强的吸收能力，而氢火焰的透射性较好。对于分析线位于短波区的元素测定，选择火焰时需要考虑火焰透射性对测量的影响。

2. 助燃比　调整助燃比可以在一定程度上调节火焰的温度和发光特性，也可以调整火焰的氧化还原性。在常见的助燃比中，化学计量比火焰是最常用的，它具有稳定的燃烧、高温度和低背景噪声。富

燃火焰温度较低，噪声较大，且具有较强的还原性，适合于易于形成氧化物的元素测定。贫燃火焰呈清晰的不发亮的蓝色火焰，燃烧高度略低，温度较高，具有较差的还原性和较强的氧化性，适用于不易形成氧化物的元素测定。常用的空气-乙炔火焰通常采用3∶1~4∶1的助燃比，最佳助燃比可以通过试验绘制吸光度-助燃比曲线来确定。

3. 燃烧器高度 不同元素在火焰中形成基态原子的最佳浓度区域的高度是不同的，为了保证较好的灵敏度，需要选择适当的燃烧器高度，使特征辐射光从原子浓度最大的区域通过。一般来说，燃烧器夹缝口上方2~5mm的高度是大多数元素测量时火焰中最大基态原子密度的区域，具有最高的灵敏度。然而，不同元素的性质和不同火焰类型的结构也会有所不同，因此最佳的燃烧器高度需要通过试验来确定。具体的步骤是：固定燃气和助燃气流量，逐渐改变燃烧器的高度，调整零点测定吸光度，绘制吸光度-燃烧器高度曲线图，在吸光度最大的时候，对应的燃烧器高度即为最佳值。

（四）结果计算

该方法中铅的吸光度值与铅含量成正比，而不是浓度，因此其计算公式：

$$X = \frac{m_1 - m_0}{m_2} \quad (2-22)$$

式中，X为试样中铅的含量，单位为毫克每千克或毫克每升（mg/kg或mg/L）；m_1为试样溶液中铅的质量，单位为微克（μg）；m_0为空白液中铅的质量，单位为微克（μg）；m_2为试样称样量或移取体积，单位为克或毫升（g或ml）。

（五）方法学指标

以称样量0.5g（或0.5ml）计算，方法的检出限为0.4mg/kg（或0.4mg/L），定量限为1.2mg/kg（或1.2mg/L）。在重复性条件下获得的两次独立测定结果的绝对差值不得超过算术平均值的10%。

第八节 原子荧光光谱法及应用

PPT

一、原子荧光光谱法概述

原子荧光光谱法（atomic fluorescence spectrometry，AFS）是一种基于原子的光谱分析技术，它利用原子蒸气在受到辐射能激发后发生荧光的原理进行定量分析。与其他光谱分析方法相比，原子荧光光谱法具有独特的优势和应用范围。

在原子荧光光谱法中，样品首先通过样品预处理步骤进行适当的处理，以将待测元素转化为可测量的原子态。通常情况下，样品会通过氢化物还原、高温石墨化或氢化物生成等方法进行预处理。这些步骤旨在将待测元素转化为原子态，以便进一步进行光谱分析。在荧光发射过程中，激发源通常为惰性气体放电灯（如氩气放电灯），发出特定波长的辐射能量。这些辐射能量进一步激发通过样品预处理后转化为原子态的待测元素。被激发的原子发生跃迁，从高能级返回到低能级时，会释放出能量，即产生荧光发射。荧光发射的强度与待测元素的浓度成正比。

原子荧光光谱法的研究始于Kirchhoof于1859年展开的原子荧光理论研究。1902年，Wood等人首次观测到了钠的原子荧光现象，之后在20世纪20年代陆续发现了更多元素的原子荧光现象。Alkemade提出了原子荧光量子效率的测量方法，并建议将其应用于化学分析。1964年，Winefordner和Vickers导出了原子荧光的基本方程式，并研究了汞、锌和镉等元素的原子荧光分析。我国的专家学者则致力于氢化物发生与原子荧光联用技术的研究，为原子荧光光谱的普及和推广做出了巨大贡献。这些研究推进了原子荧光光谱法的发展，为科学研究和实际应用提供了重要的分析手段。

原子荧光光谱法广泛应用于食品、化工、电子等产品中 As、Hg、Cd、In、Ge、Pb、Sb、Se、Te、Tl、Zn 等元素的测定。

二、原子荧光光谱法基本原理

（一）原子荧光光谱的产生

自由原子吸收了特定波长辐射被激发到高能状态，再以辐射方式去活化所发射的荧光称为原子荧光（atomic fluorescence）。荧光的发生的过程是：首先气态自由原子吸收特征辐射后，其外层电子跃迁到较高能级；然后又跃迁返回基态或较低能级，这时发射出与原激发辐射波长相同或不同的辐射。原子荧光属光致发光，当激发光源停止照射后，立即停止。

（二）原子荧光的类型

原子荧光可分为共振荧光、非共振荧光和敏化荧光三种类型。

1. 共振荧光　指气态自由原子吸收共振线被激发后，再发射出与原激发辐射波长相同的辐射。它是原子荧光分析中最常见的类型。以锌原子为例，当它吸收 213. 86nm 的光时，发射的荧光波长也是 213. 86nm。另外，还存在热助共振荧光，这种情况下原子受热激发处于亚稳态，再吸收辐射进一步激发，然后发射相同波长的共振荧光。

2. 非共振荧光　当荧光与激发光的波长不相同时，产生的是非共振荧光。它又分为阶跃线荧光、直跃线荧光。

（1）阶跃线荧光　有两种情况，即正常阶跃线荧光和热助阶跃线荧光。正常阶跃线荧光指的是被光照激发的原子以非辐射形式返回到较低能级，然后以辐射形式返回基态发射荧光。例如，钠原子吸收 330. 30nm 的光后，发射的荧光波长为 589. 00nm。热助阶跃线荧光是指原子被光致激发后跃迁至中间能级，然后经过热激发至高能级，最后返回低能级发射荧光。以铬原子为例，它受到 359. 35nm 的光激发后，会产生很强的 387. 87nm 荧光。

（2）直跃线荧光　激发态原子跃迁回至高于基态的亚稳态时所发射的荧光称为直跃线荧光。与激发线相比，荧光的波长较长。例如，铊原子吸收 337. 60nm 的光后，除了发射 337. 60nm 的共振荧光线外，还发射 535. 0nm 的直跃线荧光。如果荧光线的波长大于激发线的波长，那么称为 Stokes 荧光；反之，称为 anti - Stokes 荧光。

3. 敏化荧光　它发生在受光激发的原子与另一种原子碰撞时。这时，能量被传递给另一个原子，使其激发并以辐射形式发射荧光。需要注意的是，敏化荧光在火焰原子化器中观察不到，只有在非火焰原子化器中才能观察到。

（三）荧光强度

在原子荧光发射（共振荧光）中，受激发原子发射的荧光强度 I_f 正比于基态原子对激发光的吸收强度 I_a，即

$$I_f = f I_a \tag{2-23}$$

式中，f 为荧光量子效率，它表示发射荧光量子数与吸收激发光量子数之比。

若激发光源是稳定的，入射光是平行而均匀的光束，自吸可忽略不计，且仪器与操作条件一定时，原子荧光强度与被测定元素浓度或原子密度成正比。

$$I_f = KC \quad (2-24)$$

三、原子荧光光度计结构

原子荧光光度计由光源、原子化器、分光系统和检测系统四部分构成，与原子吸收分光光度计基本相同，但为了检测荧光信号，避免发射光谱的干扰，将光源和原子化器与检测器处于直角位置，如2-45所示。

图2-45 AFS-930型全自动双道原子荧光仪

根据分光系统分光原理不同，原子荧光光度计可分为非色散型与色散型两类，它们结构相似，区别仅在于单色器。

四、原子荧光光谱法应用

食品中硒的测定（氢化物原子荧光光谱法）见于GB 5009.93-2017。

（一）概述

硒（selenium）是一种非金属物质，由瑞典科学家Bertelous于1817年从硫酸厂铅室底部黏性物质中提取得到。它存在多种同素异形体，包括红色无定形硒、玻璃状硒、单斜晶体硒和胶体硒等，其中灰色晶体硒最为稳定。硒是人体必需的微量元素之一，具有多种生理功能。

硒对人体的生理功能有重要影响。首先，硒是谷胱甘肽过氧化物酶的活性中心，具有抗氧化作用，可以保护细胞膜及其内部免受氧化损伤。其次，硒具有清除体内自由基的能力，具有抗癌作用，与人体内的硒含量呈负相关。硒的摄入量与肿瘤死亡率、心血管病发病率也呈负相关。此外，硒还能抑制化学物质的致癌作用。最后，硒与许多微量元素具有互相拮抗的作用，可以降低它们在体内的积累和毒性作用。

硒位于元素周期表第六主族，符号为Se，相对原子质量为78.96，密度为4.79g/cm^3，熔点为217℃，沸点为688℃。硒的电导率与光照度有关。虽然硒的化学性质与硫相似，但其活性较硫低。硒的外层电子构型为$4s^2 4p^4$，主要的化合价为-2、+4、+6。硒不溶于水和二硫化碳，但可溶于硝酸和碱，与盐酸和稀硫酸不发生反应。在常温下，氧对硒没有作用，但在加热时，硒能燃烧生成二氧化硒。二氧化硒溶于水可生成亚硒酸，进一步氧化可形成硒酸，后者具有较高的活性。硒与卤素能够形成化合物，与金属反应生成硒化物。在自然界中，硒主要以化合物的形式存在，通常与金属硫化物矿床、含磷矿石、含硫煤、土壤以及动植物共存。

然而，过量摄入硒会导致中毒。大鼠的生理需要量为0.2μg/g，慢性亚硒酸钠中毒在3~4μg/g范围内开始出现，当硒摄入水平达到16μg/g时，几乎没有大鼠能够存活。慢性中毒会导致血液中胆碱酯酶和过氧化氢酶活性下降，造血功能改变，红细胞和网状红细胞增多，还可能引发肝脏疾病。中毒后，人体会表现出脱发、指甲变化等症状；牲畜则会出现脱毛、脱蹄、慢性盲目蹒跚甚至因慢性碱中毒而死亡。

人体获得的硒主要通过食物摄入。天然植物性食物中的硒含量与作物生长地区的土壤和水中的硒含量以及作物种类等因素有关。动物性食品的硒含量主要与饲料有关。不同食物的硒含量差异很大，一般而言，动物性食品（如海味、肉类和动物内脏等）的硒含量高于禾谷干豆类食品，而后者又高于蔬菜水果类食品。

在不同的国家和地区，正常人群对硒的日摄入量的阈值不同。营养调查表明，我国成年人的日平均摄硒量仅为26.36μg，远低于推荐的最低摄入量60μg。为了保障人体健康，已有专家提出每日摄硒量的安全范围为50～250μg，最高安全摄入量为每日摄入400μg。此外，为了弥补天然食品中硒的不足，在一些食品中进行硒的人工强化已被采用。

针对食品安全的考量，国内外已制定了食品中硒含量的限制规定（表2－5）。例如，澳大利亚规定饮料和液体食品中的硒含量不得超过0.2mg/kg，可食用内脏不得超过2.0mg/kg，其他食品不得超过1.0mg/kg；我国《食品中污染物限量》（GB 2762－2022）中也规定了食品中硒的限量指标。

表2－5　食品中硒限量标准

食品	限量（mg/kg）	食品	限量（mg/kg）
粮食（成品粮）	≤0.3	肾	≤3
豆类及制品	≤0.3	鱼类	≤1
蔬菜	≤0.1	蛋类	≤0.5
水果	≤0.05	鲜乳	≤0.03
禽畜肉类	≤0.5	乳粉	≤0.15

（二）原理

试样经酸加热消化后，在6mol/L盐酸（HCl）介质中，将试样中的六价硒还原成四价硒，用硼氢化钠（$NaBH_4$）或硼氢化钾（KBH_4）作还原剂，将四价硒在盐酸介质中还原成硒化氢（SeH_2），由载气（氩气）带入原子化器中进行原子化。在硒特制空心阴极灯照射下，基态硒原子被激发至高能态，在去活化回到基态时，发射出特征波长的荧光，其荧光强度与硒含量成正比，与标准系列比较进行定量。

食品中含有各种形态的硒，样品消化是为了将食品中有机物破坏，即将有机硒转化为无机硒。氢化物原子荧光光谱法测定的是四价硒（Se^{4+}），因此需要将其他形态的硒转化为四价硒（Se^{4+}）。用硝酸－高氯酸或硫酸－硝酸－高氯酸等混合酸体系消解，只能将样品中低于四价的硒转化为四价硒（Se^{4+}），而六价硒（Se^{6+}）需要采用浓盐酸加热还原，一般在120℃以下进行。

（三）样品前处理

1. 试样制备　粮食：试样用水洗三次，于60℃烘干，用不锈钢磨粉碎，储于塑料瓶内，备用；蔬菜、水果、鱼类、肉类等：取可食部，用水洗净后用纱布吸去水滴，打成匀浆后备用；饮料、酒、醋、酱油、食用植物油、液态乳等液体样品，摇匀备用。

2. 样品的消解

（1）湿法消解　称取0.5～3.0g试样或准确移取液体试样1.00～5.00ml于150ml高筒烧杯内，加10.0ml硝酸－高氯酸混合酸（9∶1）及几粒玻璃珠，盖上表面皿冷消化过夜。次日于电热板上加热，并及时补加混酸。当溶液变为清亮无色并伴有白烟时，再继续加热至剩余体积2ml左右，切不可蒸干。冷却，再加5ml 6mol/L盐酸，继续加热至溶液变为清亮无色并伴有白烟出现，以完全将六价硒还原成四价硒。冷却后转移至10ml容量瓶中，加入2.5ml铁氰化钾溶液（100g/L），用水定容，混匀待测。同时做试剂空白试验。

（2）微波消解　称取固体试样 0.2 ~ 0.8g（精确至 0.001g）或准确移取液体试样 1.00 ~ 3.00ml，置于消化管中，加 10ml 硝酸、2ml 过氧化氢，振摇混合均匀，于微波消解仪中消化。消解结束待冷却后，将消化液转入锥形烧瓶中，加几粒玻璃珠，在电热板上继续加热至近干，切不可蒸干。再加 5ml 盐酸溶液（6mol/L），继续加热至溶液变为清亮无色并伴有白烟出现，冷却，转移至 10ml 容量瓶中，加入 2.5ml 铁氰化钾溶液（100g/L），用水定容，混匀待测。同时做试剂空白试验。

Cu、Ni、Bi、As、Au、Ag 等元素在氰化物原子荧光光谱法中对测定硒有严重的干扰，加入铁氰化钾作为掩蔽剂，可明显降低这些金属的干扰，且测定时铁氰化钾对硒的荧光强度没有影响。

（四）测定

1. 仪器条件　根据各自仪器性能调至最佳状态。一般参考条件，负高压：340V；灯电流：100mA；原子化温度：800℃；炉高：8mm；载气流速：500ml/min；屏蔽气流速：1000ml/min；测量方式：标准曲线法；读数方式：峰面积；延迟时间：1s；读数时间：15s；加液时间：8s；进样体积：2ml。

2. 浓度测定　设定好仪器最佳条件，逐步将炉温升至所需温度后，稳定 10 ~ 20min 后开始测量。连续用标准系列的零管进样，待读数稳定之后，转入标准系列测量，绘制标准曲线。转入试样测量，分别测定试样空白和试样消化液，每测不同的试样前都应清洗进样器。

（五）结果计算

$$X = \frac{(C - C_0) \times V}{M \times 1000} \tag{2-25}$$

式中，X 为试样中硒的含量，单位为毫克每千克（或毫克每升）[mg/kg（或 mg/L）]；C 为试样消化液测定浓度，单位为纳克每毫升（ng/ml）；C_0 为试样空白消化液测定浓度，单位为纳克每毫升（ng/ml）；M 为试样质量（体积），单位为克（或毫升）[g（ml）]；V 为试样消化液总体积，单位为毫升（ml）。

计算结果表示到小数点后 2 位。

（六）方法学指标

精密度指在重复性条件下获得的两次独立测定结果的绝对差值不得超过算术平均值的 20%。当称样量为 1g（或 1ml），定容体积为 10ml 时，方法的检出限为 0.002mg/kg（或 0.002mg/L），定量限为 0.006mg/kg（或 0.006mg/L）。

强国园地

原子荧光光谱仪

随着科技的不断进步，原子荧光光谱分析技术成为一种重要的分析手段，并在我国得到了蓬勃的发展。20 世纪 70 年代，我国的一批专家学者投身于原子荧光的理论和应用研究。其中，杜文虎教授及上海冶金研究所、西北有色地质研究院等单位的研究人员，以及郭小伟教授在该领域做出了突出的贡献。尤其是郭小伟教授在氢化物发生与原子荧光联用技术的研究方面取得了杰出成就，为我国原子荧光光谱法的普及和推广奠定了坚实基础。

我国最早的原子荧光光谱仪是 XDY－1 型原子荧光光谱仪，直到 2008 年才被淘汰。

在原子荧光光谱仪器的发展过程中，我们经历了以下重要阶段。1975 年，杜文虎教授等人首次介绍了原子荧光法，并于次年成功研制出冷原子荧光测汞仪。20 世纪 70 年代末，郭小伟教授等成功研制了溴化物无极放电灯，为进一步深入研究和发展原子荧光分析技术奠定了基础。1983 年，郭小伟教授等研制成功双通道原子荧光光谱仪，开创了我国原子荧光光谱仪器自主知识产权的先河。随后的 20 多年里，在原子荧光分析方法和仪器的设计研制方面也做出了大量工作，特别是在氢化物发生原子荧光分析方面取得了重要突破，使我国在 HG－AFS 技术领域处于国际领先地位。

我国在原子荧光光谱分析方面取得的主要突破包括以下几个方面。

首先，采用溴化物无极放电灯替代碘化物无极放电灯，成功解决了铋的光谱干扰问题，提高了分析的准确性。

其次，通过利用氢化物发生产生的氢气，在电热石英炉口形成氢氩小火焰作为原子化器，取代了传统的结构，使得整个装置更加简单、实用。

此外，成功地将高强度脉冲供电空心阴极灯应用于原子荧光光谱仪器中，克服了无极放电灯制作工艺不完善和调谐困难等问题，提高了仪器的可靠性和性能。

最后，将流动注射（flow injection analysis，FIA）技术和断续流动注射技术与原子荧光光谱仪器相结合，开创了 FIA－AFS 全自动分析的方法，并且研制开发出全自动原子荧光光谱仪器。

通过持续的科研工作和技术创新，我国在原子荧光光谱仪器方面取得了重要进展，为我国的科学研究和工业生产提供了有力支持。

第九节 原子发射光谱法及应用

PPT

一、原子发射光谱法概述

原子发射光谱法（atomic emission spectrometry，AES）是一种基于物质在热激发或电激发条件下，发射出的特征电磁辐射进行元素定性与定量分析的分析方法。

早在 1859 年，德国学者基尔霍夫和本生合作制造了第一台用于光谱分析的分光镜，从而实现了光谱检测法的诞生。随后的 30 年间，逐渐确立了光谱定性分析方法，并在 1930 年后建立了光谱定量分析法。原子发射光谱法因其发展最早，成为光谱分析法中最重要的一种方法。该方法最早的光源包括直流电弧、交流电弧和电火花等，但随着科学技术的发展，电感耦合等离子体（inductively coupled plasma，ICP）逐渐成为主流光源。ICP 提供了许多优势，如较高的温度和丰富的元素发射光谱，使得原子发射光谱法得以快速发展。

原子发射光谱法具有一系列优点。首先，它具备多元素同时检测的能力，可以同时测定样品中多种元素。其次，原子发射光谱法分析速度快，几分钟内可对几十种元素进行定量分析。此外，该方法选择性好，不同元素发射的特征光谱差异明显，对于分析化学性质相似的元素具有重要意义。另外，原子发射光谱法具有检出限低的特点，检测较常见光源可达 0.1～10μg/g，而电感耦合等离子体（ICP）光源的检出限可达 ng/ml。该方法还具备相对较高的准确度和广泛的应用范围，其中金属元素铷、铯、镓、铟、铊等以及氦、氖、氩、氪、氙等惰性气体及稀土元素等都是通过原子发射光谱法发现或鉴定的。原子发射光谱法也存在一些缺点。常见的非金属元素如氧、硫、氮、卤素等的谱线位于远紫外区，目前传统的光谱仪尚无法检测。此外，一些非金属元素如磷、硒、碲等由于其激发能较高，灵敏度相对较低。

经过长期的发展，原子发射光谱法成为光谱分析法中最早产生与发展的一种方法。从最初的分光镜到现代的ICP－MS，该技术已经取得了巨大的进展。特别是ICP－MS的发展，几乎克服了原子发射光谱法的许多缺点。ICP－MS具有最低的检出限、最宽的动态线性范围、干扰最少、分析精密度高、分析速度快以及提供精确的同位素信息等特点，被认为是当代分析技术的重大突破。它在稀土分析、贵金属分析、合金材料、电子产品、医药、食品、石油化工、环境等领域的样品分析中广泛应用。

二、原子发射光谱法原理

（一）原子发射光谱的产生

各种物质在常温下主要以固态、液态或气态存在，并且通常处于分子状态而非原子状态。因此，要获得原子发射光谱，首先需要将固态或液态样品引入激发光源中，使其获得能量后经过蒸发过程转化为气态，并使气态分子进一步解离成原子态。通常情况下，原子处于能量最低的基态，基态原子并不会发射光谱。然而，当原子受到外界能量（如热能、电能等）的影响时，外层电子从基态跃迁到更高能级上，此时原子处于激发态。激发态的原子是不稳定的，其寿命为10^{-8}s。原子外层电子从高能级向低能级跃迁时，也就是当激发态原子返回基态或较低能级时，会以电磁辐射的形式发射多余的能量，从而产生原子发射光谱。原子发射光谱呈现为线状光谱，谱线波长与能量的关系为：

$$\lambda = \frac{h \times c}{E_1 - E_0} \tag{2-26}$$

式中，E_1、E_0分别为高能级与低能级的能量，λ为波长，h为普朗克（Plank）常数，c为光速。

原子中某个外层电子从基态激发到高能级所需的能量称为激发能，通常以电子伏（eV）为单位进行表示。原子光谱中的每条谱线都具有相应的激发能，这些激发能可以在元素谱线表中查询到。从第一激发态向基态跃迁所产生的谱线称为第一共振线。第一共振线的激发能较低，因此它最容易被激发，也是元素谱线中最强的谱线。在接受激发光源作用下，原子获得足够的能量会发生电离，而发生电离所需的能量称为电离能。当原子失去一个电子时称为一次电离，于是形成一次电离原子；一次电离原子再失去一个电子则成为二次电离，依次类推。离子同样可以发生激发，其外层电子的跃迁也会导致发射光谱。由于离子和原子的能级结构不同，因此离子发射的光谱与原子发射的光谱不同。每个离子谱线都有其相应的激发能，在原子谱线表中可以查询到。这些离子谱线的激发能与电离能的大小无关。

在原子谱线表中，使用罗马数字“*I*”表示中性原子发射的谱线，“*II*”表示一次电离离子发射的谱线，“*III*”表示二次电离离子发射的谱线，以此类推。例如，“Mg I 285.21nm”表示原子谱线，而“Mg *II* 280.27nm”表示一次电离离子谱线。

（二）影响谱线强度的因素

由某一激发态向基态或较低能级的跃迁，发射谱线的强度与激发态原子数呈正比，这是原子发射光谱中重要的因素之一。在高温条件下，即激发光源处于热力学平衡状态且温度保持不变时，单位体积内基态原子数N_0与激发态原子数N_i之间的关系遵守玻尔兹曼（Boltzmann）分布定律。

玻尔兹曼分布定律是基于分子、原子在热力学平衡时的能级分布推导出来的。根据玻耳兹曼分布定律，基态原子数N_0和激发态原子数N_i之间的比值关系可以表示为：

$$N_i = N_0 \times \frac{g_i}{g_0} \times e^{-\frac{E_i}{kT}} \tag{2-27}$$

其中，g_0 和 g_i 分别是基态和能态的统计权重，E_i 是两个能级之间的能量差，k 是玻尔兹曼常数，T 是绝对温度。

玻尔兹曼分布定律揭示了激发态原子跃迁强度与基态原子数之间的关系。温度越高，激发态原子数会增加，相应地跃迁发射谱线的强度也会增加。这是因为在高温下，原子具有更多的能量，更容易被激发到激发态，从而增加了跃迁强度。

设 i，j 两能级间跃迁所产生的谱线强度 I_{ij}表示

$$I_{ij} = N_i \times A_{ij} \times h \times v_{ij} \tag{2-28}$$

其中 N_i 是处于较高激发态原子的密度，A_{ij} 是 i、j 两能级间的跃迁概率，v_{ij} 为发射谱线的频率。将波耳兹曼方程式代入：

$$I_{ij} = \frac{g_i}{g_0} \times A_{ij} \times h \times v_{ij\times} N_0 \times e^{-\frac{E_i}{kT}} \tag{2-29}$$

即得谱线强度公式。根据此公式可以得出影响谱线强度的因素为：

（1）统计权重　谱线强度与激发态和基态的统计权重之比 g_i/g_0 成正比。

（2）跃迁概率　跃迁概率 A 表示单位时间内从激发态跃迁到基态的概率，它决定了谱线强度的大小。大的跃迁概率意味着更多的激发态原子会跃迁到基态，从而增强谱线强度

（3）激发能　反映了从基态到激发态所需的能量差。激发能越高，谱线强度越弱，因为高激发能会减少激发态原子的数量。

（4）激发温度　从式（2－29）可看出，激发温度 T 也对谱线强度产生影响。当温度升高时，谱线强度增加，因为更多的原子处于激发状态。然而，过高的温度会导致电离原子的增加，从而减少激发态原子的数量，使谱线强度减弱。因此，不同谱线对应有最适宜的激发温度，使谱线强度最大化。

（5）基态原子数　谱线强度与基态原子数呈正比。在一定条件下，基态原子数与试样中该元素浓度呈正比。因此，在一定的实验条件下，谱线强度与被测元素浓度呈正比，这是光谱定量分析的依据。

对某一谱线来说，$\frac{g_i}{g_0}$ 、跃迁概率、激发能是恒定值。因此，当温度一定时，该谱线强度 I 与被测元素浓度 c 呈正比，即

$$I = a \times c \tag{2-30}$$

a 为比例常数。当考虑到谱线自吸时，上式可表达为

$$I = a \times c^b \tag{2-31}$$

式中，b 为自吸系数。b 值随被测元素浓度增加而减小，当元素浓度很小时无自吸，则 $b=1$。

式（2－31）是 AES 定量分析的基本关系式，由 Schiebe G 和 Lomakin B A 提出，称为 Schiebe－Lomakin 公式。

（三）谱线的自吸与自蚀

高温条件下的激发光源会形成等离子体，其中的粒子包括分子、原子、离子和电子等电中性的集合体。在等离子体中，温度和原子浓度在不同区域内分布不均匀。中心区域温度较高，激发态原子较多，而边缘区域温度较低，主要存在基态和较低能级的原子。当位于中心区域的激发态原子发射特定波长的电磁辐射时，它们必须穿过边缘区域才能到达检测器。然而，在这一过程中，发射的电磁辐射很可能会被边缘区域中的基态或较低能级原子吸收，导致谱线强度减弱，这种现象被称为自吸（self－absorption）。

自吸现象对谱线中心强度有显著影响。当元素的含量较低时，自吸并不明显。但随着元素含量增

加，自吸现象加剧。在某一含量阈值之后，自吸变得非常严重，谱线中心强度完全被吸收，这会产生两条谱线的效果，称为自蚀。基态原子在共振线上表现出最为严重的自吸现象，因此常常引发自蚀现象（self - reversal）如图2－46所示。

高温激发光源下形成的等离子体中的自吸现象是一个应予重视的问题。自吸现象会显著影响谱线强度，当元素含量较高时，自吸现象加剧，甚至出现自蚀现象。光谱分析者需要在实验中考虑和注意自吸现象的影响，以确保准确的谱线强度测量和结果分析。

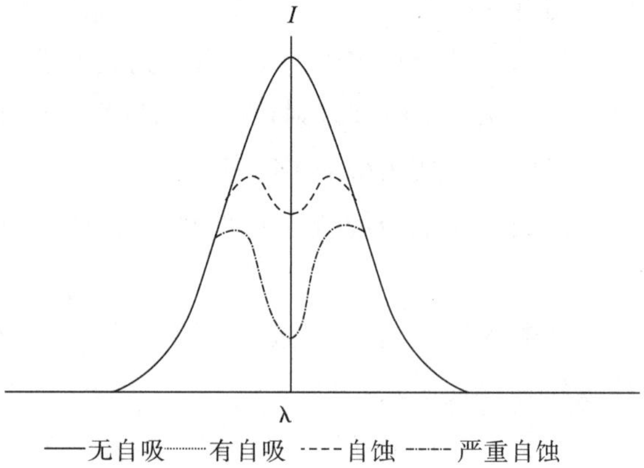

图2－46 谱线轮廓

三、原子发射光谱仪结构

（一）进样系统

ICP的进样方法，依试样的性质与光源的种类而定。

1. 固体试样 将固体试样气化，以固体微粒的形式送进等离子体焰炬中。固体样品一般采用电极法进行进样。金属和合金本身具有导电性，可以直接做成电极，称为自电极。如果是金属箔或丝，可以将其置于石墨或碳电极中。粉末样品通常放入制成不同形状的小孔或杯形电极中，作为下电极。对于电弧或火花光源，常使用溶液干渣法进行进样。将试液滴在平头或凹月面电极上，烘干后进行激发。为防止溶液渗入电极，可以预先滴上聚苯乙烯苯溶液，在电极表面形成一层有机物薄膜。试液也可以用石墨粉吸收，烘干后放入电极孔内。常用的电极材料是石墨，具有良好的导电性能、高沸点（可达4000K），有利于样品蒸发，谱线简单，制备纯度高且易于加工成型。

2. 液体试样 一般通过雾化以气溶胶的形式送进等离子体焰炬中。有多种雾化器可以选择，有气动雾化器（包括不同类型的同心雾化器、垂直交叉雾化器、高盐量的Blbington式雾化器），超声波雾化器等等。

3. 气体试样 将气态样品直接送进等离子体焰炬中。

（二）激发光源

光源的作用是提供足够的能量，使试样发生蒸发、原子化和激发，从而产生光谱。在原子发射光谱分析中，存在许多不同类型的光源，包括直流电弧、交流电弧、电火花和电感耦合等离子体等，其中电感耦合等离子体光源（inductively coupled plasma，ICP）是最为常用的。

电感耦合等离子体光源是于20世纪60年代研制的一种新型光源，凭借其卓越的性能，在70年代迅速发展并得到广泛应用。ICP光源是一种类似火焰的激发光源，通过高频感应电流产生。该仪器主要由高频发生器、等离子炬管和雾化器三部分组成，如图2－47所示。高频发生器的作用是产生高频磁场，为等离子体提供能量。其频率通常在27～50MHz范围内，最大输出功率一般在2～4kW之间。

电感耦合等离子体（ICP）光源主要由等离子炬管和高频线圈组成。炬管由三层同心石英管和感应线圈构成。炬管分为外、中、内三层，最外层通入冷却气体Ar，中层通入辅助气体Ar，内层以Ar气体为载气，引入样品溶液气溶胶。

当高频发生器接通电源后，电流通过线圈，在炬管内产生交变磁场。这个磁场激发炬管中的感应电流，形成涡旋状的涡电流。涡电流具备低电阻、大电流和高温度的特性。同时，在石英管中产生了电场。电子和离子受电场加速，并与气体分子、原子碰撞，使气体发生电离。电子和离子在炬管内形成闭合回路，形成了一个稳定的等离子焰。

ICP 等离子焰可分为三个区域，即焰心区、内焰区和尾焰区，见图 2－47。

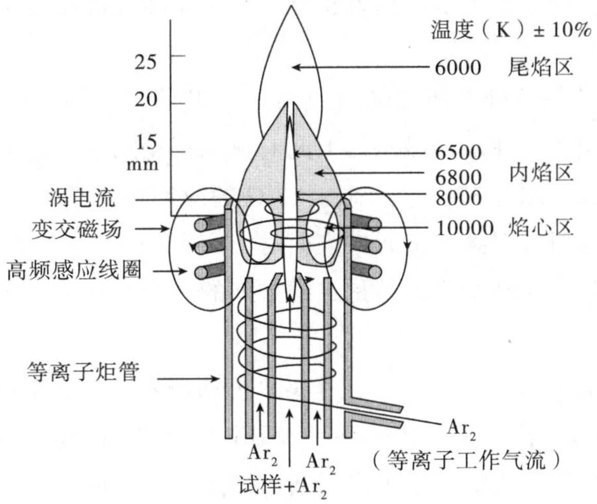

图 2－47　电感耦合等离子体 ICP 光源

焰心区位于感应线圈内，温度最高达到 10 000K，电子密度极高。这个区域发射出强烈的连续光谱，在光谱分析中需要避免。试样气溶胶在焰心区被预热和蒸发，所以也称为预热区。

内焰区位于感应线圈上距离焰心 10～20mm 的位置，呈淡蓝色、半透明的炬焰。这个区域的温度为 6 000～8 000K。试样会在这里发生原子化和激发，并发射强烈的原子线和离子线，也是光谱分析中使用的区域，被称为测光区。在观测光谱时，观察位置的高度称为观测高度。

尾焰区位于内焰区上方，无色透明。尾焰区的温度低于 6 000K，只能发射较低能级的谱线。

ICP 中的高频感应电流表现出“趋肤效应”，流经导体外围，越接近导体表面，电流密度越大。涡流主要集中在等离子体的表面层内，形成环状加热区。这个环形结构使得样品气溶胶能够顺利进入等离子体内，保证了等离子焰的稳定性。样品气溶胶可以在高温的焰心区预热和蒸发，而在测光区停留时间较长，使样品得到充分原子化并消除化学干扰。通过热传导和辐射，样品在加热区周围间接受热，减小了基体效应。并且，少量的溶液进样也减小了自吸现象的发生。这种环状结构是 ICP 光源具备出色性能的基本原因。

（三）检测器

1. 光谱仪　光谱仪的主要功能是通过对光源发射的电磁辐射进行色散，获得按波长顺序排列的光谱，并对不同波长的辐射进行检测和记录。光谱仪的种类繁多，基本结构包含三个部分，即照明系统、色散系统和记录测量系统。根据使用的色散元件的不同，可以分为棱镜光谱仪和光栅光谱仪。根据光谱记录和测量方法的不同，又可分为照相式摄谱仪、光电直读光谱仪和全谱直读光谱仪。

（1）摄谱仪　摄谱仪可进一步分为棱镜摄谱仪和光栅摄谱仪。

目前主要使用石英棱镜摄谱仪。石英在紫外光区具有良好的折射率，而常见元素的谱线多位于近紫外区，因此石英棱镜摄谱仪得到广泛应用。这种仪器在 20 世纪 40～50 年代生产较多。尽管随着光栅的发展，制造商已不再生产石英棱镜摄谱仪，但现有的石英棱镜摄谱仪仍在使用。

（2）光电直读光谱仪　使用光电测量方法直接测定光谱线的强度。随着 ICP 光源的广泛应用，光电直读光谱仪得到了大规模的应用。光电直读光谱仪有两种基本类型，即多道固定狭缝式和单道扫描式。

在摄谱仪的色散系统中，只有入射狭缝而没有出射狭缝。而在光电直读光谱仪中，每个通道（光的通道）由一个出射狭缝和一个光电倍增管构成，可以接收一条谱线。多道仪器配备多个（可达 70 个）固定的出射狭缝和光电倍增管，能够同时接收多种元素的谱线。而单道扫描式仪器只有一个通道，该通道可以移动，相当于在光谱仪的焦面上移动出射狭缝，通过旋转光栅和使用光电倍增管来实现，能够在不同时间检测不同波长的谱线。

（3）全谱直读光谱仪　其是一种性能优越且相对较新型的光谱仪。全谱直读光谱仪能够快速显示多道测量结果或通过光电读出器，在末端显示器上同时显示可见图谱。它不仅能够提供多道光信号的同步记录，还可以以全谱的方式获取光谱信息。通过 CCD 的应用将光信号转换成电荷并存储和传输，而不是通过电流和电压。当光辐射照射到光敏元件表面时，产生光生电荷，随着电荷从收集区到测量区的传输，完成对累积电荷的测量。光敏检测元件是二维排列的，能够同时记录来自中间阶梯光栅光谱仪的二维全谱。

2. 质谱检测器　质谱（mass spectrum）可用作 ICP 的检测器，从而形成了一种新型仪器，即 ICP－MS。该仪器可用于定性和定量分析。在 ICP－MS 中，ICP 作为质谱的高温离子源（7000K），样品在通道中经过蒸发、解离、原子化和电离等过程。离子通过样品锥接口和离子传输系统进入高真空的质谱部分，如图 2－48 所示。

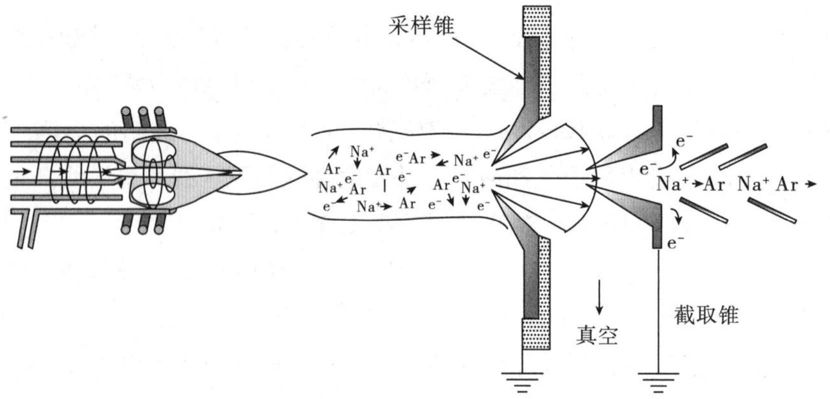

图 2－48　ICP－MS 质谱联接

质谱部分采用四级杆扫描质谱仪，通过高速顺序扫描来分离和测定所有离子。扫描元素质量数的范围从 6～260，几乎能够检测到地球上的所有元素。它对经过高速双通道分离的离子进行检测，浓度线性动态范围可达到 9 个数量级，即从 10^{-12}～10^{-3}，能够直接进行测定。

因此，与传统的无机分析技术相比，ICP－MS 技术具有以下优势：提供了最低的检出限；具有最宽的动态线性范围；干扰最少；分析精密度高；分析速度快；能够进行多元素同时测定；可用于同位素和元素形态分析。

四、原子发射光谱法应用

食品中多元素的测定——电感耦合等离子体质谱法（ICP－MS）（GB 5009.268－2016）。

（一）原理

试样经消解后，由电感耦合等离子体质谱仪测定，以元素特定质量数（质荷比，m/z）定性，采用外标法，以待测元素质谱信号与内标元素质谱信号的强度比与待测元素的浓度成正比进行定量分析。

（二）试样制备及前处理

参考原子吸收前处理方法

（三）仪器分析

（1）RF功率　碱金属和碱土金属由于易电离、易激发，选用RF功率范围为800～1000W；水溶液样品中常规元素分析，选用的RF功率范围为1100～1300W；测定较难激发的As、Sb、Bi、Pb、Sn等元素时，选用的RF功率高于1300W；有机试剂或有机溶剂样品，为了便于有机溶质的充分分解，选用的RF功率范围为1300～1600W。在具体分析时，可通过实验选择RF功率。具体步骤为：点燃等离子体，稳定约15min后，建立分析方法，导入待测元素的标准溶液。通过分析方法的设置，将RF功率从750W到1550W逐级增大，每次功率变化量为50W，以信背比最大的为最佳功率。

（2）观测高度　易电离的、易激发的元素其观测高度应选择较低，如碱金属、碱土金属；对于难电离的元素观测高度应选择较高，如As、Sb、Se等。对于全元素分析，一次性要测试所有待测元素，将采用折中的观测高度。一般情况下，如果是全元素分析，其观测高度通常选择为15mm。如果需要更精确地测试，可以分别进行。当调试仪器时，可采用1mg/L的Cd元素来确定最佳的观测高度。

（3）工作气流量　对较难激发的元素测定，如As、Sb、Se、Cd等，可选用较小的载气流量，使气溶胶在通道中停留时间较长，以更利于激发；对于K、Na等易激发又易电离的元素测定，可选用较高的载气流量，使气溶胶在通道中停留时间较短，且雾化得更好，以获得更低的检出限。

（4）积分时间　积分时间设置的越长，说明曝光时间长，检测器读出信号越好，精密度越高，检出限越低。对于痕量元素和灵敏度不高的谱线，可采取增加积分时间的来保证测试数据的准确性；对于高含量元素和灵敏度高的谱线可采用缩短积分时间的办法。

（5）溶液提升量　溶液提升量由蠕动泵的转速决定。其影响因素有蠕动泵的转速大小、蠕动泵泵夹松紧程度。

（四）测定

将标准液、空白溶液和试样溶液分别注入电感耦合等离子体质谱仪中，测定待测元素和内标元素的信号响应值，根据标准曲线得到消解液中待测元素的浓度。

（五）计算

$$X=\frac{(\rho-\rho_0)\times V\times f}{m\times 1000} \tag{2-32}$$

式中，X为试样中待测元素含量，单位为毫克每千克或毫克每升（mg/kg或mg/L）；ρ为试样溶液中被测元素质量浓度，单位为微克每升（μg/L）；ρ_0为试样空白液中被测元素质量浓度，单位为微克每升（μg/L）；V为试样消化液定容体积，单位为毫升（ml）；f为试样稀释倍数；m为试样称取质量或移取体积，单位为克或毫升（g或ml）；1000为换算系数。

强国园地

原子发射光谱仪

原子发射光谱法是光学分析法中最早产生和发展的一种方法，在现代定性和定量分析中具有重要地位。随着新型光源的研制和电子技术的不断进步，原子发射光谱分析得到了新的发展，并成为仪器分析中最重要的方法之一。

在我国，原子光谱分析的发展始于20世纪50年代。最早广泛应用原子发射光谱分析的领域是地质学。自20世纪50年代初地质部门开始设立光谱实验室以来，该方法在许多地质领域的研究和勘探工作中得到了广泛应用。

20 世纪 50 年代中期，我国建立了一批光谱定量分析方法，这些方法为实现对样品中元素浓度的精确测定提供了基础。随后，在 50 年代末期，开发出具有自动控制功能的粉末撒样专用装置，为高效样品处理和分析提供了便利。

60 年代末，我国发展出了吹样光谱分析法，该方法通过将样品溶解在溶剂中，通过气流吹入火焰中进行分析，实现了对样品中微量元素的快速检测。这一方法迅速在环境科学、食品安全等领域得到应用。

70 年代开始，我国引进了国外的 AES 直读仪器，提高了原子发射光谱分析的分辨率和准确性。同期，我国也开始了 AES 商品仪器的研制工作。在北京成立的第二光学仪器厂，于 1969 年试制成功了我国第一台 WPG－100 型 1 米平面光栅摄谱仪，这一成果填补了我国在该领域的空白。

随后，我国继续取得了一系列原子发射光谱分析仪器的研制成果。1972 年研制成功了 WPG－200 型真空光量计，该仪器具有较高的灵敏度和稳定性，并可以进行光谱定量分析。随后在 1974 年，我国开始量产 WP－1 型平面光栅摄谱仪，该仪器具有自动定量和半定量的功能。

1982 年，我国推出了 7501－A 型和 7503－A 型火花光电直读光谱仪，这些仪器通过火花的形成和电子能谱的测量，可以实现对样品中多种元素的直接分析。这一成果填补了我国在火花光谱分析领域的空白。

1992 年，我国推出了测控系统小型化和计算机化的 7501－B 型和 7503－B 型直读器，这些仪器进一步提高了原子发射光谱分析的自动化水平和数据处理效率。

通过以上的努力和成果，我国原子发射光谱分析取得了显著的进展，在各领域的应用中发挥了重要的作用。随着技术的不断革新和仪器的不断更新，相信原子发射光谱分析将在未来发展中展现更大的潜力，并为科学研究和工业生产提供更精确、快速和可靠的分析数据。

目标检测

答案解析

一、选择题

（一）单项选择题

1. 原子吸收分析中光源的作用是（　）

A. 供试样蒸发和激发所需的能量　　B. 发射待测元素的特征谱线

C. 产生紫外光　　D. 产生具有足够浓度的散射光

2. 原子吸收光谱产生的原因是（　）

A. 分子中电子能级跃迁　　B. 转动能级跃迁

C. 振动能级跃迁　　D. 原子最外层电子跃迁

3. AAS 测量的是（　）

A. 溶液中分子的吸收　　B. 蒸汽中分子的吸收

C. 溶液中原子的吸收　　D. 蒸汽中原子的吸收

4. AAS 选择性好，是因为（　）

A. 原子化效率高

B. 光源发出的特征辐射只能被特定的基态原子所吸收

C. 检测器灵敏度高

D. 原子蒸汽中基态原子数不受温度影响

5. 双光束与单光束原子吸收分光光度计相比，前者突出的优点是（　）

A. 灵敏度高　　B. 可以消除背景的影响

C. 便于采用最大的狭缝宽度　　D. 可以抵消因光源的变化而产生的误差

6. 原子的核外电子受到外界能量激发，从基态跃迁到第一激发态所产生的谱线称为（　）

A. 共振发射线　　B. 共振吸收线

C. 离子谱线　　D. 特征谱线

7. 原子吸收光谱法是基于气态原子对光的吸收符合（　），即吸光度与待测元素的含量成正比而进行的分析检测

A. 多普勒效应　　B. 光电效应

C. 朗伯－比尔定律　　D. 乳剂特性曲线

8. 欲测定鱼肉中的汞，应选用下列哪种原子光谱分析法（　）

A. 冷原子吸收光谱法　　B. 原子发射光谱法

C. 紫外吸收光谱法　　D. 红外吸收光谱法

9.《GB 5009.12－2023 食品安全国家标准 食品中铅的测定》中，下列是仲裁法的是（　）

A. 石墨炉原子吸收光谱法　　B. 火焰原子吸收光谱法

C. 电感耦合等离子体质谱法　　D. 二硫腙比色法

10. 一般商品空心阴极灯均标有允许使用的最大工作电流，日常分析工作可选用最大工作电流的（　）较为合适

A. 30%~40%　　B. 40%~50%

C. 50%~60%　　D. 60%~70%

（二）多项选择题

1. 以下为元素的特征谱线的是（　）

A. 共振吸收线　　B. 共振发射线

C. 荧光发射线　　D. 荧光吸收线

E. 在稀溶液条件下，溶液的浓度

2. 以下测定条件的选择，正确的是（　）

A. 在保证稳定和合适光强输出的情况下，尽量选用较低的灯电流

B. 使用较宽的狭缝宽度

C. 尽量提高原子化温度

D. 调整燃烧器的高度，使测量光束从基态原子浓度最大的火焰区通过

3. 消除物理干扰常用的方法是（　）

A. 加入释放剂和保护剂　　B. 采用标准加入法

C. 使用高温火焰　　D. 配置与被测试样组成相似的标准样品

4. 原子吸收光谱的光源应满足的基本要求是（　）

A. 能发射待测元素的共振线　　B. 吸收线宽度远小于发射线宽度

C. 辐射强度足够大　　D. 光强度稳定且背景小

5. 原子吸收光谱的原子化器应满足的基本要求是（ ）

A. 原子化效率高　　B. 稳定和重现性好

C. 干扰少　　D. 不自吸

二、简答题

1. 荧光分析仪器的检测器为什么不放在光源与液池的直线上？其第一、第二单色器各有何作用？

2. 请简述原子发射光谱仪几种常用光源的工作原理。比较它们的特性以及适用范围，并阐述具备这些特性的原因。

书网融合……

本章小结　　题库

第三章　色谱分析

学习目标

【知识要求】

1. 掌握色谱流出曲线及基本术语；液相色谱法、气相色谱法、色质谱联用法的原理。

2. 熟悉色谱分析法的分类；色谱分析中定性及定量方法；液相色谱仪、气相色谱仪、色质谱联用仪的基本结构；液相色谱法、气相色谱法、色质谱联用法中干扰产生的机制。

3. 了解色谱分析法的基本理论。

【技能要求】

1. 具有使用液相色谱仪、气相色谱仪、色质谱联用仪对食品样品进行分析的能力。

2. 能够对液相色谱仪、气相色谱仪、色质谱联用仪进行日常维护和保养。

3. 学会正确运用液相色谱法、气相色谱法、色质谱联用法进行数据处理与结果判定。

第一节　色谱分析法导论

PPT

一、色谱分析法概述

色谱分析法又称“层析法”，是一种利用物质在两相之间的分配不同进行分离分析的技术方法。其原理是通过物质在固定相和流动相间相互作用力的差异导致不同组分的迁移速度差异，从而实现混合物的分离和分析。

色谱法可追溯到 20 世纪初，俄国植物学家茨维特（M. Tswett）于 1903 年首次描述了色谱分离的过程和现象，并于 1906 年正式提出了色谱法。茨维特的实验中，他使用玻璃柱装有碳酸钙颗粒作为固定相，通过流动相的淋洗，使植物色素在柱上形成不同颜色的色带，实现了色素组分的分离，如图 3 – 1 所示。这一实验奠定了色谱法的基础，并为后续的研究和发展提供了启示。

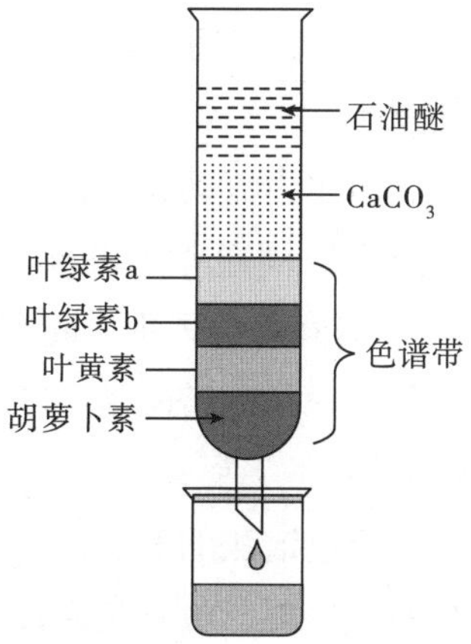

图 3 – 1　植物色素分离示意图

然而，在之后的几十年中，色谱法并未得到广泛的应用。直到 1931 年，Kuhn 等科学家成功地利用色谱法分离了胡萝卜素和叶黄素，色谱法才开始受到重视。随后，汉斯（Hesse）、马丁（Martin）和欣格（Synge）等科学家对色谱法进行了深入研究和发展，取得了重要的突破。

在 1942 年，汉斯以氮气为流动相，硅胶为固定相，成功地分离了苯和环己烷等难以分离的化合物。马丁和欣格则将液体有机化合物涂渍在多孔性固体表面作为固定相，引入气相色谱法的概念，进一步提高了分离能力和选择性。他们的贡献也使得色谱法获得了 1952 年的诺贝尔化学奖。

随着技术的进步和研究的深入，色谱法得到了迅速的发展。不同类型的色谱方法相继出现，如气相色谱法（gas chromatography，GC）、液相色谱法（liquid chromatography，LC）、高效液相色谱法（high performance liquid chromatography，HPLC）等，广泛应用于分离和分析的领域。

色谱法的特点主要体现在以下几个方面。首先，色谱法具有高效和选择性的分离能力。通过优化固定相、流动相和操作条件，可以实现对复杂混合物的高效分离，同时能够针对特定成分具有选择性。其次，色谱法具有广泛的应用范围。无论是气体、液体还是固体样品，色谱法都能找到适用的方法进行分离和分析。此外，色谱法还具有灵敏度高、准确性好、快速、易操作等特点，成为分析化学中不可或缺的技术手段。

如今，色谱法已广泛应用于化学、生物、医药、食品、环境等领域。它不仅可以分离和确定化合物的种类和含量，还可以研究物质的结构、相互作用和性质。同时，色谱法在新药研发、食品安全检测、环境监测和法医学等领域也发挥着重要作用。

二、色谱法的分类

在色谱法中，当混合物样品通过固定相时，各组分会与固定相发生不同程度的相互作用，由于这些组分在性质和结构上的差异，它们与固定相的相互作用方式和强度也不同。因此，在推动力的作用下，不同组分在固定相中停留的时间不同，从而按照不同的次序从固定相中流出，实现组分的分离。这种利用各组分在两相间性能差异使混合物中组分分离的技术就是色谱法。由于固定相和流动相的不同，色谱法的分类标准也很多，并且每种分类方法背后都有不同的分离机制。

它具有多种分类，并且共同特点是都包含固定相和流动相。固定相是不动的相，可以是固体或液体，也可以通过在固体表面涂覆液体或通过化学反应与固体表面键合而形成。流动相是移动的相，可以是液体、气体或超临界流体。

（一）按流动相和固定相的状态分类

基于流动相和固定相的差异，色谱法可分为多种类型。

其中，气体作为流动相的色谱被称为气相色谱（gas chromatography，GC）。根据固定相的不同，气相色谱可进一步分为气固色谱（gas - solid chromatography，GSC）和气液色谱（gas - liquid chromatography，GLC）。气固色谱中，固体被用作吸附剂，而气液色谱中，固定相是附着在惰性载体上的一层薄的有机液体。

液体作为流动相的色谱被称为液相色谱（liquid chromatography，LC）。类似于气相色谱，液相色谱也可分为液固色谱（liquid - solid chromatography，LSC）和液液色谱（liquid - liquid chromatography，LLC）。在液固色谱中，固定相是固体，而在液液色谱中，固定相是涂布在载体上的液体。

还有一种色谱法是超临界流体色谱（supercritical fluid chromatography，SFC），它使用超临界流体作为流动相。

随着色谱法的发展，一种被称为化学键合相色谱（chemically bonded phase chromatography，CBPC）的类型也出现了。它是通过化学反应将固定液键合到固体载体表面的色谱方法。

（二）按分离的机制分类

根据组分与固定相的相互作用方式，色谱法可以分为吸附色谱法、分配色谱法、离子交换色谱法、凝胶色谱法和亲和色谱法。

1. 吸附色谱法 使用固定相为吸附剂，利用样品中不同组分与吸附剂之间吸附能力的差异，实现分离。常用的吸附剂包括硅胶、氧化铝和活性炭等。

2. 分配色谱法　使用的固定相是液体，或将液体固定相键合在多孔固体上。它利用样品中不同组分在流动相与固定相之间的溶解度差异，实现分离。

3. 离子交换色谱法　使用离子交换树脂作为固定相。样品中的离子与树脂之间相互吸附的强度不同，实现分离。离子交换色谱法适用于无机离子混合物的分离，也可用于生物大分子如氨基酸、核酸和蛋白质的分离。

4. 凝胶色谱法　也称为分子排阻色谱法，利用凝胶材料的孔隙大小，对分子大小不同的物质进行分离。分子较大的物质只能进入较大孔隙，而分子较小的物质可以进入更多的凝胶部分，从而实现分离。

5. 亲和色谱法　利用不同组分与固定相（固定化分子）之间的高亲和性进行分离，常用于蛋白质等生物大分子的分离。

（三）按固定相的操作方式分类

1. 柱色谱法　指将色谱固定相装填或涂敷在柱状管内形成色谱柱来实现分离分析的色谱方法，分为填充柱色谱和毛细管柱色谱。

2. 平面色谱法　固定相为平面板状（纸色谱）或将固定相涂布于平面载板上（薄层色谱），流动相通过毛细管作用流经固定相，使被分析物分离并保留在固定相上的色谱法。平面色谱法都属于液相色谱法。

三、色谱流出曲线及有关术语

（一）色谱流出曲线

色谱流出曲线也被称为色谱图（chromatogram），是色谱法中的一个重要结果。在色谱过程中，样品中的各组分随着流动相的推动而在固定相与流动相之间发生溶解、分配或吸附、解吸等相互作用。如果各组分在固定相中的分配系数（表示溶解或吸附能力）不同，就有可能实现分离。分配系数小的组分会在固定相中停留时间较短，移动速度较快，最先从色谱柱中流出；而分配系数大的组分会在固定相中停留时间较长，移动速度较慢，最后从色谱柱中流出。分离后，各组分会通过检测器转化为电信号，并记录下来，形成一条随时间变化的信号曲线，即色谱流出曲线或色谱图，如图 3－2 所示。

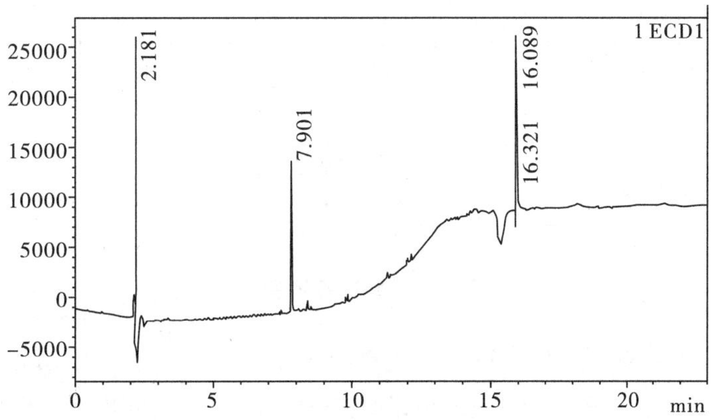

图 3－2　色谱图

实际上，色谱图就是色谱柱流出物中溶质浓度随时间变化的曲线。曲线的直线部分是在没有溶质流出时流动相的背景响应值，被称为基线（baseline）。通常，在基线稳定之后，可以将基线响应值设定为零，然后进行样品的进样分析。溶质开始流出直到完全流出所对应的峰形部分被称为色谱峰（peak）。

色谱图由基线和色谱峰组成，其中色谱峰表示样品中的各组分的相对浓度随时间的变化。通过分析色谱峰的形状、峰高、峰面积等参数，我们可以获得有关样品组分的信息。通过识别和解释色谱图，我们可以确定样品中的组分种类、含量以及可能存在的杂质。色谱图在色谱分析中扮演着重要的角色，为我们提供了可靠的分离和定性定量结果。

（二）基线

在色谱图中，没有样品进入检测器时，给出的流出曲线被称为基线。正常的基线通常是一条平行于横轴的直线，其平直程度反映了仪器和操作条件的稳定性。基线的高低主要由流动相中的杂质等因素决定。

尽管基线看起来是平直的，但当放大基线时，实际上会显示许多微小的起伏。这些未知的偶然因素引起的基线起伏称为噪声（noise）。噪声的大小可以用噪声带（峰－峰值）的宽度来衡量。如果噪声水平较低，有利于微量和痕量物质的定量分析。而如果噪声水平较高，则相应的分析最低检出浓度会增大。噪声可分为短期噪声和长期噪声两种。

另外，如果基线随时间的推移而缓慢变化，这被称为基线漂移。漂移通过单位时间基线水平的变化来衡量。通常，基线漂移是由于实验条件的不稳定性引起的。例如，温度、流速或流动相成分的变化都可能导致基线漂移。基线漂移会导致实验结果无法重复。因此，在开始实验之前，需要将基线漂移降至不会影响实验结果的程度。通过控制噪声水平和基线漂移，可以提高色谱分析的准确性和可重复性，确保结果的可靠性。

（三）色谱峰的描述参数

当样品组分流出色谱柱进入检测器时，检测器响应值随之发生变化，这部分色谱图就是色谱峰，如图 3－3 所示。正常色谱峰近似于对称形正态分布曲线（高斯分布曲线）。

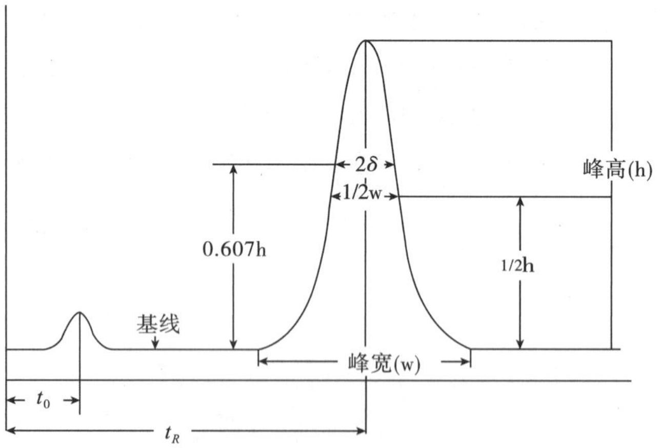

图 3－3 色谱峰示意图

描述和分析色谱峰的参数对于定性和定量分析都非常重要，因为一个色谱分析结果的优劣程度与色谱峰的参数密切相关。以下是一些常用的描述色谱峰并为定性和定量分析提供依据的参数。

1. 峰高（peak height，*h*） 指色谱峰的最高点到基线的垂直距离。峰高一般与样品中组分的浓度相关，可以用于定量分析。

2. 标准差（standard deviation，σ） 正态色谱流出曲线上两拐点间距离的一半称为标准差，为

0.607 倍峰高处色谱峰宽度的一半。标准差是可用来衡量组分被洗脱出色谱柱的分散程度的参数，其值越大，组分越分散；反之越集中。

3. 半峰宽（peak width at half height，$w_{1/2}$） 峰高一半处的峰宽称为半峰宽。半峰宽与标准差的关系为：

$$w_{\frac{1}{2}} = 2.355 \times \sigma \tag{3-1}$$

4. 峰宽（peak width，w） 通过色谱峰两侧拐点作切线，在基线上所截得的距离称为峰宽，也称为基线宽度。峰宽与标准差或半峰宽的关系为：

$$w = 4 \times \sigma \text{ 或 } w = 1.699 \times w_{\frac{1}{2}} \tag{3-2}$$

5. 峰面积（peak area，A） 色谱峰曲线与基线间包围的面积称为峰面积。正常色谱峰的峰面积与峰高和半峰宽的关系为：

$$A = 1.065 \times h \times w_{\frac{1}{2}} \tag{3-3}$$

（四）保留值

可用保留时间或保留体积表示，用于指明色谱峰的位置。通常用保留时间表示峰位置。在一定的固定相和操作条件下，任何一种物质都有一个确定的保留值，该保留值可用定性参数。

1. 保留时间（retention time，t_R） 从进样到某组分在柱后出现浓度极大时的时间间隔，即从进样开始到某组分的色谱峰顶点的时间间隔。保留时间是色谱法的基本定性参数，主要用于柱色谱法。

2. 死时间（dead time，t_0） 不被固定相保留的组分从进样到其在柱后出现浓度极大时的时间间隔，称为死时间。

3. 调整保留时间（adjusted retention time，t'_R） 某组分由于与固定相发生作用而被固定相保留，比不被固定相保留的组分在色谱柱中多停留的时间称为调整保留时间，即组分在固定相中滞留的时间。调整保留时间与保留时间和死时间的关系为：

$$t'_R = t_R - t_0 \tag{3-4}$$

4. 相对保留值（relative rentention value，r_{21}） 指组分 2 和组分 1 的调整保留值之比，它是一个无因次量。

$$r_{21} = \frac{t'_{R_2}}{t'_{R_1}} = \frac{v'_{R_2}}{v'_{R_1}} \tag{3-5}$$

在色谱法中，特别是在气相色谱法中，相对保留值（relative retention value）广泛用作定性分析的依据。相对保留值仅与柱温和固定相性质相关，而与柱直径、柱长度、填充物和流动相流速无关。

在定性分析中，通常选择一个色谱峰作为标准（s），然后计算其他峰（i）相对于标准峰的保留值。这些相对保留值表示了不同组分在色谱柱中的保留能力差异，能够提供组分的相对顺序信息。通过测量和比较不同峰的相对保留值，可以判断样品中组分的相对顺序。相对保留值可以用于区分和识别样品中的不同化合物或组分。

需要注意的是，相对保留值仅在相同的色谱条件下有效，不同的色谱条件可能导致相对保留值的变化。因此，在进行定性分析时，应确保实验采用相同的色谱条件，以获得可靠的结果。

（五）分配系数 K 和分配比 k

在色谱分析中，组分在流动相和固定相之间达到的平衡状态被称为分配平衡（distribution equilibrium）。为了描述这种行为，通常采用分配系数（partition coefficient，K）和分配比（distribution ratio，k）来表示。

1. 分配系数（K） 组分在两相中达到分配平衡后，该组分在固定相与流动相中的浓度之比称为分配系数，用 K 表示。

$$K = \frac{\text{组分在固定相中的浓度}}{\text{组分在流动相中的浓度}} = \frac{c_s}{c_m} \tag{3-6}$$

分配系数是描述组分在色谱分离中分配行为的重要常数。它仅与组分、固定相和流动相的性质以及温度有关。在一定的条件下（固定相、流动相、温度），每个组分都具有一个固定的分配系数。分配系数的大小代表了组分与固定相分子之间相互作用力的强弱。分配系数大的组分在柱中停留的时间更长，因此移动速度较慢。不同组分之间分配系数的差异是实现色谱分离的关键前提，分配系数差异越大，实现分离的难度越低。

试样中的各组分具有不同的分配系数是实现有效分离的基础。在某一特定的固定相条件下，如果两个组分具有相同的分配系数，无论如何改变操作条件，它们将同时从柱中流出，无法实现分离。当分配系数为零（$K=0$）时，组分将不被固定相保留，最先从柱中流出。这表明分配系数是色谱分离的关键依据。通过控制组分的分配系数，可以实现有效的色谱分离，获得单独的组分峰。调整固定相和流动相的性质，以及操作条件如温度，能够改变分配系数，进而优化色谱分离的效果。

2. 分配比（k） 在实际工作中，常用分配比（distribution ratio，k）来描述分配平衡过程。分配比也被称为容量因子（capacity factor）或容量比（retention factor），它表示在一定温度和压力下，组分在固定相与流动相之间达到分配平衡时的质量之比。

$$k = \frac{\text{组分在固定相中的质量}}{\text{组分在流动相中的质量}} = \frac{m_s}{m_m} \tag{3-7}$$

分配比 k 和分配系数 K 都由组分和固定相的热力学性质决定，并受柱温和柱压的变化而变化。但是，K 与两相的体积无关，而 k 则会随着两相体积的变化而变化，与固定液相比的比例因子 β 有关。这可以通过下面的表达式（3－8）表示：

$$K = \frac{c_s}{c_m} = \frac{m_s/v_s}{m_m/v_m} = k\frac{v_m}{v_s} = k \times \beta \tag{3-8}$$

其中，k 是分配比，K 是分配系数，β 是与两相体积相关的比例因子。

分配比 k 是量化组分在固定相和流动相之间分配行为的指标。它通过将分配系数 K 乘以比例因子 β 来考虑两相体积变化对分配行为的影响。

分配系数 K 只与组分和固定相的热力学性质有关，而不受两相体积变化的影响。它是一个固定的常数，描述了组分在固定相和流动相之间的平衡分配关系。分配系数 K 在同一条件下始终保持不变。然而，分配比 k 会随着两相体积的变化而变化，因为比例因子 β 会受到体积变化的影响。当两相体积发生变化时，k 会相应地改变。分配比 k 考虑了相对体积变化的影响，可以更准确地描述组分分配行为随着两相体积的变化而变化的情况。而分配系数 K 更侧重于描述分配平衡中组分与固定相之间的热力学性质关系。

四、色谱法基本原理

色谱分离理论研究物质在色谱过程中的热力学和动力学规律，解释流出曲线的形状和谱带展宽的原理，为选择和优化色谱分离条件提供指导。在实际研究中，通常采用条件假设和简化数学处理，主要有塔板理论和速率理论。塔板理论将色谱柱视为一系列理想分离单元，通过描述塔板间传质来解释分离。速率理论考虑质量平衡和动量传递，描述溶质迁移速率。

（一）塔板理论

塔板理论是色谱分离理论中的重要模型，最早由 Martin 和 Synge 于 1941 年提出。它将连续的色谱过程看作许多小段平衡过程的重复，并将色谱柱类比为一个精馏塔。塔板理论直接应用精馏过程的概念、理论和方法来描述色谱分离过程，并解释流出曲线的形状、谱带展宽的原理，以及对选择和优化色谱条件提供理论指导，如图 3－4 所示。

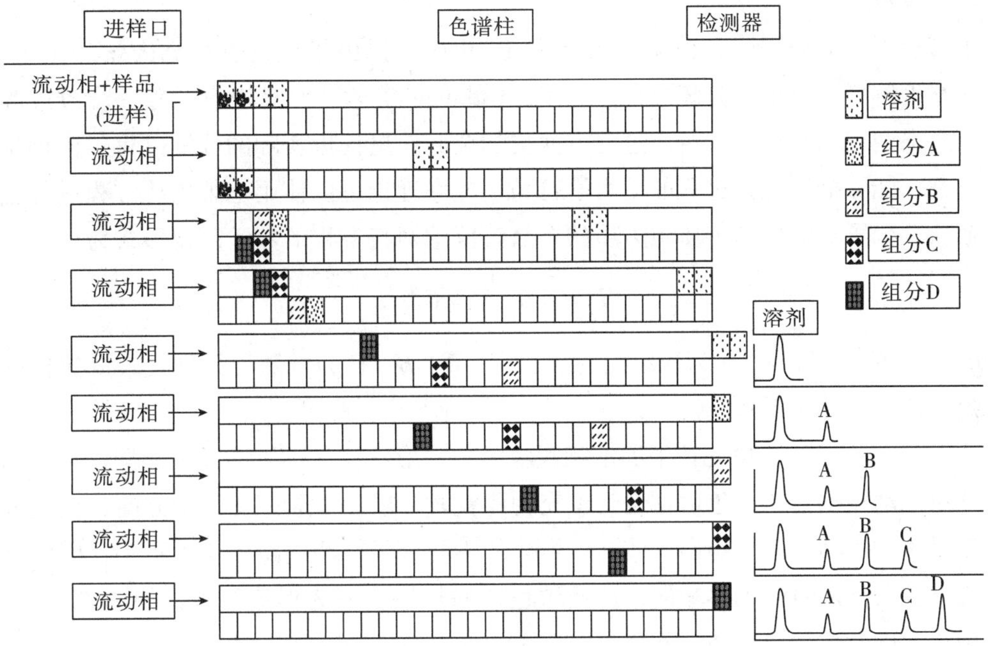

图 3－4　色谱柱中混合组分的分离示意图

塔板理论的基本假设：

（1）在柱内的一个小段高度内，组分可以快速达到分配平衡，这一小段称为理论塔板高度 H，简称板高 H。

（2）流动相以脉动式进入色谱柱，每次一个板体积进入到色谱柱。

（3）试样最初加在第 0 号塔板上，并且沿色谱柱方向的纵向扩散可以忽略不计。

（4）分配系数在各个塔板上是常数，与组分在某个塔板上的量无关。

根据塔板理论，色谱柱可以表示为由许多塔板组成的串列单元，每个塔板上实现物质的平衡分离。该理论认为，分析物在柱内的平衡分配过程可以看作是从一塔板到另一塔板的传质过程，每个塔板实现一次分配平衡。色谱柱的总长度为 L，每一块塔板高度为 H，则色谱柱中组分平衡的次数也称为塔板数（n）为：

$$n = \frac{L}{H} \tag{3-9}$$

塔板数和板高是塔板理论的关键参数，它们与色谱柱的分离效能密切相关。谱柱的柱效随理论塔板数（n）的增加而增加，随板高 H 的增大而减小。塔板数与色谱峰的宽度 W、$W_{1/2}$ 有如下关系：

$$n = 5.54 \times \left(\frac{t_R}{w_{\frac{1}{2}}}\right)^2 = 16 \times \left(\frac{t_R}{W}\right)^2 \tag{3-10}$$

在实际应用中，为了更准确地描述色谱柱的性能，通常使用有效塔板数 n_{eff} 和有效板高 H_{eff} 来表示。有效塔板数考虑了实际实验条件和实测结果，对塔板数进行修正，而有效板高则用于衡量色谱柱的分离性能。

尽管塔板理论在解释色谱柱分离的形状、谱带展宽以及柱效方面取得了成功，但它也存在一些局限。例如，它忽略了纵向扩散的影响，对分配系数与浓度无关的假设只在有限浓度范围内成立，并且色谱体系很少达到真正的平衡。因此，在实际应用中，需要针对具体的色谱条件和目标化合物，结合实验验证和其他理论模型进行综合分析，以更精确地描述和优化色谱分离过程。

（二）速率理论

为了克服塔板理论的局限性，范弟姆特等人于 1956 年提出了色谱过程动力学理论——速率理论，该理论较为完整地解释了色谱的分离过程。后来，Giddings 等学者对其进行了进一步改进和完善。速率理论在考虑溶质在两相之间扩散和传质过程方面更加全面，更接近实际的分配过程。该理论适用于气相色谱和液相色谱，能够描述色谱过程的动力学行为。速率理论可以使用范弟姆特方程进行描述，其中包含了涡流扩散项、分子扩散项和传质阻力项的系数。范弟姆特方程的数学简化形式为：

$$H = A + \frac{B}{u} + C \times u \tag{3-11}$$

其中，H 为色谱峰的展宽；u 为流动相的线速度；A、B、C 为常数，分别代表涡流扩散相系数、分子扩散项系数和传质阻力项系数。

1. 涡流扩散项（A） 在填充柱中固定相颗粒大小、形状往往不可能完全相同，填充的均匀性也有差别。当组分由流动相携带流过色谱柱遇到填充物颗粒时，就会不断改变流动方向，使组分在气相中形成紊乱的类似涡流的流动，涡流的出现使同一组分的不同分子所经过路径长短不一，因此，同时进入色谱柱的组分流出色谱柱的时间也不相同，从而致色谱峰扩展，称为涡流扩散，如图 3-5 所示。目前气相色谱中常用的毛细管柱为空心柱，不存在涡流扩散。

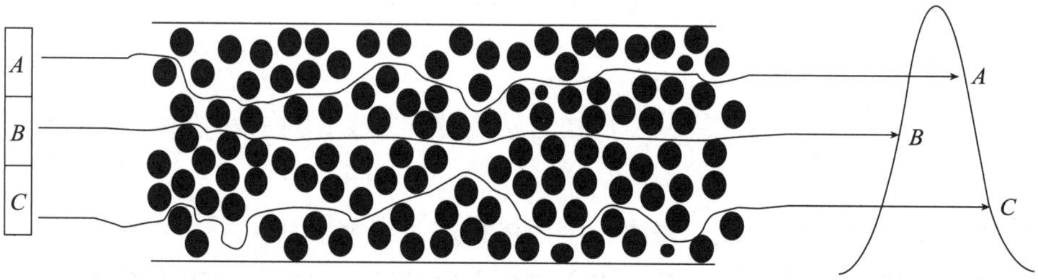

图 3-5 涡流扩散对峰展宽的影响

2. 分子扩散项（B/μ）（或称纵向扩散项） 分子在色谱柱中的纵向扩散是造成色谱峰展宽的重要因素之一。当样品组分被流动相带入色谱柱后，组分分子以“塞子”的形式存在于柱中的一个空间段中。由于流动相流动方向上的浓度梯度，组分分子会发生纵向扩散，导致色谱峰的展宽，如图 3-6 所示。

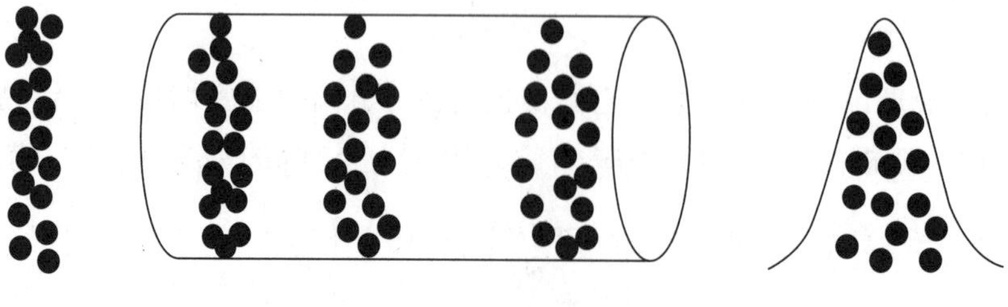

图 3-6 分子扩散示意图

纵向扩散的程度可以通过分子扩散系数 B 进行描述。

$$B = 2\gamma Dg \tag{3-12}$$

其中，γ 是弯曲因子，表示填充物对分子自由扩散的阻滞程度。填充柱时，γ 的值小于1，而对于空心毛细管柱，则 γ 的值等于1。分子扩散系数 B 与组分在柱内停留的时间有关，停留时间越长，纵向扩散现象越明显。分子在流动相中的扩散系数 Dg 除了与组分性质有关，还受到流动相性质、柱温、柱压等因素的影响。Dg 与流动相分子量的平方根成反比关系，随着柱温的升高而增加，但与柱压成反比关系。

通过控制纵向扩散现象，可以提高色谱的分离效果。因此，在色谱分析中，需要根据具体分析目标和样品特性，合理选择流动相流速、流动相类型以及控制柱温等条件，以减少纵向扩散的影响，从而提高色谱分离的效果。

在速率理论中，考虑了扩散和传质对分离的影响。涡流扩散项描述了颗粒间径向两相中颗粒间涡流扩散的影响；分子扩散项考虑了溶质分子自由扩散过程的贡献；传质阻力项描述了溶质与液相之间传质过程的阻力。速率理论提供了一种更为准确和综合的描述色谱分离过程的方法。它充分考虑了扩散和传质的影响，对气相色谱和液相色谱都适用。通过范弟姆特方程的应用，可以对色谱峰的展宽进行数量化描述，并优化色谱分离条件。需要注意的是，速率理论也有其局限性。它仍然基于某些假设，如忽略了一些复杂的色谱现象和实际性质的变化。因此，在具体应用中，仍需根据具体的色谱分析条件和目标物质，结合实验验证和其他理论模型进行综合分析，以更精确地描述和优化色谱分离过程。

3. 传质阻力项（*Cu*）　色谱传质是指组分在色谱柱内由流动相到固定相或由固定相到流动相的迁移过程。在这个过程中，传质阻力起到了重要的作用。组分在进入固定相之前会在两相界面发生浓度差异，从而引起纵向扩散，进而导致色谱峰的展宽。

传质阻力可以分为气相传质阻力和液相传质阻力。气相传质阻力是指组分在气液界面发生浓度分布时产生的阻力。当组分从气相到液相界面的时间较长，阻力会增加，进而导致色谱峰展宽。当固定液含量较高、液膜较厚且载气流速适中时，气相传质阻力可以忽略不计，此时色谱峰的展宽主要由液相传质阻力控制。然而，在快速色谱分析中使用低固定液含量柱和高载气流速时，气相传质阻力成为影响色谱峰展宽的主要因素。

液相传质阻力是由组分分子从气液界面扩散到固定液相内，达到平衡后再返回两相界面的传质过程所导致的阻力。液相传质阻力是由气液界面和液相的传质过程产生的阻力。

五、色谱分析中的分离度

在色谱分析中常常会遇到分离困难的物质时，为了有效地分离这两个组分，需要考虑两个关键因素。首先，两个组分的保留时间应该有足够大的差距，这样它们之间的距离会增大。其次，峰应该尽可能地窄。选择性反映了色谱柱对不同物质保留的差异，而柱效反映了峰展宽的程度，但这两者不能全面衡量色谱柱的分离性能。为了综合考虑保留差异和峰展宽对色谱分离的影响，需要引入分离度的概念。

在多组分的色谱分离中，常常出现色谱峰部分或完全重叠的情况。如图3-7所示，图a表示理想的分离情况，两个色谱峰之间的距离较大且峰形窄，没有重叠。这意味着选择性和柱效都很好。图b中，两个色谱峰之间的距离较近，但峰形仍然较窄，这表明选择性一般但柱效很高。图c中，两个峰之间距离较远，但色谱峰很宽，说明选择性好但柱效较低。图d的分离度非常差，且选择性也不好。

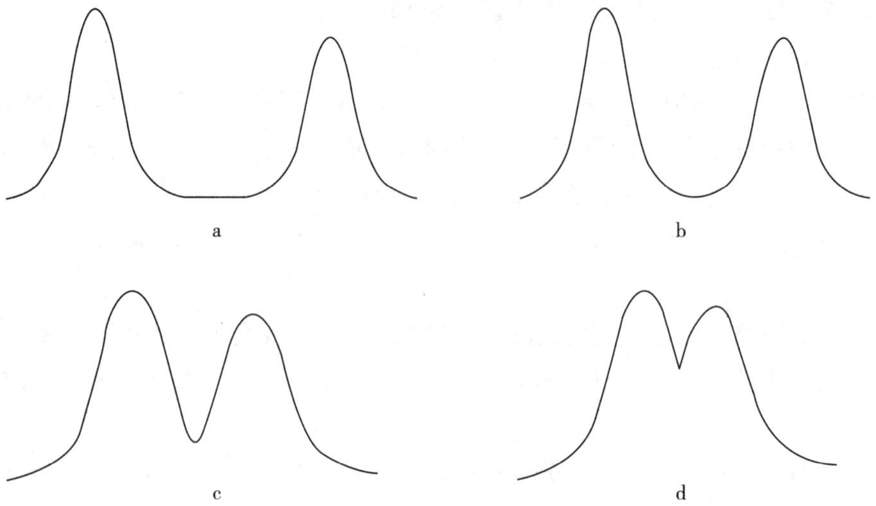

图 3－7 色谱峰不同的重叠情况

分离度（resolution，R）综合考虑了选择性和柱效，用于衡量两个色谱峰之间的分离程度。计算分离度的公式为：

$$R = \frac{2(t_{R_1} - t_{R_2})}{W_1 - W_2} \tag{3-13}$$

式中，t_{R_1}、t_{R_2} 分别为组分 1，2 的保留时间，W_1、W_1 分别为组分 1、2 的色谱峰宽，如图 3－8 所示。

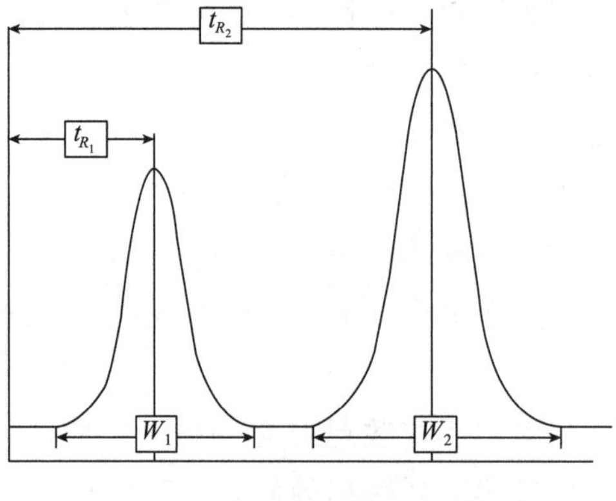

图 3－8 分离度示意图

设组分 1、2 的色谱峰为正常峰，且 $W_1 \approx W_2 = 4\sigma$，当 $R = 1$ 时，两峰顶间距为 4σ，两峰基本分开（两峰峰基略有重叠），两峰裸露出的面积大于或等于各自峰全部面积的 95.4%。当 $R = 1.5$ 时，峰顶间距为 6σ，则两峰完全分开，两峰裸露出的面积达 99.7%。进行定量分析时，为了能获得较好的精密度与准确度，应使 R≥1.5。

通过测量相邻两组分的保留时间和峰宽，即可计算出分离度。通过计算分离度，可以评估色谱分离的效果。较高的分离度表示两个组分被有效地分开，而较低的分离度则表示组分之间的混合程度较高。

六、色谱定性和定量分析

（一）色谱的定性分析

在色谱分析中，通过保留值来进行定性分析是一种基本的方法，它基于一个基本原理：在相同的色谱条件下，相同物质应该具有相同的保留值。然而，相反的情况并不一定成立，即在相同的色谱条件下，具有相同保留值的两个物质并不一定是相同的物质。为了进行定性分析，以下是几种常用的方法。

1. 利用已知纯物质对照定性　在相同的色谱条件下分别测定未知物和已知纯物质（对照品）的保留值，并进行比较。如果两者的保留值相同，那么未知物很可能与纯物质是同一化合物。这种方法通常适用于已了解组分性质、组成相对简单且有纯物质可用的未知物。

当未知样品中的组分较多，峰间距很小且实验条件不易稳定时，准确测定保留值会有一定困难。此时可以引入已知物来增加峰高，进行定性分析。首先制备未知样品的色谱图，然后向未知样品中加入某已知物，再测得一个色谱图，通过峰高增加的组分来判断加入的已知物。

2. 相对保留值定性　相对保留值是被测组分与参比组分（保留值接近的物质）的调整保留值之比。当载气流速和温度发生微小变化时，被测组分和参比组分的保留值会同时发生变化，但它们的比值即相对保留值保持不变。因此，在柱温和固定相相同的条件下，相对保留值是一个稳定的定性参数。

3. 保留指数定性　保留指数与固定相的性质和柱温有关，与其他实验条件无关。一种常用的保留指数是由一系列正构烷烃作为标准物计算得出的。保留指数将正构烷烃的保留指数设定为以碳原子数为基准的值。某组分的保留指数是以相邻两个正构烷烃的调整保留时间为基准进行计算的。保留指数只与柱温和固定相的性质有关，与其他条件无关，具有良好的准确度和重现性。只要柱温和固定相相同，通过将计算出的保留指数与文献值进行对照，就可以进行定性鉴定，而无需使用纯物质进行比较。

4. 双柱、多柱定性　在单根色谱柱上进行分析比较来定性的准确性通常较低，尤其对于一些同分异构体往往无法区分。因此，可以通过使用不同极性的两根或多根色谱柱，在不同柱上进行未知物的保留值与已知物或文献上的保留值进行对比分析，可以显著提高定性分析结果的准确性。

5. 色谱联用分析定性　色谱联用是将色谱方法与结构分析仪器（如红外吸收光谱、质谱和核磁共振波谱）相结合的方法。色谱分离提供了样品的纯化，而结构分析仪器可以用于鉴别未知物的化学结构。联用分析结合计算机数据处理和谱图检索，为复杂未知物的定性分析提供了强大工具和前景，是解决复杂未知物的定性问题的最有效方法之一。

（二）定量分析

在一定的色谱条件下，进入检测器的待测组分的质量 m_i 与检测器产生的响应信号（峰面积 A_i 或峰高 h_i）成正比

$$m_i = f'_i \times A_i \text{ 或 } m_i = f'_i \times h_i \tag{3-14}$$

式中 f'_i 为比例常数，称为被测组分 i 的校正因子。因此，要进行定量分析，必须准确测定峰面积 A_i 或峰高 h_i，准确求出校正因子 f'_i，方可计算组分的含量。

1. 校正因子　色谱定量分析基于被测组分的量与其峰面积之间的正比关系。然而，峰面积不仅取决于组分的质量，也与其性质相关。由于不同性质的组分在同一检测器上具有不同的响应值，因此具有相同质量但不同性质的组分在相同条件下得到的峰面积通常是不相同的，从而不能直接使用峰面积来计算物质含量。为此，需要引入校正因子来修正峰面积，以准确反映物质的质量。校正因子的作用是将其他物质的峰面积校正为相对于选定标准物质峰面积的倍数，然后使用经过校正的峰面积来计算物质的含量。

$$f'_i = \frac{m_i}{A_i} \tag{3-15}$$

校正因子可分为绝对校正因子和相对校正因子。绝对校正因子是单位峰面积所对应的物质质量。然而，由于绝对校正因子的准确测量往往困难，所以常常使用相对校正因子。相对校正因子是指某组分相

对于选定标准物质校正因子的比值。这种校正因子只与被测组分、标准物质和检测器类型相关，与操作条件无关。

在实际应用中，常用质量校正因子来计算物质的含量。质量校正因子通过比较被测组分和标准物质的峰面积与质量之间的关系来建立。它反映了单位峰面积所对应的物质质量比例关系。

相对校正因子的值仅取决于被测组分、标准物质和检测器类型，而与操作条件无关。为了获得准确的校正因子，可以使用纯试剂或已知纯度试剂进行实验测定。首先，准确称量被测纯物质和标准物质，然后将它们混合均匀进行进样。接下来，测量它们在相同条件下的峰面积，并利用公式计算相对校正因子。

2. 几种常用的定量方法

（1）归一化法　色谱分析中常用的定量方法之一。它通过将峰面积与相对校正因子相乘并求和，将所有组分的含量归一化为100%的比例。按下式计算被测组分含量 X_i。

$$X_i(\%) = \frac{m_i}{m} \times 100 = \frac{m_i}{m_1 + m_2 + \cdots + m_i \cdots + m_n} \times 100 = \frac{A_i f'_i}{\sum_i^n A_i f'_i} \times 100 \quad (3-16)$$

归一化法适用于气相色谱分析，并可以消除样品量和进样浓度对色谱峰面积的影响，实现不同条件下的峰面积比较和定量分析。归一化法的优点是简单且准确，不受进样量和操作条件变化的影响。然而，该方法也存在一些限制，例如样品中的所有组分都必须能够从色谱柱中洗脱并被检测器检测出来。峰面积归一化法是归一化法中常用的一种，通过将所有组分的峰面积相加并用每个组分的峰面积除以总面积，得到各组分的含量。然而，峰面积归一化法的定量误差主要源于校正因子的差异，因此不适用于精确定量。总的来说，归一化法是一种简单实用的定量方法，在样品分析和比较方面具有一定的重要性和应用价值。

（2）内标法　是色谱分析中常用的定量方法之一。该方法通过向准确称取的试样中添加纯物质作为内标物，利用内标物与被测组分在色谱图上的峰面积及校正因子的关系，计算出目标组分的含量。内标法常用于无法直接测定所有组分或部分组分无法完全出峰的情况下。

例如，要测定试样中组分 i（质量为 m_i）的质量分数 X_i，可于试样中加入质量为 m_s 的内标物，试样质量为 m。

$$m_i = f'_i \times A_i \quad (3-17)$$

$$m_s = f'_s \times A_s \quad (3-18)$$

$$m_i = \frac{A_i f'_i}{A_s f'_s} m_s \quad (3-19)$$

$$X_i(\%) = \frac{m_i}{m} = \frac{A_i f'_i m_s}{A_s f'_s m} \times 100 \quad (3-20)$$

内标法的关键在于选择合适的内标物。内标物必须是不存在于试样中的纯物质，与被测物性质相近、与试样相容但不发生化学反应。此外，内标物的峰应尽可能靠近待测组分的峰位置或位于几个待测组分峰的中间，且与这些色谱峰完全分离。内标物的加入量应接近被测物的量。内标法的优点是对进样量和微小的色谱条件变化不敏感。特别是在样品前处理阶段中添加内标物，可以部分补偿待测组分在该过程中的损失。当需要高精度结果时，可以同时加入多种内标物以提高定量分析的准确性。

然而，内标法也存在一些缺点。选择合适的内标物可能会具有挑战性，准确称量内标物需要精细操作，而且不适用于快速分析。此外，由于添加了内标物，可能会增加分离的难度。

（3）外标法　又称标准曲线法，是色谱分析中常用的定量方法之一。在一定操作条件下，通过配制不同浓度的标准溶液，取相同量的标准溶液进样进行分析，绘制浓度与峰面积（或峰高）之间的标准曲线。然后，在相同条件下，取相同量的样品，测量待测组分的峰面积（或峰高），根据标准曲线推算出被测组分的含量。

标准曲线的截距应接近于零，如果截距较大，则可能存在一定的系统误差。当标准曲线具有良好的线性关系且截距接近于零时，可以使用外标单点法（或称为单点比较法）进行定量分析。即利用与试样中待测组分浓度接近的某一浓度标准溶液进行进样，测定其峰面积（或峰高），上述计算待测组分的含量。

外标法的优点在于操作简便，计算方便，无需测定校正因子。分析结果的准确度主要取决于进样量重复性和色谱仪器以及操作条件的稳定性。

第二节 气相色谱法

PPT

气相色谱法（gas chromatography，GC）是一种以气体为流动相的色谱技术，主要用于分离分析易挥发的物质。该方法由英国生物化学家马丁等人于 1952 年成功建立，并于 1955 年首次商用化。随后，范第姆特等提出了描述色谱过程速率的理论。1965 年，吉丁斯进一步完善了色谱理论，为气相色谱技术奠定了基础。

气相色谱法具有的几个显著特点使其成为重要的分离分析技术之一。

首先，它具有高选择性，能够分离和分析性质相近的物质。这是通过选择合适的固定相和操作条件，使其与分析物发生相互作用来实现的。其次，气相色谱法具有高灵敏度，可进行痕量分析。目前的气相色谱仪配备了高灵敏度的检测器，能够检测到极低浓度的物质。第三，气相色谱法的分离效能非常高。一般来说，填充柱的理论塔板数可达数千，毛细管柱甚至可以达到 100 多万。这使得气相色谱法能够分离那些分配系数很接近的难以分离的物质。同时，气相色谱分析速度快，通常几分钟到几十分钟内完成。因此，气相色谱法不仅适用于分析复杂混合物，还可以进行快速分析和高通量分析。气相色谱法的应用范围非常广泛。它既可以分析气体样品，又可以分析易挥发的液体和固体样品。只要化合物具有适当的挥发性和热稳定性，基本上可以使用气相色谱法进行分析。

气相色谱法在医药学、食品科学、环境监测、石油化工、高分子材料等领域得到广泛应用。

一、气相色谱分析概述

气相色谱法是一种基于气体流动相的色谱技术，用于分离和分析易挥发物质。该方法包括几个关键步骤，从载气的供给到样品分离和最终的数据处理与分析。气相色谱流程如图 3－9 所示。

首先，载气作为流动相通过高压钢瓶或气体发生器供给。载气经过减压阀减压后，通过载气净化干燥管去除水分和氧气等杂质。通过针型阀控制载气的压力和流量，并使用流量计和压力表来监测载气在柱前的流量和压力。样品进样是气相色谱法的核心步骤之一。样品经过进样器（通常包括汽化室）引入色谱柱，与载气相接触。在进样过程中，样品中的不同组分根据其在固定相和流动相之间的分配系数，随着载气一起进入色谱柱。在色谱柱中，样品的各组分根据其在固定相上的相互作用（如吸附、分配）发生分离。具有不同亲和性的组分在色谱柱中滞留时间不同，从而实现分离。分离后的组分进入检测器进行分析。常见的检测器包括火焰离子化检测器（FID）、热导检测器（TCD）、质谱检测器等。这些检测器将各组分引起的浓度或质量变化转换为电信号，进而利用数据处理方法生成色谱图。通过分析

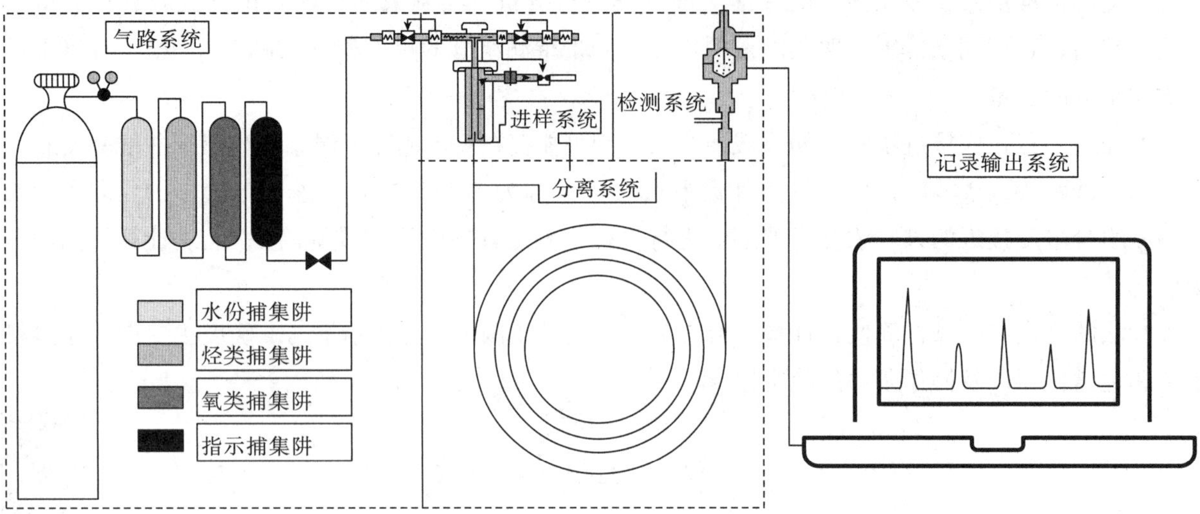

图 3－9 气相色谱流程示意图

色谱图，可以定性和定量分析样品中的组分。峰的出现时间可用于定性分析，而峰的面积或高度可以用于定量分析，计算各组分的相对浓度。

二、气相色谱仪结构

虽然目前国内外气相色谱仪型号和种类繁多，但它们均主要由气路系统、进样系统、分离系统、检测系统以及记录输出系统五个基本单元组成（图 3－9）。

（一）气路系统

气相色谱仪中的气路系统是一个密封的管路系统，用于提供纯净且稳定流速的载气。该系统主要包括气源、气体净化装置和稳压恒流装置。

气源通过气体钢瓶或气体发生器供气，为色谱分析提供流速恒定的干净载气和辅助气体。载气作为样品的运行动力，通过色谱柱传送样品；辅助气体用于检测器的燃烧和吹扫。常见的载气包括高纯氮气、氢气和氦气。在选择载气时，不仅要考虑其对色谱柱效果的影响，还需要与分析对象和所使用的检测器相匹配。

其次，气体净化装置对于提高载气纯度至关重要，常用的装置是净化干燥器。净化干燥器使用硅胶、分子筛和活性炭等固体吸附剂。其作用是去除载气中的水分、氧气和烃类等有害物质，提供干燥和纯净的载气。

另外，稳压恒流装置对于保持载气流速的稳定性非常关键。它包括减压阀、稳压阀、稳流阀、流量计和压力表等组件。稳压恒流装置的作用是确保载气的流速稳定。稳定的载气流速对于获得可靠的实验结果非常重要。在恒温色谱中，只需一个稳压阀来控制载气柱前的压力，从而保持载气的稳定流速。当采用程序升温时，随着柱温的升高，柱内阻力增加，导致载气流速减小。为此，需要添加稳流阀来实现自动的流速稳定控制。

对于气路系统的正常运行，有几个关键点需要注意。首先，确保气源充足，通常要求载气气源钢瓶压力高于 3MPa；其次，必须有效操作气体净化装置，确保去除有害物质，且气体纯度要保证 99.999% 以上；最后，气密性问题也需要关注，通常使用皂液试漏或分段憋压试漏来检查系统的气密性。

高质量的气路系统对于气相色谱分析的准确性和可靠性至关重要。正确操作和维护气路系统可以保证载气的纯净度和流速的稳定性，提高色谱分析的精确性和可重复性。

（二）进样系统

进样系统包括进样器和气化室。其作用是使样品汽化并有效地导入色谱柱。

1. 进样器　气相色谱中的进样器可分为液体进样器和气体进样器两种。

对于液体样品的进样常用微量注射器直接进行。微量注射器的规格一般包括1μl、5μl、10μl等容量，如图3-10a所示。根据需要，可选用适当规格的微量注射器进行进样。至于固体样品，则需先用溶剂将其溶解并借助微量注射器进行进样操作，方法与液体样品相同。对于高分子化合物的裂解色谱分析，通常会将少量高聚物置入专用的裂解炉中，通过电加热将其分解和汽化，随之由载气将分解产物导入色谱仪进行分析。

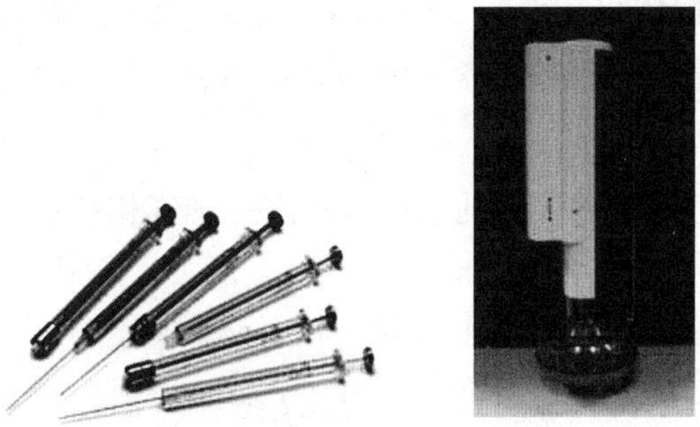

a　　b

图3-10　气相色谱仪进样针以及自动进样器

对于常压气体样品，也可直接使用0.25~5ml注射器进行量取进样。然而，需注意的是该方法虽简单灵活，但误差较大、重现性差。

目前大部分气相色谱仪还配备有自动进样器，如图3-10b所示，以实现全自动化的进样过程。该设备能够提高样品处理效率，减少操作误差，并实现多样品的连续进样。借助预设程序和参数，自动进样器能够实现准确、可重复的样品进样，从而显著提高了色谱分析的工作效率。

2. 进样口　也称气化室，是将液体试样瞬间气化的装置，主要由气路系统、隔垫、衬管、加热系统等组成，如图3-11所示。

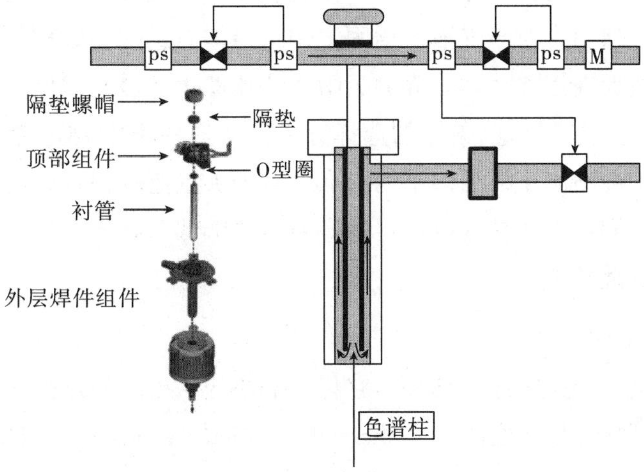

图3-11　气相色谱分流/不分流进样口气路及分解结构

为了确保样品在气化室中能够迅速气化而不发生分解，有几点需注意。首先，气化室应具有较大的热容量，以便吸收样品的热量并使其迅速达到气化温度，这样可以实现样品的快速气化。此外，气化室还应具备无催化效应的特性，以避免样品在气化过程中发生化学反应或降解。

另外，为了最大程度上减小柱前峰的展宽，气化室的死体积也应尽可能小。死体积是指样品从进样口到进入色谱柱之间的路径长度以及其中的任何附加体积。较大的死体积会引起样品分离的延迟，导致谱峰扩展和分离效果的降低。因此，为了获得较窄的柱前峰，需要尽量减小气化室的死体积。

（三）分离系统

分离系统包括色谱柱和柱温箱。

1. 色谱柱 常用的色谱柱主要有两类，即填充柱和毛细管柱。填充柱由不锈钢、玻璃或聚四氟乙烯等材料制成，形状有 U 形和螺旋形，内径 2 ~ 4mm、长 1 ~ 10m，内填固定相。毛细管柱又称开管柱或空心柱，分为涂壁、多孔层和涂载体开管柱。内径 0.1 ~ 0.5mm，长达数米至数百米。通常弯成直径 10 ~ 30cm 的螺旋状，柱内表面涂一层固定液。

色谱柱中的固定相是影响色谱分离效果的关键因素之一。气相色谱固定相主要分为气固色谱固定相和气液色谱固定相两类。

气固色谱固定相采用多孔性吸附剂作为固定相，具有吸附容量大、热稳定性好、使用方便等优点。但它也存在一些缺点，例如由于结构和表面的不均匀性，吸附等温线呈非线性，导致色谱峰形不对称且呈拖尾现象。对于气固色谱固定相的选择，常用的吸附剂包括活性炭、石墨化炭黑、硅胶、氧化铝和分子筛等，主要用于分析永久性气体和气态烃类物质。此外，高分子多孔微球（GDX）也是一种重要的气固色谱固定相，它由苯乙烯或乙基乙烯苯与二乙烯苯交联共聚而成。高分子多孔微球具有耐高温、色谱峰形对称、无柱流失现象和按极性分离化合物的特点，特别适用于有机物或气体中水分的含量测定，以及多元醇、脂肪酸等高极性物质的测定。

气液色谱固定相则是在化学惰性的固体载体表面涂覆一层高沸点有机化合物液膜，被涂覆的高沸点有机化合物被称为固定液。在气液色谱柱内，样品中各组分的分离是基于其在固定液中的溶解度差异。气液色谱固定相的载体要求化学惰性、具有较大比表面积和均匀的孔径分布。常用的载体包括硅藻土、玻璃微球和聚四氟乙烯。硅藻土载体又可分为红色载体和白色载体。红色载体的孔径小且比表面积高，适合涂覆非极性固定液，用于非极性组分的分离。白色载体的粒径较粗且比表面积小，适合涂覆极性固定液，用于分离极性组分。然而，对于气液色谱固定相，担体需经过预处理，如酸洗、碱洗、硅烷化和釉化处理等。这些处理方法旨在消除载体表面的吸附活性和催化活性，以提高色谱分离的效果。

2. 柱温箱 色谱柱温度直接影响色谱柱的选择分离，选择柱温主要是考虑样品待测物沸点和对分离的要求。柱温通常要等于或略高于样品的平均沸点；对于沸点范围很宽的混合物，一般采用程序升温法进行。程序升温：在分析周期内使柱温按预定的升温程序由低向高逐渐变化，使不同沸点的组分在各自最佳的温度流出，改善分离效果。

（四）检测系统

气相色谱仪的检测器是一个关键组成部分，它将色谱柱分离出的各组分的浓度或质量转化为响应信号。常用的气相色谱检测器有热导检测器（thermal conductivity detector，TCD）、氢焰离子化检测器（hydrogen flame ionization detector，FID）、电子捕获检测器（electron capture detector，ECD）、火焰光度检测器（flame photometric detector，FPD）和质谱检测器（mass spectrometry detector，MSD）等。

根据不同组分是否具有选择性响应能力，检测器可分为通用型和选择性型。热导检测器和质谱检测器属于通用型，能对各类组分进行检测。而电子捕获检测器和火焰光度检测器等是选择性检测器，对特定类型的组分具有较好的选择性。

此外，按照检测器的响应信号与组分含量之间的关系，可将其分为浓度型和质量型检测器。浓度型检测器的输出响应与样品中组分的浓度成正比，例如热导检测器和电子捕获检测器。而质量型检测器的响应与单位时间内进入检测器的组分质量成正比，例如氢焰离子化检测器和火焰光度检测器。

1. 热导检测器　气相色谱热导检测器是一种常用、通用型的检测器，其原理基于被测物质与载气之间的热导率差异。热导检测器主要部件是热导池，其结构如图 3－12 所示，由池体和热敏元件（热丝）构成。热导池的池体通常采用不锈钢制造，上面有四个对称的孔道，每个孔道固定一根螺旋形的热丝（钨或铼钨合金），这些热丝被称为热敏元件。热导池的结构有双臂热导池和四臂热导池两种形式。

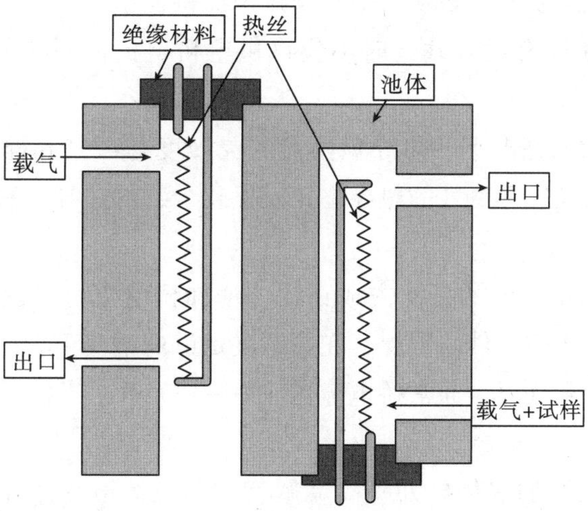

图 3－12　热导检测器结构示意图

热导池的工作原理如图 3－13 所示，当热导池通电时，热丝被加热到一定温度，产生的热量被载气带走，并以热导方式传递给池体。当热量的产生与散热达到动态平衡时，热丝的温度保持恒定，其电阻值也恒定。在样品未进入时，通过热导池的两个孔道中流经的是纯载气，因而热丝的温度和电阻值都保持恒定。当样品组分进入测量孔道时，样品组分与载气之间的热导率不同，导致热丝的散热情况发生变化。这样，测量孔道中热丝的温度和电阻值就会发生相应变化，这个变化可以通过电桥测量出来。

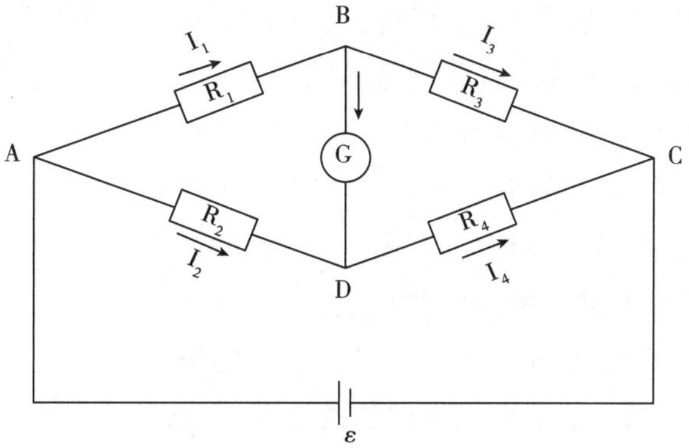

图 3－13　热导池惠斯顿电桥测量线路

由四根热线组成的四臂热导池，导检测器中的四臂热导池由四根热丝组成，其中两根作为参考臂，另外两根作为测量臂。在电路图中，参考臂由 R_2 和 R_3 组成，测量臂由 R_1 和 R_4 组成，其中 R_1 等于 R_2，

R_3等于R_4。

当仅有纯载气通过时，电流通过热丝产生的热量与载气带走的热量达到热平衡。此时，参考臂和测量臂热丝的温度相同，满足$R_1 \times R_4 = R_2 \times R_3$的关系，电桥处于平衡状态，无信号输出。此时，记录仪图表显示一条直线。当样品组分与载气通过测量臂时，组分与纯载气具有不同的热导率，导致热量通过热传导带走测量臂的热量，从而引起热丝的温度变化，改变电阻值。而参考臂的电阻值保持不变。此时，$R_1 \times R_4 \neq R_2 \times R_3$，电桥失去平衡，A、B两点之间的电位不等，产生输出信号，输出信号的大小与样品组分的含量成比例。

使用热导检测器时需要注意以下事项。

（1）热导检测器是一种浓度型检测器，当进样量固定时，峰面积与载气流速成反比，而峰高受流速影响较小。因此，在峰面积定量时，必须严格控制流速保持恒定。

（2）为避免热丝烧断，在没有通入载气时不应该供电桥电流，而在关闭仪器时应先切断桥电流，然后再关闭载气。

（3）在其他条件保持一致的情况下，热导检测器的灵敏度与载气和样品组分之间的热导率差异有关。差异越大，灵敏度越高。氢气和氦气的热导率比有机化合物的热导率高很多，因此灵敏度高，并且不会出现倒峰现象。

（4）热导检测器的响应与桥电流的三次方成正比。增加桥电流可以提高灵敏度，但同时会增加热丝氧化和噪声，并有可能损坏热敏元件。因此，在灵敏度足够的情况下，应尽量使用较低的桥电流以保护热敏元件。当使用氮气作为载气时，通常桥电流为100～150mA；当使用氢气作为载气时，桥电流为150～200mA。

（5）降低检测室温度可以增加热传导并提高灵敏度。但是，检测器温度不应低于柱温，以避免样品组分在检测室中冷凝引起基线不稳定。通常，检测室温度应比柱温高20～50℃。

热导检测器的优点在于结构简单、稳定性好、不破坏样品且具有较强的通用性，可以对各种物质进行检测。然而，热导检测器的灵敏度相对较低，这可能在需要更高灵敏度的分析中有所限制。总的来说，气相色谱的热导检测器是一种可靠、广泛应用的常用型检测器。

2. 氢火焰离子化检测器（FID） 是一种常用的质量型检测器，主要用于检测可在H_2－Air火焰中燃烧的有机化合物，比如烃类物质。相对于热导检测器，它具有更高的灵敏度，大约高出3个数量级。

氢火焰离子化检测器结构如图3－14所示，其主要部件是用不锈钢制成的离子室。离子室由收集极、发射极（或称极化极）、气体入口和火焰喷嘴等部分组成。氢气与载气预先混合，从离子室下部进入喷嘴，空气从喷嘴周围引入助燃，生成的氢氧焰为离子化能源。喷嘴本身作为发射极，火焰上方的圆筒状电极为收集极，在两电极间施加极化电压产生电场。

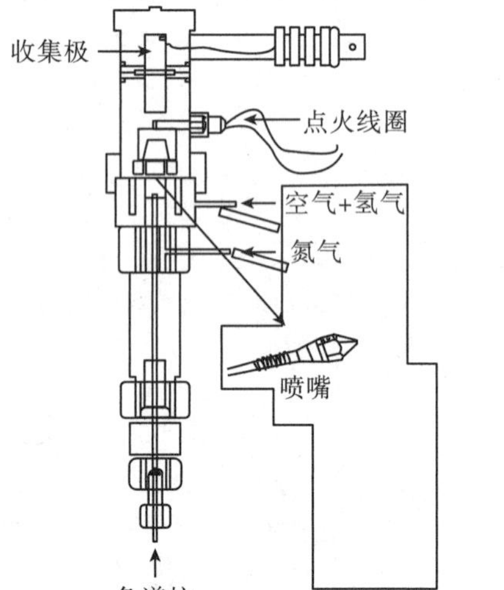

图3－14 氢火焰离子化检测器结构示意图

氢火焰离子化检测器的工作原理是将待测物质引入氢/空气混合气体的火焰中进行燃烧，产生电离的粒子。在火焰中的燃烧过程中，有机化合物分子会被氢/空气火焰中的氢离子化为正离子和电子，而正离子会被火焰中的氧气捕获形成氧化物。这些电子和氧化物将形成一个离子流，通过电流检测器，产生检测信号。

在选择氢火焰离子化检测器的操作条件时，需要考虑以下几个因素。

（1）载气流速 一般选择氮气作为载气，根据速率理论和实验结果确定最佳的载气流速，以提高色谱柱的分离效能。

（2）氢气流速 氢气流速的选择主要关乎检测器的灵敏度。氢气流速与载气流速的比值对氢火焰的温度和离子化过程有显著影响。若氢气流速过低，火焰温度较低，离子化的数量有限，导致灵敏度下降和可能的火焰熄灭；若氢气流速过高，则噪声增加，基线变得不稳定。一般采用的流量比为 N_2∶H_2 为 1∶（1～1.5）。

（3）空气流速 空气作为助燃气体，当空气流量超过某一阈值（例如 400ml/min）时，对响应值几乎没有影响。推荐的流量比为 H_2∶空气为 1∶10。

（4）使用温度 检测器的温度通常比色谱柱温度高 20～50℃。对于氢火焰离子化检测器来说，温度应高于 100℃，以避免水蒸气在离子化室内凝聚，导致灵敏度降低并可能影响检测器的使用寿命。

此外，检测器的极化电压也会影响其响应值，适宜的极化电压范围为 100～300V。离子化室的屏蔽性能、清洁度以及所使用气体的纯度也会对检测器的灵敏度产生影响。

3. 电子捕获检测器（electron capture detector，ECD） 属于专用型微分检测器，由于它对电负性物质（例如含卤、硫、磷、氮等物质）有很高的灵敏度，高灵敏度表现在检测限可达 10^{-14}g/ml。其在石油化工、环境保护、食品卫生、生物化学等分析领域中得到广泛的应用。

ECD 的主要部件是离子室，离子室内装有圆筒状的 β 放射源（^{63}Ni 作为负极，以一个不锈钢棒作正极，在两极施加直流或脉冲电压），结构如图 3－15 所示。

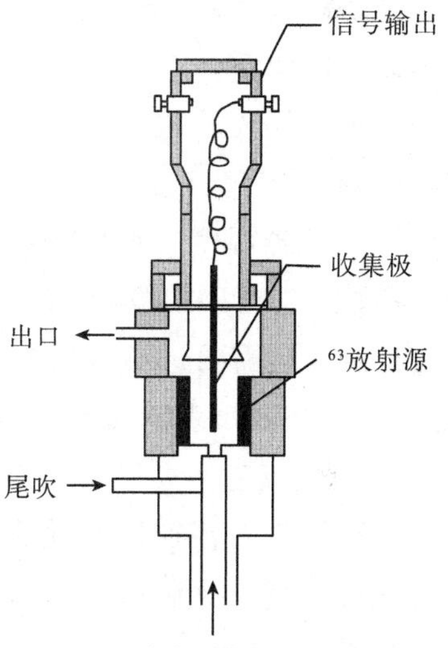

图 3－15 电子捕获检测器结构示意图

当载气（如 N_2）进入检测器时，在 β 射线的作用下发生电离，产生正离子和低能量的电子

$$N_2 \rightarrow N_2^+ + e^-$$

生成的正离子和低能量的电子在电场作用下分别向两极运动，形成一个背景电流——基流；当含有强电负性物质 AB 进入检测器时，就能捕获这些低能量的电子，产生带负电荷的分子或离子并释放出能量

$$AB + e^- \rightarrow AB^- + E$$

带负电荷的分子或离子和载气电离生成的正离子碰撞生成中性化合物，结果使基流降低，产生负信号，形成倒峰。经放大器放大，极性转换，输出正峰信号。信号的大小与进入检测器组分的浓度成正比。

在使用电子捕获检测器（ECD）时，以下是一些专业的操作条件与要求。

（1）载气选择 ECD 常使用纯度高于 99.999% 的氮气作为载气。若载气中含有微量的电负性组分如氧气和水蒸气，可以采用脱氧气管等净化装置去除杂质。载气流速对基线和响应信号也有影响，应根据实验条件进行试验，选择最佳的载气流速。根据不同的色谱柱，毛细管样 1～5ml/min，填充柱 20～80ml/min。

（2）样品选择 ECD 对电负性较强的元素具有较高的响应值，因此在进样溶剂选择上应避免使用含有卤素、氧、硫、氮等化合物的溶剂。宜选择不含这些成分的溶剂，如正己烷、石油醚等作为试样溶剂，而避免使用三氯甲烷、二氯甲烷等含有这些成分的进样溶剂。

（3）检测器温度　ECD 的温度对基线大小有影响，应根据待测组分的特性选择适宜的检测器温度。确保检测器温度不超过 350℃。

此外，ECD 要求整个气路保持密闭，不应随意拆卸，以防止放射性污染风险的存在。使用 ECD 时，必须严格遵守安全操作规程，并遵循放射性物质的处理和管理规范。维护气路的密封性和遵循辐射安全措施是确保安全操作的重要方面。

4. 火焰光度检测器（flame photometric detector，FPD）　是一种专用的微分检测器，因其对于含硫、磷化合物具有高度敏感的特性而被广泛应用。火焰光度检测器具有极低的最小检出限，可达到 10^{-11} 克级别。而其线性范围方面，对于有机磷化合物，其线性范围可达到 10^4 级别；而对于硫化物，其线性范围无法通过简单的线性关系描述，而需要通过双对数图绘制以得到其线性范围，通常在 10^2 级别。火焰光度检测器以其对含硫、磷化合物具有高度敏感的能力，以及宽广的线性范围，成为石油化工、环境保护、食品卫生和生物化学等领域中的理想选择，为这些领域的分析工作提供了可靠而有效的手段。

火焰光度检测器的结构如图 3－16 所示，主要由燃烧系统和光学系统两部分组成。燃烧系统类似于火焰离子化检测器，在上方加一个收集极就成了离子化检测器；光学系统包括石英窗、滤光片和光电倍增管。

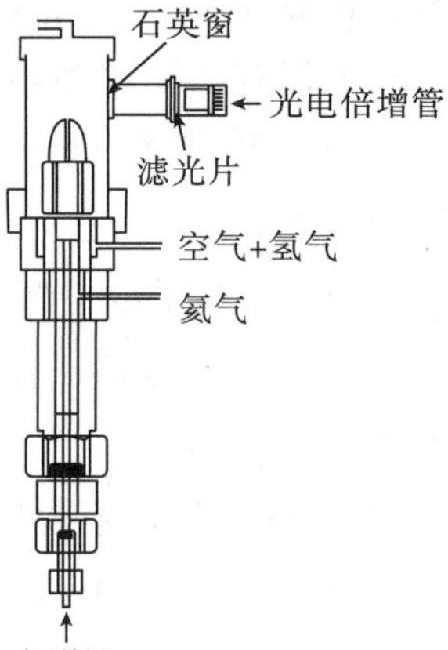

图 3－16　火焰光度检测器结构示意图

在使用火焰光度检测器时，以下是一些专业的操作条件与要求。

（1）检测器温度　火焰光度检测器中的火焰温度是一个重要的操作参数。对于磷的检测，较高的火焰温度通常更有利；而对于硫的检测，则需要选择适当的温度条件。为了优化检测性能，建议进行条件实验，以确定最佳的操作温度。

（2）氢气流速　火焰光度检测器中，使用富氢火焰是必要的。氢气和氧气的流速比对检测器的响应有显著影响。一般而言，将氧气与氢气的流速比维持在 0.2～0.5，可获得较高的灵敏度。若流速比超出此范围，可能无法产生特征光谱。

此外，请注意以下操作步骤以保护检测器并确保准确的分析结果：为延长光电倍增管的使用寿命及避免损坏，确保检测器燃烧室温度高于 100℃时才进行点火，以避免燃烧室积水受潮。点火后方可开启检测器的高压电源。若发生熄火，务必先关闭高压电源，然后重新点火。实验结束时，请先关闭高压电源。此外，由于使用滤光片，不可同时测定含硫化合物和磷化合物。

5. 热离子检测器（thermionic detector 或 nitrogen phosphorous detector，NPD）　属于专用型微分检测器，由于它对含电负性原子特别是含氮、磷、硫、卤素等有机化合物有很高的灵敏度，又称氮磷检测器。

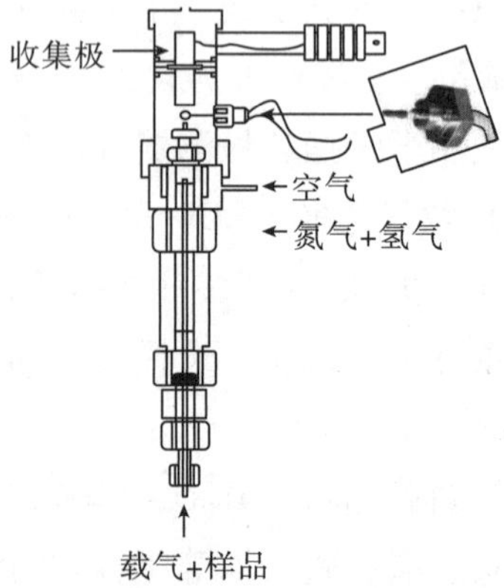

图 3－17　热离子检测器结构示意图

氮磷检测器（NPD）与火焰离子化检测器（FID）的结构相似。一个显著区别是，加入用碱金属盐制成的玻璃珠（目前常用的是铷珠），如图 3－17 所示。当样品分子中含有与碱盐反应的元素时，当样品中的化合物与碱盐反应时，这些化合物会在火焰中产生氮化磷化合物，进而增大碱金属盐的挥发度。这些挥发的碱金属盐蒸气在火焰中被激发电离，并产生新的离子流。这些离子流被检测器捕获，并转化为电流信号，用于定量分析样品中的目标化合物。

燃烧用的氢气与柱出口流出物混合经喷嘴一道流出，在喷嘴上燃烧，助燃用的空气（氧气）均匀分布于火焰周围。由于在火焰附近存在着由收集极（正极）和极化极（负极）之间所形成的静电场，当含电负性原子的被测样品分子进入氢－氧火焰燃烧时，会增加碱金属盐的蒸发和化学离解，从而使收集到的离子流大为增加，通过高电阻取出，经微电流放大器放大，然后输出信号。

NPD 检测器使用时需要注意以下几项。

（1）当电离源老化时，应将色谱柱拆下，并使用密封螺帽将柱入口密封，通氢气和空气进行老化；在启动 NPD 时，先加热电离源，然后逐步增加铷珠电流，最好采用手动加压方式进行铷珠激发，这有助于控制电流的上升速度，避免冲击铷珠，一般采用最低铷珠电压进行检测；在满足分析要求的前提下，尽量减少氢气流速，以延长铷珠的使用寿命；如果 NPD 在较长时间内不使用，应关闭铷珠电流，以节约铷珠的使用寿命。

（2）避免大量电负性化合物进入检测器，避免使用氯代烃溶剂，因为它们会导致灵敏度急剧下降，并影响铷珠的寿命。尽量避免使用水、甲醇、乙醇等溶剂；避免使用带有氰基的固定液，例如 OV－225、XE－60 等。还应避免使用磷酸处理载体。

（3）在溶剂出峰过程中和运行之间，关闭氢气流以避免不必要的底线噪声和背景信号。

（4）如果 NPD 在高湿度环境中长时间不使用，检测器内可能会积聚水分。为了蒸发这些水分，可以将检测器温度设定为 100℃，保持 30 分钟，然后将检测器温度设定为 150℃，再保持 30 分钟；保持 NPD 的较高检测器温度（320～335℃），这有助于提高检测灵敏度。

三、气相色谱分析条件的选择

气相色谱（GC）作为一种常用的分析技术，除了选择合适的固定相，还需要优化仪器条件，以在较短时间内获得满意的分析结果，并满足分离分析的需求。

首先，载气的选择非常关键。常用的气相载气包括氢气、氮气、氦气和氩气。在选择载气时需要考虑检测器的特点。例如，对于热导检测器，为了提高灵敏度，可以选择具有较大热导系数的氢气或氦气；电子捕获检测器通常使用高纯度氮气作为载气；而火焰离子化检测器和火焰光度检测器则倾向于选择相对分子质量较大、稳定性较高的氮气。此外，载气的种类和流速也直接影响着柱效和分析速度的高低。

其次，柱温的选择也是至关重要的。柱温是影响分离效能和分析速度的关键参数。柱温不能高于固定相的最高使用温度，以免固定相挥发。同时，柱温的过高可能导致柱寿命的缩短和检测器的污染。适当提高柱温可以加快挥发，但会降低分离效果；反之，降低柱温会增加传质阻力，产生峰形扩展和拖尾现象，且会延长分析时间。综合考虑，降低柱温有利于提高分离度。柱温的控制方式可以是恒温或程序升温。恒温适用于样品成分较少且沸点接近的情况，而程序升温则适用于样品复杂、沸点范围较宽的情况。

进样时间和进样量也需要谨慎选择。进样速度应快，一般在 1 秒以内。进样量的选择取决于样品的性质和分析目标。气态样品的通常进样量在 0.1～10ml 之间，而液态样品的进样量通常在 0.1～5μL 之间。进样量过多会导致峰重叠和分离不良，而进样量过少则可能导致低浓度组分难以检测。进样量的最大限制应保持色谱峰半峰宽不变，并且与进样量之间呈线性关系。

此外，汽化温度的选择也需根据样品的沸点、热稳定性和进样量来确定。一般而言，可以选择等于或稍高于样品沸点的汽化温度，以确保样品能够迅速完全汽化。汽化室温度应比柱温高 50～100℃。对于热不稳定的组分，应选择较低的汽化温度，以防止其分解。而对于高沸点组分，甚至可采用低于其沸点的汽化温度。

通过合理选择和优化这些操作条件，可以提高 GC 分析的分离效能和分析速度，并获得准确、可靠的结果。根据具体的样品特性和分析要求，需要进行具体优化和调整。

强国园地

中国第一台气相色谱仪及其发展

中国的第一台气相色谱仪是由北京分析仪器厂于1963年研制成功的，名为“SP-1型填充柱毛细管柱两用气相色谱仪”。该仪器采用单一柱、单一火焰电离检测器、等温控制的气相色谱技术。当时，这台气相色谱仪在国内处于领先地位，填补了国内气相色谱技术的空白，并为我国气相色谱的发展奠定了基础。

1967年左右，中国科学院仪器研究所又研发出我国第一台具有国际先进水平的SP-1型气相色谱仪，即我国第一台商品化气相色谱仪。SP-1型气相色谱仪的研制推动了气相色谱在国内的应用和推广。随后，北京分析仪器厂又研制出了SP-2型、SP-3型和SP-4型气相色谱仪。这些仪器的研制进一步提升了我国的气相色谱技术水平，并推动了气相色谱在国内的应用和发展。

20世纪80年代，3400系列气相色谱仪量产，其中SP-3420A型和SP-3400型气相色谱仪这两款产品均采用国际标准制造。

另外值得一提的是，GC128型和GC112A型，具有领先水平的技术性能。GC9720型气相色谱仪在国内颇受欢迎，由于其性能接近进口气相色谱仪，成为国内销量最大的气相色谱仪。

总体来说，中国在气相色谱仪的发展方面取得了显著的成就。中国第一台气相色谱仪的研发填补了国内的技术空白，推动了我国气相色谱的发展。随后，我国逐步实现了自主研发和生产气相色谱仪，并不断提升其性能和功能。通过引进国外先进技术和自主创新，我国的气相色谱技术已经达到了世界领先水平。

第三节　气相色谱法的应用

（蔬菜中有机磷农药多残留测定）

一、概述

中国是农业大国，农药使用量居世界首位，但农药种类单一，剧毒、高毒品种较多。蔬菜是中国的传统作物，种植面积广大且品种丰富，但病虫害问题严重，需要大量农药防治。然而，农药过度使用导致蔬菜农药残留问题普遍存在，尤其是有机磷农药。各地区抽检结果显示，蔬菜中残留有高毒农药且超标情况较多，对人体健康构成潜在风险。因此农药残留检测对于保障人民健康具有重要意义。

农药残留的检测主要包括前处理技术和分析检测技术。前处理技术主要包括传统方法和新的快速、简便、高准确性的技术。传统方法如液液萃取、索氏萃取、层析等，存在一些缺点，包括有机溶剂使用量大、前处理时间长、过程繁琐和误差大等。为了解决这些问题，新的前处理技术被广泛研究和应用。其中，固相萃取（SPE）、固相微萃取（SPME）、加速溶剂萃取（ASE）、微波辅助萃取（MAE）和超临界流体萃取（SFE）等技术具有快速、高效、自动化等特点，并在农药残留检测中得到广泛应用。

在分析检测技术方面，仪器分析法是农药残留检测中最常用和成熟的方法，其中包括光谱法、薄层色谱法（TLC）、气相色谱法（GC）、高效液相色谱法（HPLC）、气相色谱质谱联用法（GC-MS）和高效液相色谱质谱联用法（HPLC－MS）等。气相色谱法适用于分离挥发性有机磷农药，被广泛应用在食品有机磷农药多残留测定中。

二、测定原理

样品中残留的有机磷类农药，用乙腈提取，固相萃取柱净化，气相色谱－FPD 测定，外标法定量，11 种有机磷农药（浓度为 1.0μg/L）标准色谱图如图 3－18 所示。

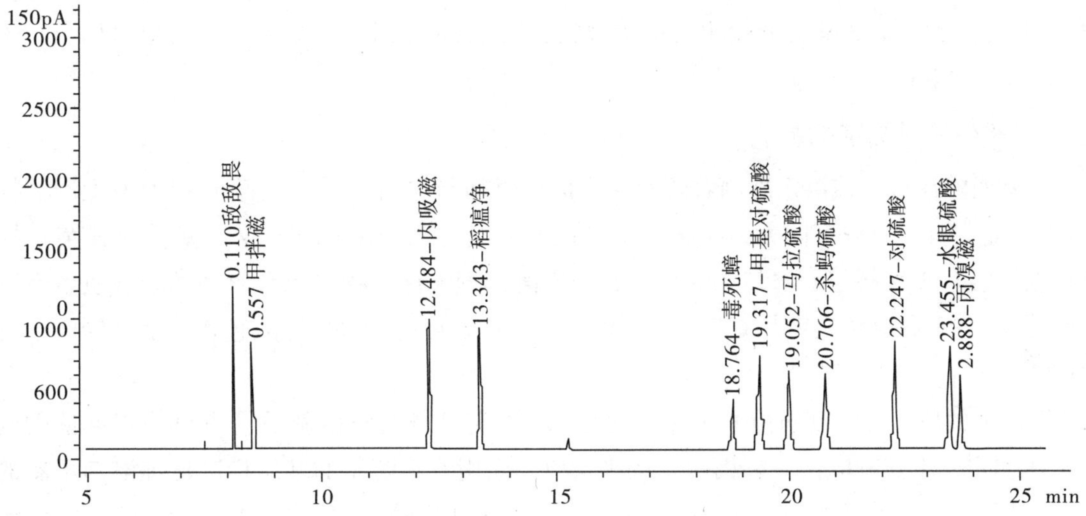

图 3－18 11 种有机磷农药（浓度为 1.0μg/L）标准色谱图

三、实验方法

（一）前处理

将 250g 样品粉碎混匀，称取 20g 置于 50ml 离心管中，加入 20ml 乙腈、5g 氯化钠，均浆，冷冻离心 6000 转/分 15min。取 10ml 上清液，旋转蒸发浓缩至约 1ml 备用。过 SAMPLIQ Carbon/Amino 固相萃取柱，预先用 2ml 的二氯甲烷：丙酮（1：1）预洗柱子，将浓缩样品移至净化柱上，用 1ml 二氯甲烷：丙酮（1：1）洗涤蒸馏烧瓶 2 次，并移入柱子，再用 10ml 丙酮洗涤柱子，收集第 3～12ml 的流出液于比色管中，在 40℃水浴中氮吹至近干，用加入丙酮定容 2ml，用于测定。

（二）仪器条件

色谱柱，Agilent J&W HP－5ms（30m×0.25mm×0.25μm）；进样口温度，280℃；恒流模式，1.2ml/min；载气：N_2；柱温，70℃，保持 2min，以 25℃/min 的速度上升到 150℃，再以 3℃/min 的速度上升到 200℃，再以 8℃/min 的速度上升到 280℃保持 10min；检测器温度 270℃，检测器气体流速：N_2，50ml/min；H_2，100ml/min；空气，50ml/min。

四、方法条件优化

1. 前处理条件

（1）固相萃取小柱类型及容量的选择　目前固相萃取小柱以填料分类有很多种，有 C18 柱、氨基柱、碳氨柱等。使用每 ml 相当于 10g 青菜的提取液对不同容量的小柱进行击穿试验，发现在容量为

1000mg（石墨化炭 500mg/PSA 500mg）连续加入 6ml 提取液后有绿色液体流出，750mg（石墨化炭 250mg/PSA 500mg）连续加入 4ml 提取液后有绿色液体流出，而其他 C18 柱（500mg）、氨基柱（500mg）由于没有石墨化炭的净化，基本在 1ml 即有绿色液体流出击穿。根据取样量，可以使用 750mg（石墨化炭 250mg/PSA 500mg）SAMPLIQ Carbon/Amino 固相萃取柱。

（2）固相萃取流出液的收集 SAMPLIQ Carbon/Amino 固相萃取柱用于前处理净化，将加标的样品的浓缩液移至净化柱上，用 1ml 二氯甲烷：丙酮（1：1）洗涤蒸馏烧瓶 2 次，并移入柱子，再用丙酮洗涤柱子。以流出液体积 1ml 为一个收集单位，收集流出液，分别对其进行分析。发现第 1～2ml 流出液中未检出目标化合物，第 3ml 开始检出目标化合物，第 13ml 以后的收集液中未检出目标化合物。因此收集体积为第 3～12ml。

（二）基质效应对测定的影响

1. 保留时间的漂移 纯溶剂配制农药标准的保留时间与空白基质（青菜）提取液配制的标准的保留时间存在一定差异。对浓度同为 100μg/L 的待测溶液纯溶剂配制标准与空白基质（青菜）提取液配制的标准进行连续 11 次测定，求其保留时间的平均值，不同化合物其保留时间的差异也各有不同。除个别化合物外，各种化合物几乎都有 2～10 秒的时间提前，可能是基质进入色谱柱后，影响了理论塔板数所造成的。

2. 基质增强效应 对浓度同为 100μg/L 的纯溶剂配制标准与空白基质（青菜）提取液配制标准进行连续 11 次测定，求其响应值（峰面积）的平均值，使用青菜配制的基质标准比纯溶剂配制的响应值要高，而且不同的基质标准响应值也存在差异。采用空白基质（青菜）提取液配制的标准制作标准曲线的方法减小基质效应对测定的影响。加标量为 100μg/kg 的样品由纯溶剂配制标准曲线校正其回收率为 80.0%～250.0%，而使用空白基质提取液配制的标准曲线校正后其加标回收率为 70.4%～116.8%。

一般认为气相色谱基质增强效应是（在检测实际样品时由于样品基质中的组分分子与目标分析物分子竞争进样口和柱头由金属离子、硅烷基及不挥发物质形成的活性点），使目标分析物与活性点的反应机会减少，更多分析物进入柱子。当以纯溶剂标样进行校准时，样品中目标分析物的测定值偏高；样品中的不挥发物质在 GC 系统逐渐堆积会产生新的活性点，这些活性点又会吸附农药，使部分分析物的响应降低。

五、计算

该方法进样溶液中各有机磷农药的浓度由标准曲线直接读出，有机磷农药的峰面积与有机磷农药的浓度成正比，其计算公式：

$$X = \frac{c \times 2 \times 20}{m \times 10} \qquad (3-21)$$

式中，X 为试样中有机磷农药的含量，单位为毫克每千克（mg/kg）；c 为试样溶液中有机磷农药的浓度，单位为微克（μg/L）；m 为试样称样量，单位为克（g）。

六、方法学指标

以称样量 10g 计算，方法的检出限为 0.01～0.03mg/kg，定量限为 0.03～0.09mg/kg。在重复性条件下获得的两次独立测定结果的绝对差值不得超过算术平均值的 10%。

第四节　液相色谱法

PPT

一、液相色谱法概述

高效液相色谱（high pressure liquid chromatography，HPLC），是20世纪60年代末期在经典液相色谱法和气相色谱法的基础上发展起来的先进分析技术。HPLC利用高压输液泵、高灵敏度检测器和高效微粒固定相等新技术，具有适用范围广、分离速度快、灵敏度高、色谱柱可重复使用、样品用量较少以及可收集被分离的组分等特点。

高效液相色谱（HPLC）在分析领域具有广泛的适用性，特别适用于以下样品的分析。

（1）高沸点、不易挥发的化合物　高沸点的有机化合物在气相色谱中很难气化进行分析，而HPLC能有效地分离和分析。

（2）热稳定性较差、易降解的化合物　由于HPLC在室温下进行分离，因此适用于在高温下易分解或损失活性的有机化合物的分析。

（3）分子量较大的化合物　HPLC可应用于分子量较大的有机化合物的分离和定量，这些化合物通常在气相色谱中难以分离。

（4）不同极性的有机化合物　HPLC提供了各种不同类型的固定相选择，以适应不同极性化合物的分离和分析。

（5）合成和纯化天然高分子化合物　HPLC可用于纯化和分析合成的高分子化合物，如聚合物、蛋白质和核酸等。

这些样品涉及石油化工产品、食品、合成药物、生物化工产品和环境污染物等多个领域，这些领域的有机化合物约占全部有机化合物的80%，与气相色谱（GC）相比，HPLC能弥补GC在样品适用范围方面的不足，如表3-1所示。HPLC作为一种高效、灵敏和准确的分析技术，在科学研究和工业生产中得到广泛应用。

表3-1　高效液相色谱法与气相色谱法的比较

方法项目	高效液相色谱法	气相色谱法
进样方式	样品制成溶液	样品需加热气化或裂解
流动相	（1）液体流动相可为离子型、极性、弱极性、非极性溶液，可与被分析样品产生相互作用，并能改善分离的选择性 （2）液体流动相动力黏度大，传输流动相压力高	（1）气体流动相为惰性气体，不与被分析的样品发生相互作用 （2）气体流动相动力黏度小，传输流动相压力低
固定相	（1）分离原理：可依据吸附、分配、筛析、离子交换、亲和等多种原理进行样品分离，可供选用的固定相种类繁多 （2）色谱柱：固定相粒度小为5~10μm；填充柱内径为3~6mm，柱长10~25cm，柱效为10^3~10^4，毛细管柱内径为0.01~0.03mm，柱长5~10m，柱效为10^4~10^5 柱温为常温	（1）分离原理：可依据吸附、分配两种原理进行样品分离，可供选用的固定相种类较多 （2）色谱柱：固定相粒度大0.1~0.5mm；填充柱内径为1~4mm，柱长1~4m，柱效为10^2~10^4，毛细管柱内径为0.1~0.3mm，柱长10~100m，柱效为10^3~10^4 柱温为常温~300℃
检测器	选择性检测器：UVD，PDAD，FD，ECD 通用型检测器：ELSD，RID	通用型检测器：TCD，FID（有机物） 选择性检测器：ECD*，FPD，NPD

续表

方法项目	高效液相色谱法	气相色谱法
应用范围	可分析低分子量低沸点样品；高沸点、中分子、高分子有机化合物；离子型无机化合物；热不稳定，具有生物活性的生物分子	可分析低分子量低沸点有机化合物；永久性气体；配合程序升温可分析高沸点有机化合物；配合裂解技术可分析高聚物
仪器组成	溶质在液相的扩散系数很小，因此在色谱柱以外的死空间应尽量小，以减少柱外效应对分离效果的影响	溶质在气相的扩散系数大，柱外效应影响较小，对毛细管气相色谱应尽量减小柱外效应对分离效果的影响

二、高效液相色谱仪结构

高效液相色谱仪是一种用于分析和分离复杂混合物的重要工具，它由多个关键组件组成。高效液相色谱仪的工作过程可概括如下，流动相从贮液器经传输系统由高压泵负责将溶剂以高压注入进样系统中；样品在进样器中与流动相混合后一同进入色谱柱，常见的进样方式包括自动进样器和手动进样器；色谱柱中填充着具有不同特性的固定相材料将样品按照不同的特性进行分离，用于实现样品各组分分离；分离后的组分按照先后顺序进入检测器进行信号检测，通常使用紫外检测器或荧光检测器等设备来实时监测样品的浓度；最后，流动相和样品从色谱仪出口流出，并被馏分收集器收集。此外，仪器还配备了数据处理系统，用于获取、分析和解释测量结果。

高效液相色谱仪主要包括高压输液系统、进样系统、分离系统、检测系统、数据处理系统及梯度洗脱等辅助装置，如图 3－19 所示。

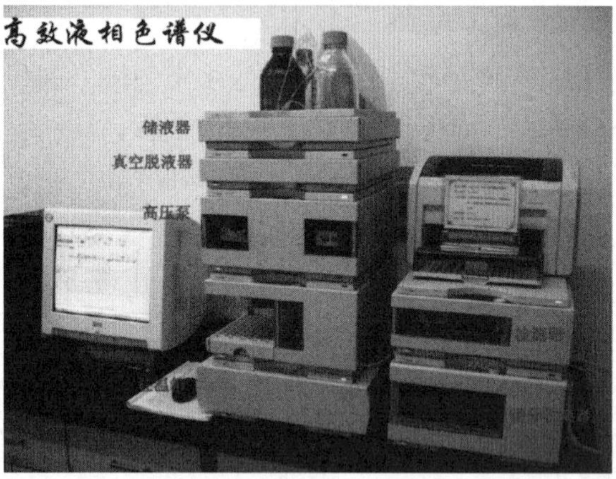

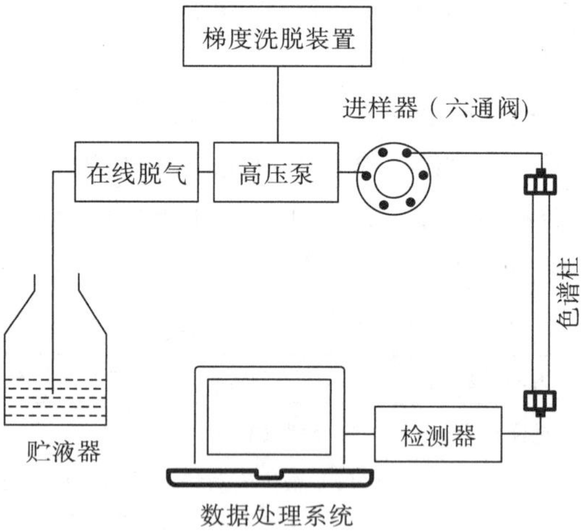

图 3－19　高效液相色谱仪实物和结构简图

（一）高压输液系统

1. 贮液器　高效液相色谱仪中用于存放流动相的容器如图 3－20 所示，其材料应具有良好的耐腐蚀性和化学惰性，常见的制作材料包括玻璃、不锈钢和聚四氟乙烯等。贮液器的容积大小与色谱柱尺寸、泵的类型以及所用的液相色谱系统有关。通常情况下，贮液器的容积为 0.5～2.0L，以确保在不需要重复加液的情况下能够连续工作。而对于凝胶色谱和制备型色谱仪器而言，贮液器的容积应更大。

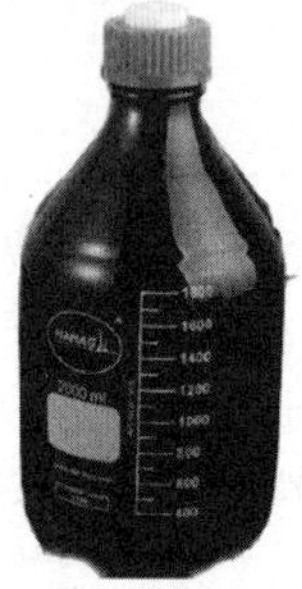

图 3－20　高效液相色谱仪贮液器

在贮液器使用时，应将其放置在高于泵体的位置，以保持一定的静态压差，以确保流体能够顺利输送。同时，在使用过程中，贮液器应保持密封状态，以防止溶剂的挥发，避免流动相组成的变化。此外，密封状态还能有效防止空气中的氧气和二氧化碳重新溶解于已脱气的流动相中，从而影响分析的准确性。

高效液相色谱中的溶剂使用前，必须先通过 0.45μm 滤膜进行过滤，以除去机械性杂质，防止其对管道或进样装置造成堵塞。对于输出流动相的连接管路，一般会使用 0.45μm 孔径的多孔不锈钢过滤器或专用的玻璃膜过滤器，以确保样品进入色谱系统时不受杂质的影响。

2. 在线脱气装置　高效液相色谱使用前，流动相必须经过脱气处理，以消除其中溶解的气体。这是为了避免在洗脱过程中因压力下降而导致气泡产生，从而影响色谱柱的分离效率，对检测器的灵敏度和基线稳定性产生不良影响，严重情况下可能无法进行有效分析。此外，流动相中溶解的氧气可引起荧光淬灭现象，影响荧光检测器的准确性，并可能导致样品中某些组分的氧化或导致色谱柱中的固定相降解，影响柱的分离性能。

常用的脱气方法有吹氦脱气法、加热回流法、真空脱气法、超声波脱气法等。这些方法一般只适用于单一溶剂体系的脱气，对于多元溶剂体系，应先分别对各个溶剂脱气，再进行混合，以确保混合后的比例保持不变。为了解决这个问题，开发了在线真空脱气法（on - line degasser）：将真空脱气装置与贮液系统连接，在膜过滤器的协助下，实现流动相在进入泵之前的连续真空脱气，其原理如图 3 - 21 所示。该方法具备智能控制，无需额外操作，并且脱气效果优于其他方法，适用于多元溶剂体系。通过在线脱气使泵的输液更准确，提高保留时间和峰面积的重现性；提高检测器的性能，稳定基线，增加信噪比；保护色谱柱，防止填料氧化，减少死体积。

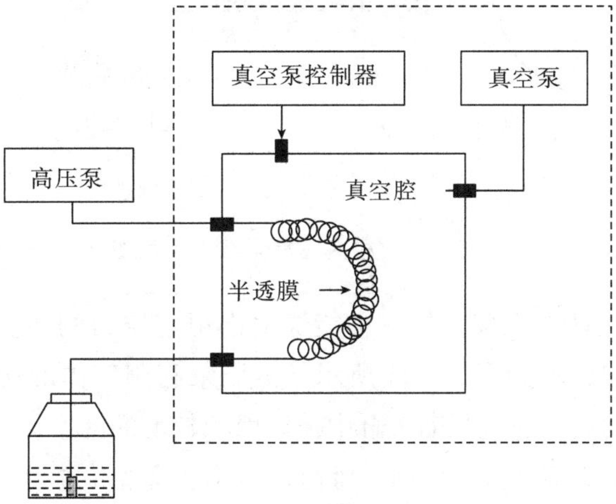

图 3 - 21　在线真空脱气机原理

（二）高压输液泵

高压输液泵是高效液相色谱仪中不可或缺的关键组件，其主要功能是将流动相和样品准确地输送至色谱柱和检测器中，以进行样品的分析。高压输液泵的性能直接影响着整个仪器的稳定性和分析结果的可靠性。

1. 高压输液泵的要求　高压输液泵有以下要求。

（1）高压输液泵的泵体应采用耐酸、耐碱和耐缓冲液腐蚀的不锈钢等材料加工而成，以保证其能在易腐蚀环境下长时间稳定工作。

（2）高压输液泵需具备较高的耐压能力，可长时间连续工作，通常要求耐压 40 ~ 50MPa/cm^2。

（3）高压输液泵的输出流量应能够满足不同需求。对于填充柱而言，通常要求流量范围为 0.1 ~

10ml/min（分析型）和 1 ~ 100ml/min（制备型）；对于微孔柱而言，通常要求流量范围为 10 ~ 1000μl/min（分析型）和 1 ~ 9900μl/min（制备型）。

（4）由于高效液相色谱所使用的检测器对流量变化较为敏感，高压输液泵应提供无脉动的流体输送，以保证准确的流量和降低基线噪声，从而获得更好的检测下限。

（5）流量控制的精确性应达到小于 1% 的要求，更好地控制在 0.5% 以下，并且重复性应小于 0.5%。此外，该泵应易于清洗、方便溶剂更换，并具备梯度洗脱功能。

2. 高压输液泵分类 高压输液泵可分为恒流泵和恒压泵。

（1）恒流泵 单位时间内输出恒定体积流量的流动相，在色谱分析中使用比较普遍。目前应用最广泛的柱塞往复泵，其结构如图 3 - 22 所示，其具有小液缸容积（可达 0.1ml）的特点，因此易于清洗和更换流动相。这使其特别适用于再循环和梯度洗脱等应用。通过调节电机转速，可以方便地调节流量，并且流量不会受到色谱柱阻力的影响。柱塞往复泵的最大泵压可达 400kg/cm^2，适用于高压力操作。

然而，柱塞往复泵的一个主要缺点是输出流量具有较大的脉冲性。为了解决这个问题，通常采用脉冲阻尼器或双泵系统。脉冲阻尼器的作用是减小脉冲，使输出流量更加稳定。另一种方法是使用双泵系统，其中一台泵用于提供稳定流量，另一台泵用于减小和平衡脉冲。

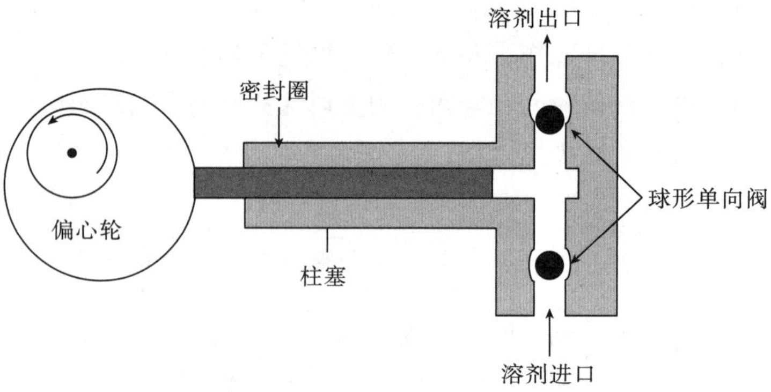

图 3 - 22 柱塞往复泵结构示意图

（2）恒压泵 也被称为气动放大泵，是一种能够输出恒定压力的泵。其工作原理与汽车转向助动泵相类似，气动放大泵的工作原理如图 3 - 23 所示。恒压泵利用气体的压力来驱动和调节流动相的压力，通常使用压缩空气作为动力，通过驱动气缸中横截面积较大的活塞，再经过连杆驱动液缸中横截面积较小的活塞。当气缸压力传递到液缸压力时，液缸的压力也会相应地增加倍数，从而获得输出液体的高压。

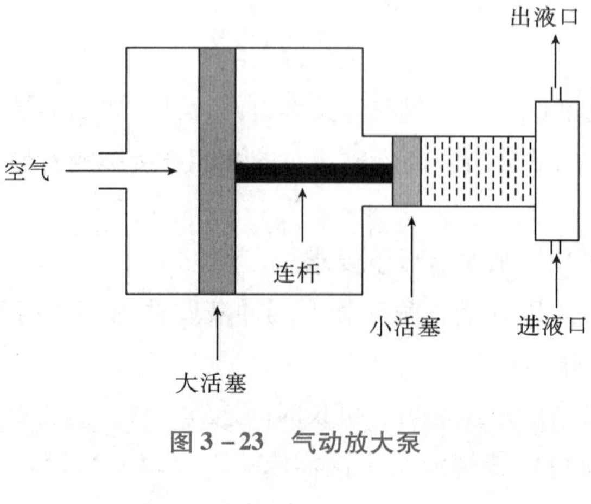

图 3 - 23 气动放大泵

单液缸的气动放大泵在每个输液冲程结束时，气缸和液缸中的活塞会快速反向运动，重新吸取液体，从而几乎不会中断流动相的输出，但可能会导致基线暂时波动。如果使用双液缸的气动放大泵，通过定时切换气体压力的两个电磁阀，可以实现一个液缸正在输液的同时，另一个液缸正在吸取液体，从而实现连续输出流动相，且不引起基线波动。

在使用恒压泵时，输出流动相的流量不仅取决于泵的输出压力，还取决于流动相的黏度和色谱柱的压力降。因此，在分析过程中可能无法获得稳定的流量。恒压泵的优点包括能够通过简单的方式建立高压并输出无脉动、稳定的流动相流体；可以与折光指数检测器配合使用；可以通过改变气源压力调节载液的流速。

然而，恒压泵也存在一些缺点。它的液缸体积较大（约 70ml），使得更换流动相不太方便。如果不使用两台泵，很难实现梯度洗脱。此外，恒压泵无法输出恒定流量的流动相，不易测量重复的保留时间，并且很难获得可靠的定性结果。在高效液相色谱仪的早期发展阶段，恒压泵使用比较广泛。随着往复式恒流泵的广泛应用，恒压泵的使用已经大大减少。

（三）梯度洗脱装置

梯度洗脱是一种通过连续或间断改变流动相组成的方法，利用含有两种或两种以上不同极性溶剂的流动相，调节其极性，使每个组分在分析时间内获得较好的分离效果，并使样品中的所有组分具有适当的容量因子 k。当样品中第一个组分的 k 值与最后一个峰的 k 值相差几十倍至上百倍时，梯度洗脱效果特别好。这一技术与气相色谱中的程序升温技术类似，现已在高效液相色谱中得到广泛应用。有两种实现梯度洗脱的装置，即高压梯度装置和低压梯度装置。

1. 高压梯度洗脱装置（内梯度） 由两台高压输液泵组成，将两种溶剂 A 和 B 分别输入混合室，混合后再送入色谱柱。溶剂进入混合室的比例可以由溶剂程序控制器或计算机进行调节，如图 3－24 所示。高压梯度装置的主要优点是两台高压输液泵的流量可以独立控制，从而可以得到各种形式的梯度程序，并且易于实现自动化。

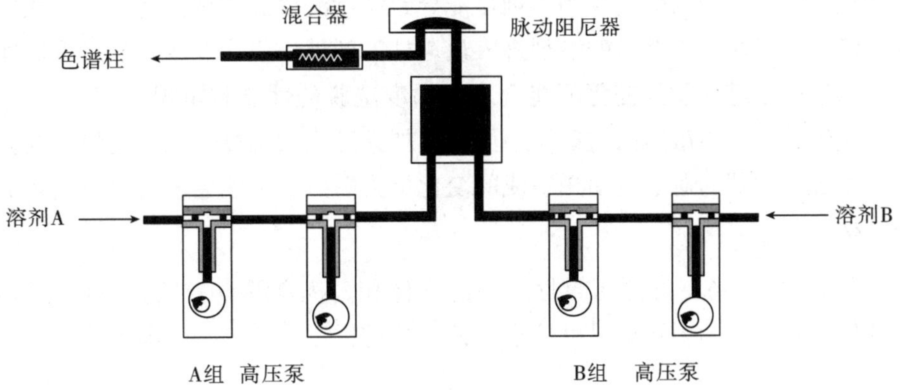

图 3－24　二元泵高压梯度洗脱装置结构示意图

然而，高压梯度装置中，溶剂由分别的泵抽送，进入混合器后，溶剂的可压缩性以及溶剂混合时热力学体积的变化可能会影响流入色谱柱的流动相组成。为了确保流速的稳定性，在梯度洗脱中必须使用恒流泵，否则很难获得重复性的结果。

2. 低压梯度洗脱装置（外梯度） 是一种在大气压下，通过梯度比例阀按照预定程序将两种或多种溶剂混合的方法，然后再使用高压输液泵将混合后的溶剂送入色谱柱中。这种方法的装置示例如图 3－25 所示。低压梯度的主要优点是只需要使用一个高压输液泵。

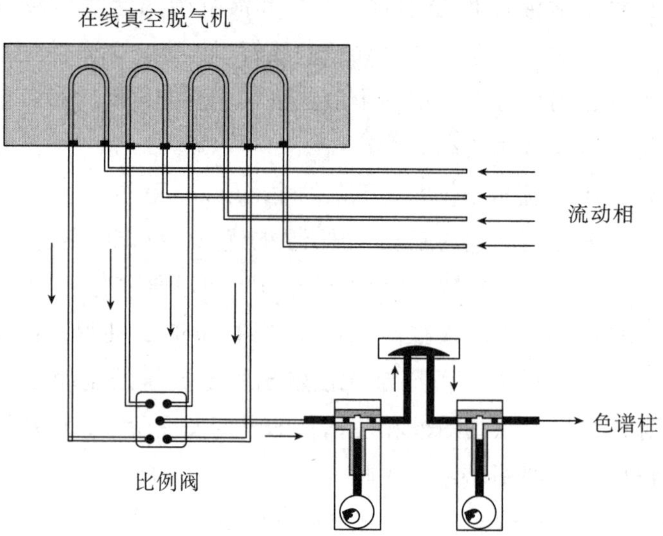

图3－25 四元泵低压梯度洗脱装置结构示意图

在二元混合溶剂体系中，操作时首先通过由微处理机控制的低压计量泵和时间比例电磁阀将弱极性溶剂直接流入混合器。与此同时，通过另一个低压计量泵和由微处理机控制的时间比例电磁阀的开关时间来调节强极性溶剂的体积百分比，以控制输出混合溶剂的组成。溶剂在混合器内充分混合后，再使用高压输液泵将其输送至色谱柱。通过预先设置不同溶剂的时间比例电磁阀开启时间，可以控制二元混合溶剂流动相的组成，并连续输出具有不同极性的流动相。这种梯度洗脱方式可以减小溶剂可压缩性的影响，并能够完全消除溶剂混合引起的热力学体积变化所带来的误差。

3. 影响梯度洗脱的因素 包括溶剂的纯度，梯度混合的溶剂互溶性，溶剂的黏度和相对密度，以及检测器的选择。

首先，溶剂的纯度要高，因为低纯度的溶剂可能导致梯度洗脱的重现性变差。其次，梯度混合的溶剂应具有良好的互溶性，以防止不互溶的溶剂进入色谱柱。此外，应注意溶剂的黏度和相对密度对混合流动相组成的影响。这些物理性质的变化可能会影响梯度洗脱的性能和重现性。另外，对于梯度洗脱，应选择使用对流动相组成变化不敏感的选择性检测器，如紫外吸收检测器或荧光检测器。这是因为通用型检测器，如折光指数检测器，对于流动相组成的变化更为敏感，可能会影响分析结果的准确性。

（四）进样系统

HPLC 的进样系统需要具备良好的密封性、小的死体积、优良的重复性，并且能够确保中心进样，同时对色谱系统的压力和流量的影响要尽可能小。常用的进样方式有三种，即隔膜进样、六通阀进样和自动进样器进样。

1. 隔膜进样 是一种常见的进样方式，类似于气相色谱。这种方法在色谱柱顶端装有一个耐压隔膜，通过使用 1～100μL 微量注射器吸取一定量的样品，将其穿过隔膜注入色谱柱。隔膜进样的优点在于操作简单且死体积较小。然而，隔膜进样也存在一些局限性，例如允许进样量较小和重复性较差，隔膜进样通常只适用于低压系统（压力小于 10MPa）。

2. 六通阀进样 目前高效液相色谱普遍采用的一种进样方式。尽管由于阀接头和连接管的死体积存在，柱效率稍低于注射器隔膜进样，但是由于六通阀进样耐高压、重复性良好且操作方便，因此深受色谱工作者的欢迎。六通进样阀如图 3－26 所示，是最为常用的进样阀之一。该阀的阀体采用不锈钢材料制成，旋转密封部分由坚硬的合金陶瓷材料制成，具有良好的耐磨和密封性能。

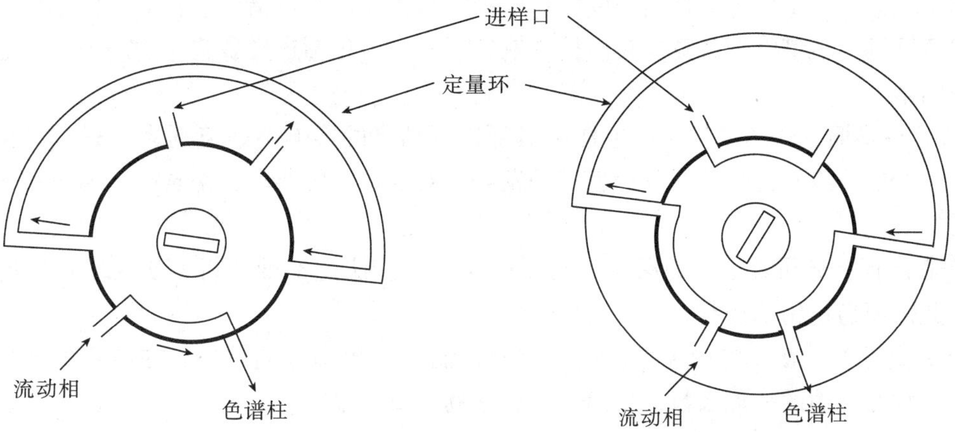

（a）取样位置　　（b）进样位置

图 3-26　六通阀进样示意图

如图3-26 所示，进行进样操作时，当进样阀手柄置于取样位置（a），使用特制的平头注射器吸取比定量管体积稍多的样品从注入口处进入定量管中，多余的样品从出口排出。然后将进样阀手柄置于进样位置（b），流动相将携带着样品进入色谱柱中。六通阀进样方式具有直观性好的特点，并可承受高达 20MPa 的高压。

3. 自动进样器　最基本的原理与六通阀相似，可以实现对大量样品的自动化进样和分析。通过计算机控制的定量阀，操作者只需要将装有样品的小瓶按照预定的次序放入样品架上，然后通过预先编制的操作程序，自动进行取样、进样、复位、样品管路清洗等操作。自动进样器可以进行连续调节样品量，并具有高度的进样重复性，非常适合进行大规模样品的分析。通过实现自动化操作，自动进样器可以节省人力资源并提高工作效率。

（五）分离系统

1. 色谱柱　因其在高效液相色谱仪中扮演着核心角色，被形象地称为该仪器的“心脏”，化合物的分离就是在色谱柱中完成的。

常见的色谱柱结构如图 3-27 所示，采用经过精密抛光及钝化处理的不锈钢管作为柱管，具备抵抗溶剂、水和缓冲溶液的腐蚀性的特点。此外，还有使用氟塑料、玻璃和玻璃衬里材料作为色谱柱的选择，主要基于这些材料的抗腐蚀和易加工性。完整的色谱柱除了柱管以外，还包括柱头和相应的连接管。一般的色谱柱由柱管、末端接头、卡套（也称为密封环）和过滤筛板等部分构成。当前常见的典型分析型高效液相色谱柱采用直形柱管见图 3-27。标准填充柱的柱管内径为 4.6mm 或 3.9mm，长度在 10~50cm 之间，填料粒度为 5~10μm 时，柱效可达到 5000~10000 plates/m 的理论塔板数。如果使用 3~5μm 的填料，柱长可缩短至 5~10cm。当使用内径为 0.5~1.0mm 的微孔填充柱或内径为 30~50μm 的毛细管柱时，柱长一般为 15~50cm。

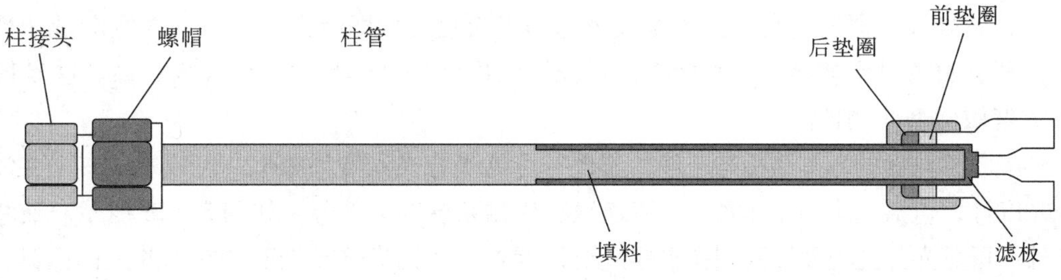

图 3-27　液相色谱柱结构示意图

当使用内径较大、长度较短的色谱柱或内径较细、长度较长的色谱柱时，需要注意柱内体积减小导致的色谱峰展宽问题。色谱峰的展宽主要由柱外效应引起，这包括进样装置、检测池以及它们与柱之间的连接管路等因素。

2. 柱温箱 在早期，普通液相色谱中柱温对于检测结果的影响不是特别大，只需保持室温不变即可。随着技术的发展，特别是超高效液相色谱的发展，对于柱温的要求越来越高。通过精确的温度控制达到以下的目的。

（1）保证法定标准分析方法中的保留时间再现性　一些法定标准分析方法要求保留时间具有良好的再现性，因此需要通过精确控制柱温来实现。

（2）提高分离效率　在一些情况下，通过改变柱温可以提高分离效率。在特定的条件下，调整柱温可以改变分析物在柱中的分配系数，从而实现更好的分离效果。

（3）分析高分子化合物或黏度大的样品　对于高分子化合物或具有较高黏度的样品，分析时通常需要将柱温设定在室温以上，以确保分析的准确性。

（4）保护生物活性分子　对一些具有生物活性的生物分子，为了防止活性成分失活，要求在分析过程中将柱温设定在室温以下。

一个理想的 HPLC 柱温控制系统可以实现从低于室温 10℃ 至 80℃ 柱温的精确控制。

（六）检测器

检测器是高效液相色谱仪中的关键部件之一，与高压输液泵和色谱柱一起构成了色谱仪的核心。检测器的主要功能是监测色谱柱分离后化合物浓度的变化，被形象地称为色谱仪的“眼睛”。检测器的性能直接影响着定性和定量分析结果的可靠性和准确性。理想的液相色谱检测器应具备高灵敏度、快速响应所有溶质、对流动相流量和温度变化不敏感、不引起柱外色谱展宽、宽线性范围和适用于多种样品等特征。然而，目前尚无一种检测器能完全具备所有这些特征。

在高效液相色谱技术的发展过程中，检测器一直是一个薄弱环节，尚未出现像气相色谱中使用的热导检测器和氢火焰离子化检测器那样既通用又灵敏的检测器。然而，近年来引入的蒸发光散射检测器（evaporative light scattering detector，ELSD）被认为是一种全新、通用且灵敏的质量检测器，有望在高效液相色谱中得到广泛应用。

目前常用的液相色谱检测器主要包括紫外吸收检测器（ultraviolet absorption，UVD）、折光指数检测器（refractive index detector，RID）和荧光检测器（fluorescence detector，FD）。紫外吸收检测器是最常见的一种，通过测量化合物在紫外光波长范围内的吸收来确定其存在和浓度。折光指数检测器则基于样品与纯溶剂之间折射率的差异来检测化合物的存在和浓度。荧光检测器则利用样品分子特定的荧光特性，通过测量荧光信号强度来检测化合物的存在和浓度。

1. 紫外吸收检测器（UVD） 被广泛应用于高效液相色谱仪中，几乎所有的仪器都配备了该检测器。其具备高灵敏度、宽线性范围、对流速和温度变化不敏感等特点，更适用于梯度洗脱分析，并且属于溶质性质的检测器，仅能用于检测能吸收紫外光的物质，需使用无紫外吸收特性的溶剂。

紫外检测器属于吸收光谱分析类型的仪器，其工作原理基于朗伯 - 比尔定律。对于给定的检测池，在固定波长下，紫外检测器输出与样品浓度成正比的光吸收信号即吸光度。为了方便定量计算，仪器采用了对数放大器，将透过率转换为吸光度，使得仪器输出信号与样品浓度呈直线关系。这使得紫外检测器成为一种浓度敏感型检测器。

液相紫外吸收检测器的基本结构与一般的紫外 - 可见光分光光度计相似，可以看成一个在线的紫外 - 可见光分光光度计，包括光源、分光系统、流通池和检测系统四个部分，如图 3 - 28 所示。液相紫外吸收检测器与紫外 - 可见光分光光度计区别在于样品池，紫外 - 可见光分光光度计使用的是比色皿，而液相紫外吸收检测器使用的是流通池。流通池由两个部分组成，分别是参比臂与测量臂，参比臂中流过的是流动相，而测量臂中流过的是流动相与样品的混合物。

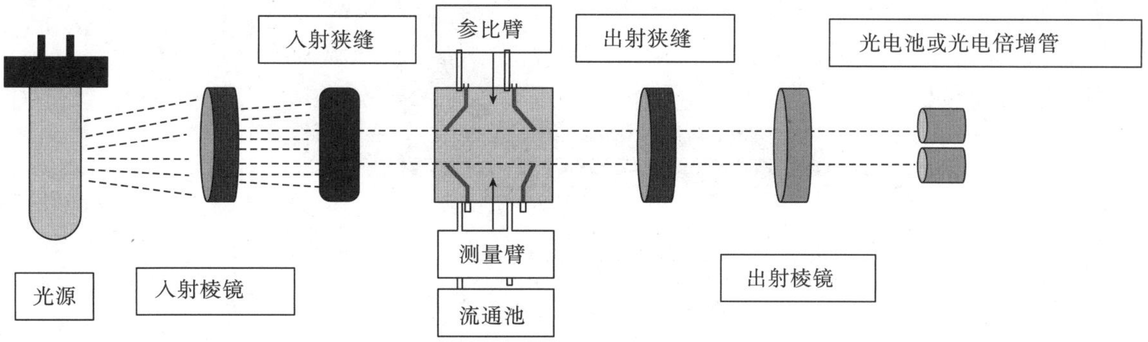

图 3-28　紫外检测器结构示意图

早期的紫外检测器中光源使用的是低压汞灯，一般称为固定波长检测器或者紫外 254 检测器。由于低压汞灯检测波长 254nm 的谱线宽仅为 0.2nm，无需其他的单色器，即可得到单色光。一般有紫外吸收的化合物在 254nm 附近都有吸收，虽然不一定是它们的最大吸收波长，但是由于该检测器灵敏度很高所以对很多紫外吸收的化合物都能检测，特别是芳香类的化合物。固定波长检测器采用单一固定波长光源进行检测，结构简单、价格较为实惠，被广泛应用于液相色谱仪中。

可变波长检测器的光源为氘灯或者氢灯，其在 200～400nm 范围内有良好的光谱辐射，通过分光系统可得到想要的波长。可变波长紫外吸收检测器是一种极具应用广度的检测器。相较于固定波长检测器，可变波长检测器具有多个优点：其选择性更高，可以选择样品的最大吸收波长作为检测波长，提升检测灵敏度；可以选择在梯度洗脱时，检测波长保持不变，从而有利于梯度洗脱分析；还可以通过停流扫描功能，绘制出组分的光吸收谱图，以便选择合适的吸收波长进行测定。

光电二极管阵列检测器，又称 PDA（photo-diode array）、PDAD（photo-diode array detector）或 DAD（diode array detector），是目前在高效液相色谱（HPLC）中广泛应用的一种检测器。光电二极管阵列检测器被认为是液相色谱最有发展潜力和最为优秀的检测器之一，其结构如图 3-29 所示。在分析过程中，复色光直接经过样品池，其中的组分会选择性地吸收特定波长的光后，全部光进入分光系统，并照射在光电二极管阵列装置上。这样，每个纳米波长的光强度就会转化为相应的电信号强度。通过这个过程，我们可以获取吸收光谱，从而得到特定组分的结构信息，这有助于确定未知或复杂组分的结构。由于 PDA 采用上千个二极管采集扫描数据，因此，通过 PDA 检测可以得到各波长下的样品色谱图，通过计算机可以将多个图谱绘制在一个三维坐标图上，形成三维光谱色谱图如图 3-30 所示，同时也可用于峰纯度检查。峰纯度数值可以衡量色谱峰的纯度，数值越高表示色谱峰越单一，数值越低表示色谱峰可能是重叠峰。这对于优化色谱分离条件非常有帮助。

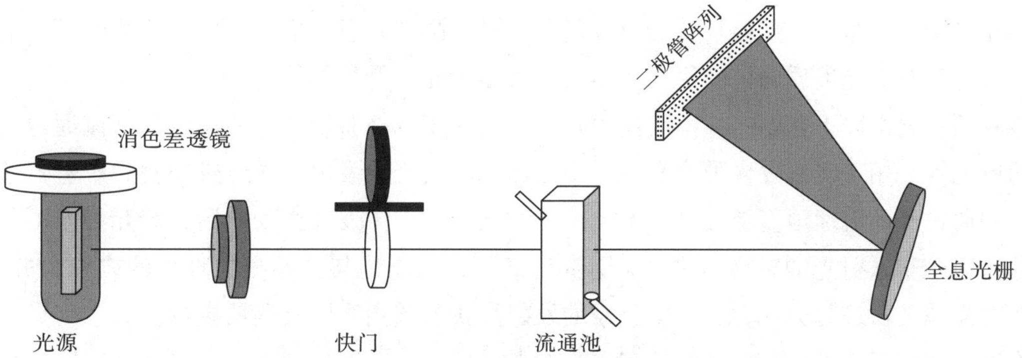

图 3-29　二极管阵列检测器结构示意图

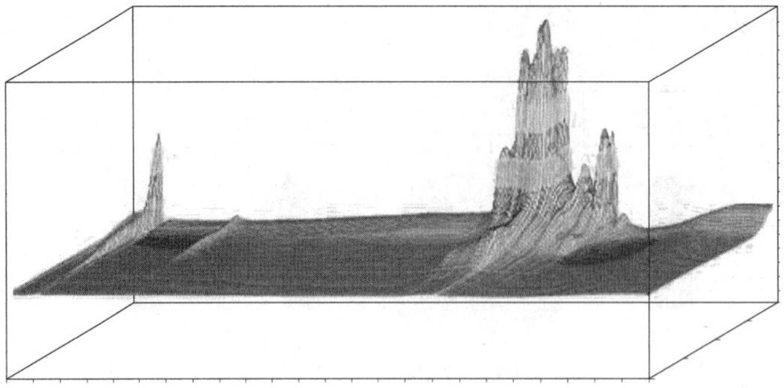

图 3-30 DAD 三维色谱图

然而，DAD 检测器的灵敏度比通常的 UA（紫外吸收）检测器低一个数量级。这意味着在一些情况下，需要更高浓度的样品才能获得可靠的测量结果。

2. 折光指数检测器（refractive index detector，RID） 又被称为示差折光检测器（differential refractive index detector，DRD），是在线液相色谱中最早应用的检测器之一，也是最早商用化的液相色谱检测器之一。RID 是一种通过连续监测参比池和测量池中溶液折射率差来测定样品浓度的检测器。

RID 被广泛认为是一种通用型检测器，其原理如图 3-31 所示。每种物质都具有自己独特的折射率，溶液的折射率等于溶剂和其中溶质的折射率与其各自摩尔分数的乘积之和。对于样品浓度较低的情况，RID 可以通过测量样品流过测量池时的折射率和纯流动相流过参比池时的折射率之差来推断样品在流动相中的浓度。然而，RID 通常不能用于梯度洗脱，因为它对流动相组成的任何变化都会产生明显的响应，从而干扰样品的监测结果。

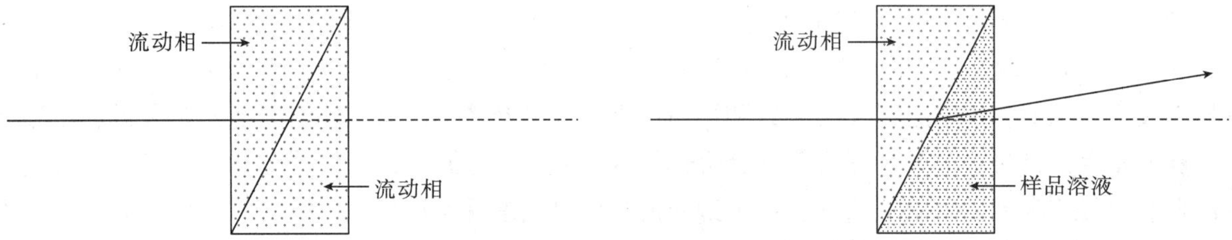

图 3-31 折光指数检测器原理图

RID 可分为反射式和偏转式两类，其工作原理略有差异。这两种检测器的共同特点是其响应信号反映了样品流通池和参比池之间的折射率差。

3. 荧光检测器（fluorescence detector，FD） 一种高灵敏度和高选择性的在线液相色谱检测器，利用某些溶质在受紫外光激发后产生可见光（荧光）的特性来进行分析。它可以通过与不产生荧光的化合物反应，形成具有荧光性质的衍生物，从而实现对非荧光化合物的检测。

荧光检测器主要由以下基本组件构成：激发光源、用于选择激发波长的单色器、流通池、用于选择发射波长的单色器和用于测量发光强度的光电检测器。激发光源发出的光经过激发光单色器选择所需的激发波长，并通过样品流通池。部分光线会被荧光物质吸收，激发荧光物质后，荧光将向不同的方向发射。为消除入射光和散射光的影响，通常采用直角光路，即测量与激发光成直角的方向上的荧光强度。荧光通过发射光单色器进行分光，只保留所需的发射波长，并由光电检测器接收。

荧光检测器相比于紫外吸收检测器具有更高的灵敏度，灵敏度提高了 100 倍。它特别适用于梯度洗脱，并且在需要对痕量组分进行选择性检测时，是一种强大的工具。然而，荧光检测器的线性范围较窄，不适用于一般的分析任务。在分析过程中，不可使用会熄灭、抑制或吸收荧光的溶剂作为流动相。对于无法直接产生荧光的化合物，需要使用柱后衍生化技术进行处理，操作更为复杂。

荧光检测器在生物化工、临床医学检验、食品检验和环境监测等领域得到了广泛应用。它为这些领域提供了一种高敏感度和高选择性的分析工具，能够满足复杂样品的要求。通过荧光检测器，可以实现对样品中微量化合物的快速、准确的定量分析。

4. 蒸发光散射检测器　一种能够满足通用型质量检测要求的检测器。它通过测量散射光的强度来确定溶质的浓度，与溶质的化学组成无关。此外，蒸发光散射检测器可用于梯度洗脱，并具有广泛的应用前景。图 3－32 是蒸发光散射检测器的工作原理示意图。

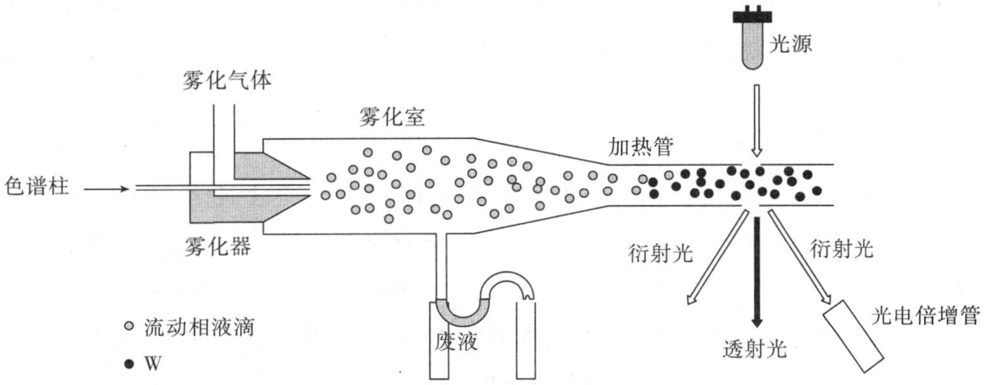

图 3－32　蒸发光散射检测器示意图

色谱柱后的流出物在进入检测器之前，通过高速气体（通常是氮气）喷雾产生细小液滴。在经过温度控制的蒸发漂移管内，流动相不断蒸发，使溶质形成微小的不挥发颗粒，这些颗粒随着载气通过检测系统。检测系统由激光光源和光电倍增管组成。在散射室中，光的散射程度取决于溶质颗粒的大小和数量。颗粒数量受流动相性质、喷雾气体和流动相流速的影响。当流动相和喷雾气体的流速恒定时，散射光的强度仅取决于溶质浓度。

蒸发光散射检测器可用于梯度洗脱，并且其响应值仅与散射室中颗粒的大小和数量相关，而与溶质的化学组成无关。因此，蒸发光散射检测器成为一种非常有用的通用型检测工具。它适用于各种样品的分析，不受样品中官能团的影响。

（七）色谱数据处理装置

现代高效液相色谱仪普遍采用微处理器进行控制，该微处理器通常是一台专门的计算机。其主要功能包括两个方面。首先，作为数据处理机，它能够接收定量校正因子的输入，并根据预先选择的定量方法（如归一化、内标法和外标法）将色谱峰面积积分值转换为实际成分的分析结果，或者给出某些色谱参数。其次，作为控制机，微处理器能够控制整个仪器的运行。例如，通过使用预先编写好的程序，它可以控制冲洗剂的选择、梯度淋洗、流速、柱温、检测波长、进样和数据处理等操作。所有的指令和数据都可以通过键盘输入，然后在阴极射线管或绘图打印机上显示结果。现代更新的色谱仪应具备一定的人工智能特性，能够根据已有规律自动选择操作条件，根据已知数据和信息进行判断，给出定性和定量结果。

强国园地

中国第一台液相色谱仪及发展

中国第一台液相色谱仪的发展历程可以追溯到20世纪60年代。当时，中国科学家陈光旭先生在云南大学任教期间，从德国引进了第一台制备型液相色谱仪，并展开了相关研究。

20世纪70年代初期，我国的液相色谱仪研究工作取得了突破性进展。1974年，上海药物研究所成功试制了我国第一台自制高速液相色谱仪，填补了国内在这一领域的空白。这台仪器主要由高压恒压气动泵、紫外检测器（254nm）、层析柱、进样器和自动收集器等部件组成，可广泛应用于药物、石油、化工、环境卫生、农药和食品等领域的分离与分析工作，并于1974年顺利通过了鉴定。上海药物研究所在随后的研制工作中共制造了7～8台仪器，分别供应给植物化学实验室、合成化学实验室、第五研究院等多个实验室，其中中国科学院云南热带植物研究所和公安部各一台。

此后的试制工作进一步推动了我国液相色谱仪的发展。1974年，上海药物研究所成功研制出高性能液相色谱仪，该仪器由高压气动泵、紫外（对数）检测器和示差折光检测器、层析柱、进样器以及梯度淋洗装置等部件组成。该仪器不仅能进行微量分析，还可进行制备分离，并在技术性能上与国际上杜邦830高速液相色谱仪相媲美，于1976年通过了技术鉴定。

此外，上海药物研究所于1978年底成功试制出WGYS－1型微型高速液相色谱仪。该仪器由双螺旋高压泵、进样器、直径为1毫米的内径层析柱以及紫外检测器（样品池体积为1.4微升）等部件组成，流量范围为10～100微升/分，适用于液相－质谱联用仪的传动带接口。该研制工作于1979年通过了技术鉴定，填补了国内在该领域的空白。

大连化学物理研究所研发出SW－1型液相色谱仪。随着国家经济发展的需要，该研究所开始将科技成果转化为商品，为国民经济建设提供直接的服务。P100系列高效液相色谱仪是国内首台商品化生产的液相色谱仪，标志着中国液相色谱仪国产商品化生产的起点。

我国液相色谱仪的发展经历了引进与研制、试制成功和产业化生产等关键阶段。这一发展历程不仅体现了我国在仪器设备领域取得的重要成就，也为我国科研人员提供了更好的实验分析工具，为科学研究和国家经济建设作出了积极贡献。

第五节 液相色谱法的应用

（高效液相色谱－可变波长检测法测定新鲜牛奶中8种抗生素）

一、高效液相色谱法测定抗生素概述

随着人民生活水平逐渐提高，营养保健意识不断增强，乳制品消费市场逐步扩大并趋于成熟，乳制品的安全性也受到了越来越高的重视，尤其是牛奶中的抗生素问题。因此，建立一套针对牛奶中常见抗生素的简单、便捷、灵敏的检测方法非常必要。

目前，国内外用于牛奶中抗生素检测的方法有：应用微生物塑料薄膜平板，进行快速定性半定量分析，利用超高效液相色谱－串联质谱仪高通量的优势，对新鲜牛奶中多达72个组分的抗生素残留进行快速测定，分子印迹技术、浊点萃取法等前处理方法也应用于检测中。但这些检测方法均存在操作复杂、溶剂毒性大、不适于基层检测等问题。本研究基于基质分散固相萃取－高效液相色谱－可变波长检测法测定新鲜牛奶中8种抗生素（氯霉素、呋喃唑酮、甲硝唑、磺胺嘧啶、磺胺吡啶、磺胺－5－甲氧嘧啶、磺胺甲基异噁唑、磺胺二甲氧嘧啶），以期为基层日常新鲜液态奶中抗生素的检测提供技术支撑。

二、高效液相色谱法测定抗生素原理

磺胺类抗生素结构中有一个苯环，在紫外波长270nm条件下有特征吸收，甲硝唑、氯霉素和呋喃唑酮分别在325、270和365nm有特征吸收，因此设置了波长程序性变化。通过优化色谱条件和提取方法等参数，可实现了在12min内同时检测氯霉素、呋喃唑酮、甲硝唑、磺胺嘧啶、磺胺吡啶、磺胺－5－甲氧嘧啶、磺胺甲基异噁唑、磺胺二甲氧嘧啶8种抗生素，并具有较低的检出限、可靠的重复性。

三、实验方法

（一）前处理

称取C_{18}和PSA各1.0g置于玻璃研钵中，加入1.0ml乙腈：水（1：1，V：V）碾磨活化吸附剂。然后吸取1.0g牛奶样品，将样品与活化的吸附剂碾磨混合均匀，并将得到的匀质物填入空柱，使用6ml正己烷清洗并抽干，之后将ProElut Na_2SO_4（6ml，1000mg）固相萃取柱与上述自制小柱连接，最后用5.0ml乙腈：二氯甲烷（8：2，V：V）将目标化合物洗脱，洗脱液在50℃条件下，氮气吹干，使用200μL正己烷溶解残留物，待测。

（二）仪器条件

色谱柱Eclipse XDB－C_{18}（4.6mm×150mm，5μm）；流动相：乙酸酸化的乙腈溶液（pH＝3.0）（A），0.05mol/L磷酸二氢钾溶液（pH＝3.0）（B），流速1.0ml/min。梯度洗脱：0～12min，5%～55% A，后运行5min。进样量10μL；柱温30℃。检测波长程序：0～5.4min，325nm；5.5～8.1min，270nm；8.15～9.0min，365nm；9.1～12.0min，270nm。

四、方法条件优化

（1）色谱条件的选择　目前各实验室常采用的检测抗生素的流动相为甲醇－0.05%乙酸水溶液、乙腈－0.05%乙酸水溶液、乙腈－0.004%磷酸水溶液以及酸化乙腈－磷酸盐缓冲溶液（pH＝2.5～4.0）。研究发现，流动相选择乙腈和磷酸盐缓冲溶液时各组分均有较大响应，但是本研究发现流动相体系中pH的变化对基线影响非常大，如图3－33A所示，基线的剧烈变化对后期定量分析造成巨大影响。因此最终使用乙酸酸化的乙腈（pH＝3.0）－磷酸盐缓冲溶液（pH＝3.0）作流动相，8种抗生素可以在12min内实现完全分离，同时达到基线平稳，如图3－33B所示。

（2）前处理条件　吸附剂和洗脱溶剂的相关性质是基质分散固相萃取中的关键因素，它们决定了萃取效果和最终提取物的纯度。基质分散固相萃取方法原理，其核心是不同的吸附剂对于目标化合物会有不同的吸附效果。C_{18}＋PSA、C_{18}和C_8通常用作分散相和吸附相，C_{18}和PSA可以很好地吸附液态奶制品中的脂肪酸、有机酸以及非极性类杂质。PSA吸附剂可以通过与水溶性基质、非极性有机物基质的相互作用进行化合物交换，如果表面带有电荷，则可以通过离子交换进行化合物交换。C_{18}和C_8是基于键合、反相（十八烷基硅烷）、不规则硅胶（二氧化硅）颗粒，建议作为极性和非极性分析物的通用固相萃取相，而且根据已发表的文献，C_{18}被认为是最合适的萃取相。

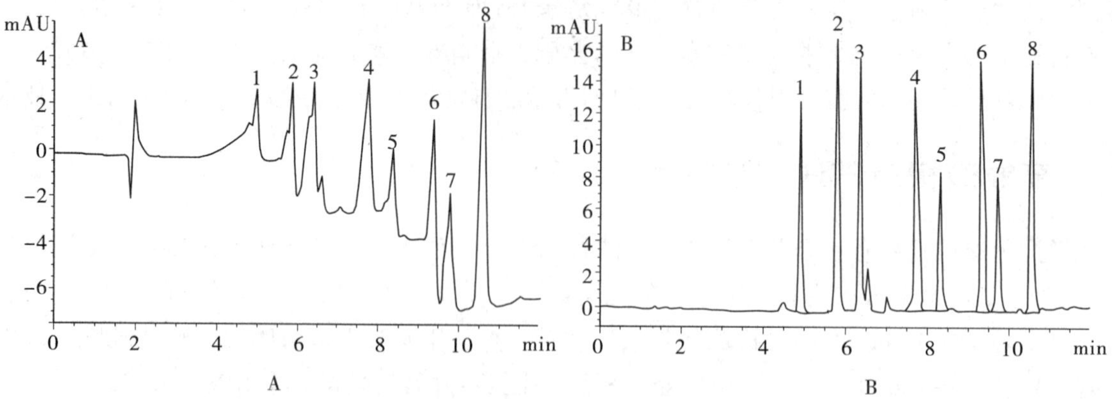

图 3-33 不同色谱条件的 8 种抗生素分离

注：1. 甲硝唑；2. 磺胺嘧啶；3. 磺胺吡啶；4. 磺胺-5-甲氧嘧啶；5. 呋喃唑酮；
6. 磺胺甲基异噁唑；7. 氯霉素；8. 磺胺二甲氧嘧啶

使用空白牛奶加标样品测试每个因素的不同设置或条件，以回收率和相对标准偏差作为指标，对萃取剂、样品与吸附剂的配比、洗脱溶剂、洗脱体积进行优化，发现 8 种抗生素的平均提取效率如下：C_{18} + PSA（92%）> C_{18}（81%）> C_8（71%），同时净化效率表明 C_{18} + PSA 优于 C_{18}，色谱图如图 3-34 所示，单纯使用 C_{18} 杂质较多。最终确定：采用 C_{18} 和 PSA 各 1.0g 作为吸附剂，用 1.0ml 乙腈：水（1：1，V：V）碾磨活化后加入牛奶样品，碾磨混合均匀，使用 5.0ml 乙腈：二氯甲烷（8：2，V：V）将目标化合物洗脱。

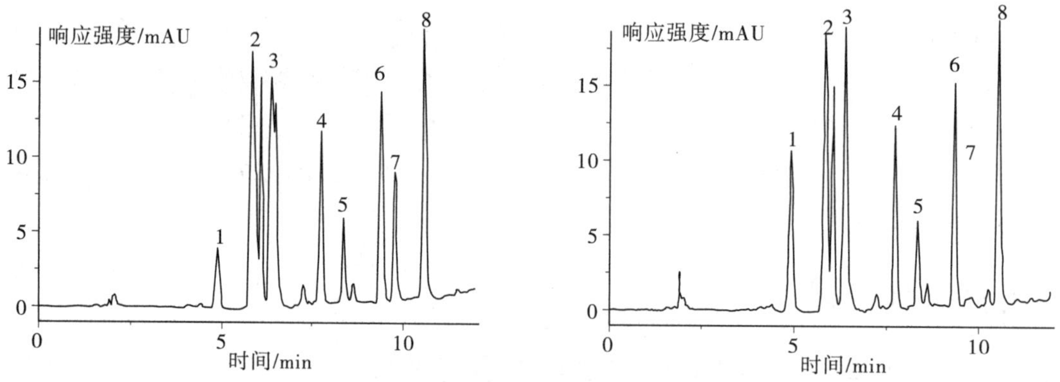

(a)C_{18}提取　　(b)C_{18}+PSA提取

图 3-34 50μg/kg 抗生素混合物的空白牛奶样品的色谱图

五、方法学指标

将 8 种抗生素配制成基质匹配工作曲线，以各待测物的质量浓度（X，mg/L）为横坐标、峰面积（Y）为纵坐标绘制工作曲线，8 种抗生素在 1.0μg/kg～100.0μg/kg 浓度范围内线性关系良好，相关系数为 0.999～1.000。

在取样量为 1.0g 时，本方法中 8 种抗生素的检出限为 0.18～0.41μg/kg，定量限为 0.6～1.23μg/kg。与前人的研究相比，本方法的检出限更低。罗文婷等用超高效液相色谱法测定甲硝唑、呋喃唑酮以及氯霉素的检出限为 0.01mg/L（取样量为 1.0g 时，其检出限为 0.01mg/kg）。

新鲜牛奶中分别加入 3 个水平（5μg/kg、20μg/kg、50μg/kg）的 8 种抗生素，确定方法的回收率。各溶液中 8 种抗生素的平均回收率 84%～101% 之间，满足检测的要求。

第六节 色质谱联用法

PPT

一、质谱分析法概述

质谱分析法是一种重要的分析技术，通过将待测样品转化为运动的气态离子并按照质荷比（m/z）进行分离和检测，得到的结果被称为质谱图（mass spectrum）。质谱图提供了丰富的信息，可以用于多种有机物和无机物的定性和定量分析、复杂化合物的结构分析、同位素比的测定以及固体表面的组成分析等。

早期，质谱法的最大成就之一是发现非放射性同位素。在1913年，汤姆森（J. J. Thomson）发现了氖气由^{20}Ne和^{22}Ne两种不同同位素组成。质谱法的发展使得大部分稳定同位素被鉴定出来，并且对质量进行了精确测定。这推动了原子质量概念的发展，即原子质量不是整数的现象。这一发现在核化学的发展中起到了重要的催化作用，如图3－35所示。商业化的质谱仪直到1942年才问世，用于石油分析。从20世纪60年代开始，质谱法在有机化学和生物化学领域得到了更广泛的应用。化学家们认识到质谱法的独特离子化和分离机制，以及通过质谱法获得的与化学结构直接相关的信息，可以用于阐明各种物质的分子结构。因此，质谱仪已成为许多研究实验室和分析实验室的标准仪器之一。

图3－35 早期的质谱仪

质谱法与其他结构分析工具相比，具有以下突出特点。

（1）质谱法是唯一一种能够确定分子式的分析方法。通过质谱图中的数据，可以确定物质的化学式和分子量，为定性分析提供了重要的依据。

（2）质谱法具有高灵敏度。通常只需要微克甚至更少的样品量即可获得质谱图，并且其检测限可以达到10^{-14}g的水平。这使得质谱法在微量和痕量分析中具备重要的应用价值。

（3）质谱法通过分析质谱图中的分子碎片离子峰，可以提供有关有机化合物结构的丰富信息。不同的化合物在质谱图中产生不同的离子碎片，这些碎片离子能够提供有关它们的结构和分子组成的重要线索。

目前，随着气相色谱（GC）、高效液相色谱（HPLC）、电感耦合等离子体发射光谱（ICP－OES）等分离和检测技术的发展以及计算机技术的进步，色谱－质谱联用技术和ICP－MS等仪器已成为探索和研究复杂混合物、微量和痕量金属元素的最有效工具（图3－36）。尤其是HPLC－ICP－MS联用技术的成功应用，将为微量有机金属化合物的分离和分析研究开辟新的领域。

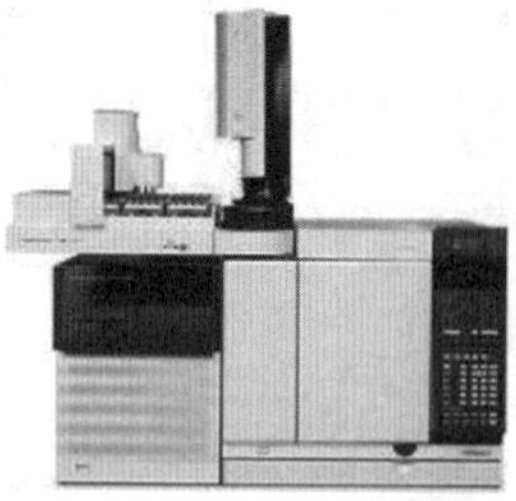

a

b

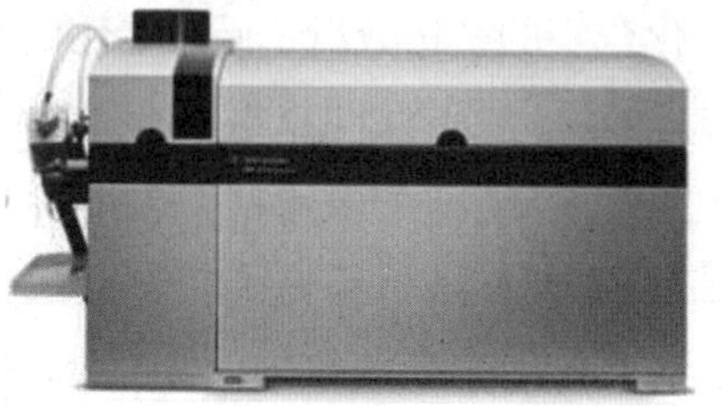

c

图 3-36 常见质谱仪

a. 气质联用仪；b. 液质联用仪；c. 电感耦合等离子质谱仪

二、质谱分析法原理

质谱法是一种在高真空环境中，通过将样品转化为运动的气态离子，并按照质荷比（即质量与电荷比值，m/z）的大小进行记录，以确定样品的相对分子质量和分子结构的分析方法。根据质荷比大小顺序排列的图谱被称为质谱。质谱法可分为无机质谱和有机质谱两大类。例如，ICP-MS（电感耦合等离子体质谱）属于无机质谱，而 GC-MS（气相色谱质谱）和 LC-MS（液相色谱质谱）属于有机质谱的范畴。

质谱法的结果以质谱的形式呈现，当化合物被高能电子打碎后会形成多种质荷比的带电粒子，分别检测某个时间段（毫秒级别）不同质荷比带电粒子的个数（图 3-37），以质荷比为 X 轴，以带电粒子的个数为 Y 轴作图即为质谱，如图 3-38 所示。

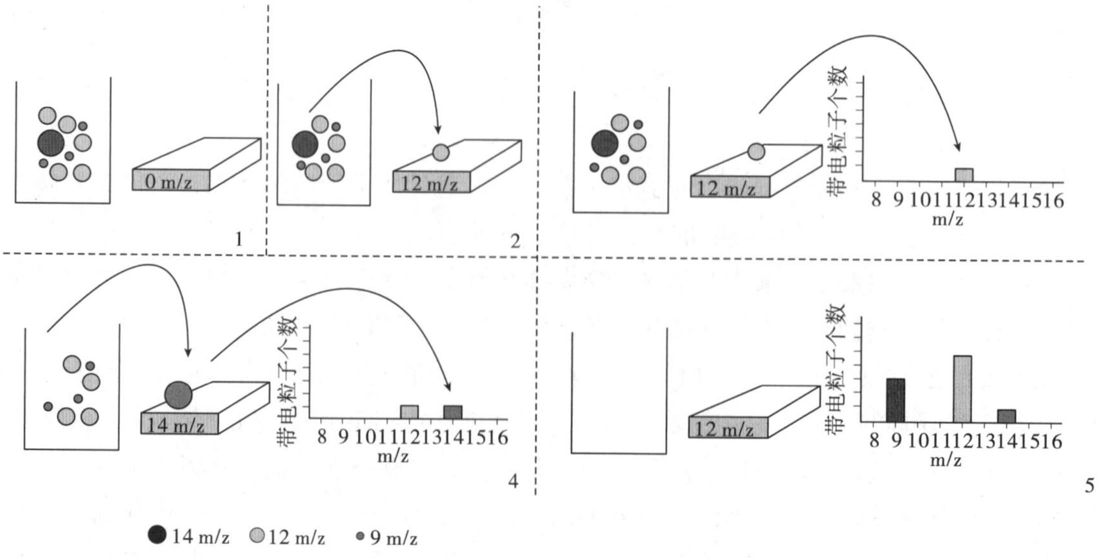

图 3-37 质谱作用机制示意图

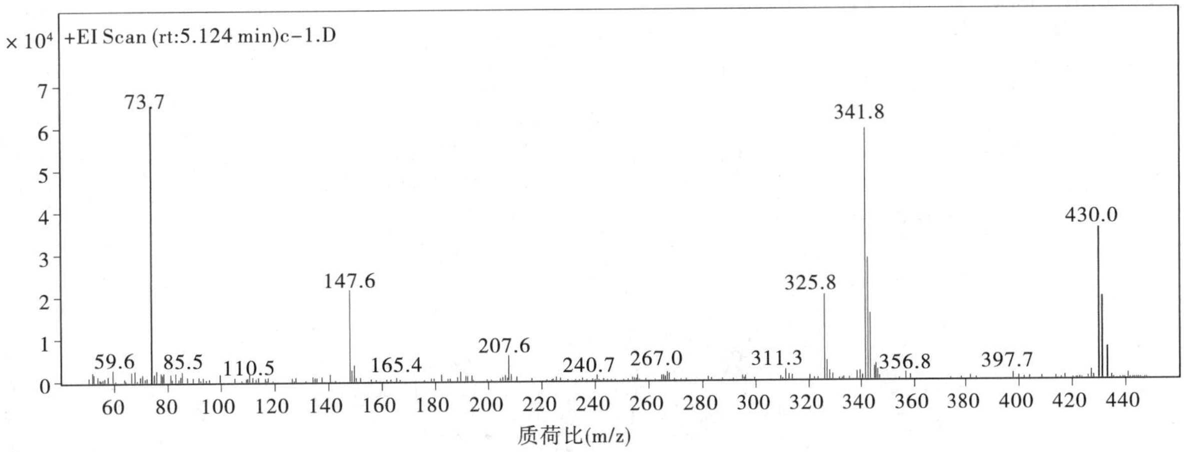

图 3-38　质谱图

三、质谱仪的结构

质谱仪的主要结构包括真空系统、进样系统、离子源、质量分析器、检测器和数据处理系统，如图 3-39 所示。

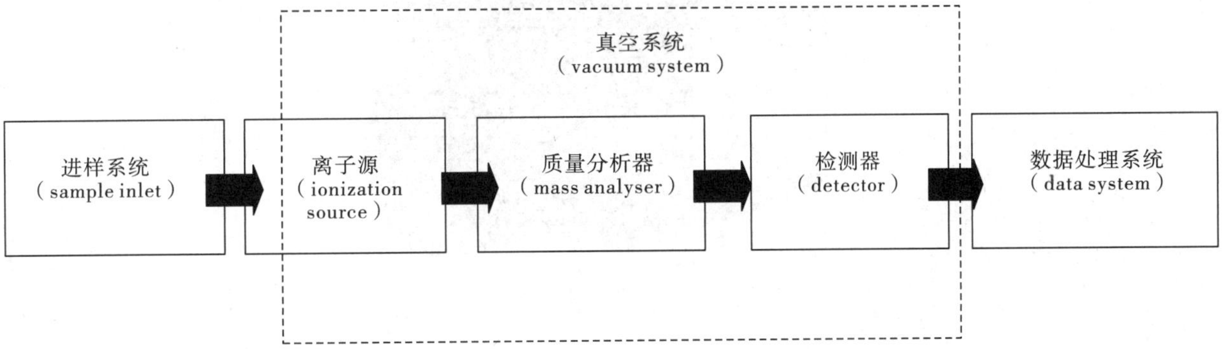

图 3-39　质谱的结构

真空系统用于创建高真空环境，确保样品中的气态离子能够自由传播而避免干扰物质的影响；进样系统用于引入待分析的样品到质谱仪中，常见的进样方式包括气相色谱、液相色谱等。离子源是将样品转化为气态离子的核心组件，常见的离子源包括电喷雾源、化学电离源和电子轰击源等。质量分析器用于分离和分析离子，常见的质量分析器包括磁扇形质量分析器、四极杆质量分析器和飞行时间质量分析器等。检测器用于检测和记录离子信号，常见的检测器包括 Faraday 杯、电子倍增器及闪烁计数器等。计算机和数据分析系统用于控制仪器操作、接收和处理质谱数据，并提供数据分析和解释的软件工具。这些组成部分共同构成了质谱仪的主要结构，使其能够对样品的相对分子质量和分子结构进行分析与研究。

（一）真空系统

由于在大气或者低真空环境中存在着大量的气体分子，与带电离子会发生碰撞进而引起额外的离子-分子反应，使得离子通过质量分析器的路径更加复杂影响通过效率（图 3-40），其次大量氧会烧坏部分型号离子源中的灯丝。因此在质谱分析中，确保离子源（主要是 EI、CI 源）、质量分析器和检测器的高真空状态至关重要。离子源通常需要保持在 $1\times10^{-3}\sim1\times10^{-5}$ Pa 的真空度范围内，而质量分析

器应在 1×10^{-6}Pa 以上，要求真空度稳定。

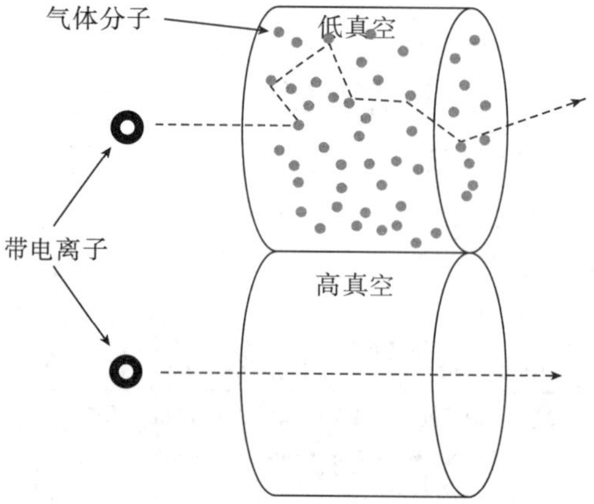

图 3－40 带电粒子通过高真空环境以及低真空环境路径对比

为了实现高真空环境，质谱仪通常采用机械泵和油扩散泵或涡轮分子泵串联的方式构建高真空系统（图 3－41）。机械泵作为前级泵，将真空度抽降至 $1\times10^{-1}\sim1\times10^{-2}$Pa 范围内，然后由油扩散泵或涡轮分子泵继续抽取到高真空。

图 3－41 机械泵

在选择高真空泵时，涡轮分子泵因其快速抽速和维护便利等优势而越来越受欢迎。涡轮分子泵可以提供较高的抽速，适用于对快速抽取和稳定真空度要求较高的应用，涡轮分子泵结构如图 3－42 所示。因此，现代质谱仪中越来越多地采用涡轮分子泵作为高真空系统的核心组件。

图 3－42 分子涡轮泵结构

（二）进样系统

进样系统在质谱分析中起着关键的作用，它的主要任务是高效重复地引入样品到离子源中，同时确保不会对系统的真空度造成不利影响。目前常用的进样装置有间歇式进样系统、直接探针进样、色谱进样系统。

1. 间歇式进样系统　主要作用是将气体、液体和中等蒸气压的固体样品引入质谱仪的离子源中。在间歇式进样系统中，少量的固体或液体样品通过可拆卸的样品管引入样品储存器中。样品储存器通常具备加热装置，以保持样品在气态状态。为了实现样品引入离子源的过程，进样系统通过控制压力差和气体流动，将样品离子以分子流的形式通过分子泄漏孔（通常是带有小针孔的玻璃或金属膜）渗透到离子源中的高真空环境中。目前间歇式进样主要应用在质谱调谐过程中调谐液的进样，其装置如图3－43所示。

图3－43　气相色谱质谱联用仪调谐液间歇式进样系统

2. 直接探针进样系统　是质谱分析中常用的样品引入装置之一，适用于固体样品的进样。在直接探针进样系统中，固体样品被直接放置在探针上，而无需进行前处理或溶解。探针通常由金属或陶瓷材料制成，具有较高的热传导性能和机械稳定性。探针上的样品可以通过加热探针或样品本身的热散射，将样品转化为气态或蒸气态，引入离子源中进行离子化。

直接探针进样系统的主要作用是快速、简单地引入固体样品到质谱分析中。它避免了样品前处理的步骤，提供了高效和直接的样品分析方式。

3. 色谱进样系统　又称为色谱质谱联用技术（GC－MS、LC－MS），它将色谱分离技术（气相色谱或液相色谱）与质谱仪相连接，使得样品在分离的同时能够被质谱仪进行精确和特定的定性、定量分析。

样品通过气/液相色谱柱进行分离，随后进入质谱仪进行离子化和分析，如图3－44所示。优势在于，色谱分离能够将混杂复杂的样品分离成单一组分，而质谱分析能够提供结构信息和定量分析能力。通过联用这两种技术，可以实现更准确、灵敏、选择性和综合的样品分析。

（三）离子源

离子源的主要功能是将进样系统引入的气态样品分子转化为带电离子形式，以便进行质谱分析。不同的分子在离子化过程中需要的能量差异很大，因此，选择适合的离子化方法非常重要。一般来说，离子化方法可以分为硬离子化和软离子化两种类型。硬离子化方法（如EI）适用于稳定、易离子化的样品，通过电子轰击提供较高能量；软离子化方法（如ESI）适用于易破裂或需较小能量的样品，通过化学反应或电喷雾提供较低能量。离子化方法的选择取决于样品特性和分析需求。硬离子化提供丰富结构信息，软离子化保留样品原始结构。

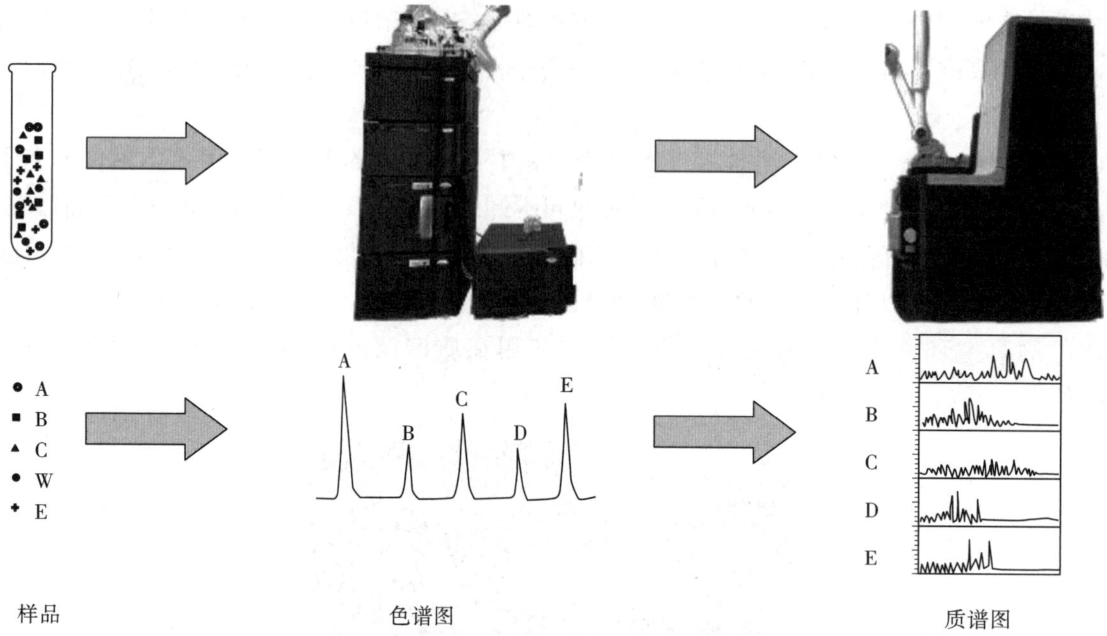

图 3－44 色质谱联用示意图

1. 电子轰击源（electron impact，EI） 是一种常用的质谱离子化技术，为有机化合物提供丰富的结构信息，并具有较好的重现性。该技术在裂解规律的研究方面也相对完善，建立了庞大的标准谱图库用于有机化合物的检索。此外，EI 源的结构简单，操作方便。

电子轰击源结构如图 3－45 所示，在离子源中，汽化后的样品分子会进入离子源，受到由钨或铼灯丝发射并加速的电子流的轰击。这些轰击电子的能量通常比样品分子的电离能要高，从而使得样品分子发生电离或碎裂的过程。轰击电子的能量必须在适当范围内，既能引发电离过程，又不会引起过度碎裂，一般采用 70eV 的能量。样品分子可以吸收足够的能量，完成电离或碎裂反应。将气态样品分子转化为离子形式，为后续质谱分析提供可靠的样品离子。

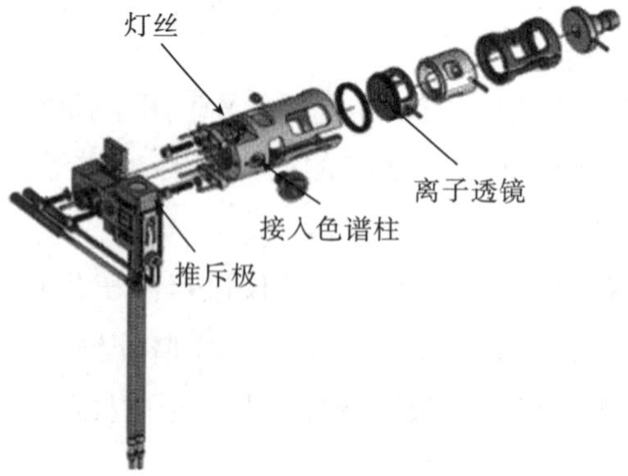

图 3－45 电子轰击源结构

然而，EI 源也存在一些限制。首先，它不适用于难挥发和热稳定性差的样品，因为这些样品可能在电子轰击过程中难以获得足够的电离信号。其次，EI－MS 在某些情况下可能引发样品的过度裂解，导致信息丢失。此外，EI－MS 对于大分子化合物的分析能力相对有限。

2. 化学电离源（chemical ionization，CI） 其是一种通过引入一定压力的反应气体来实现样品分子的电离或裂解以获取结构信息的离子源。这种技术的优点在于生成的离子与样品分子发生离子-分子反应，使得质子交换成为可能，从而实现样品分子的电离。

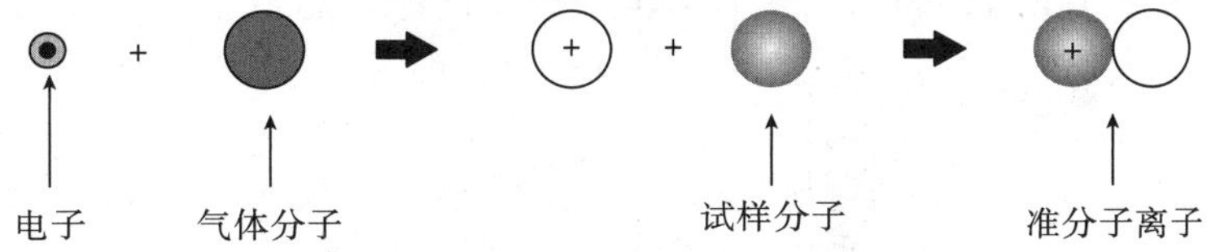

图 3-46 化学电离源原理示意图

化学电离源结构与电子轰击源相类似。其原理如图 3-46 所示，反应气体（常用有甲烷、异丁烷和氨气）和样品气体同时进入电离室，通过电子轰击使反应试剂电离，而样品分子则因其含量较少而不直接发生电离。样品分子与电离的反应气体发生反应后产生相应离子，其中，若样品分子的质子亲和势大于反应气体的质子亲和势，则生成 $[M+H]^+$ 离子，反之则生成 $[M-H]^+$ 离子。生成的 $[M+1]^+$ 或 $[M-1]^+$ 离子被称为准分子离子，它们都是偶电子离子，相对于 $[M]^+$ 离子更加稳定，并且能够减少碎片峰的产生，因此准分子离子常常成为质谱中的主要峰。

对邻苯二甲酸二辛酯分别使用 EI 与 CI 源进行质谱分析，结果如图 3-47 所示，使用 EI 源的质谱图离子碎片较多，可以通过质谱图推断出有机化合物的结构信息；使用 EI 源的质谱图最高峰为其分子离子峰，可以准确地推断出其分子量。

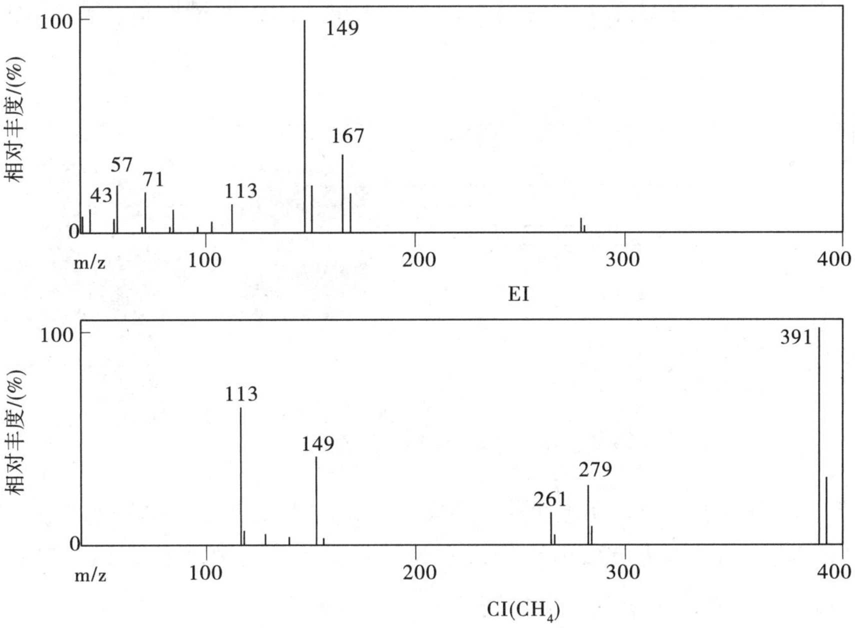

图 3-47 使用 EI 源与 CI 源分析邻苯二甲酸二辛酯质谱图对比

3. 大气压电离（API） EI 源与 CI 源主要应用在气相色谱/质谱联用仪，而当涉及液相色谱/质谱联用仪（liquid chromatography/mass spectrometry，LC/MS）中的离子化方式时，API（atmospheric pressure ionization）技术是最为常见和广泛应用的方法之一。API 技术可以在大气压力下将化合物转变成气态离子，从而实现其在质谱中的检测和分析。

API 技术中常见的离子化方式包括大气压电喷雾离子源（atmospheric pressure electrospray ionization，APESI）、大气压化学电离源（atmospheric pressure chemical ionization，APCI）。

（1）大气压电喷雾离子源（APESI） 将待测样品置于带电的溶液中，通过高压气体喷射形成微细的液滴，然后液滴在离子聚焦区中产生电离，生成离子化的溶液分子，结构及原理如图 3－48 所示。这种离子源适用于容易在溶液中形成离子的样品，例如极性化合物。APESI 的优势在于可以检测高分子量化合物（如蛋白质和寡聚核苷酸），因为它具有多电荷产生的能力。

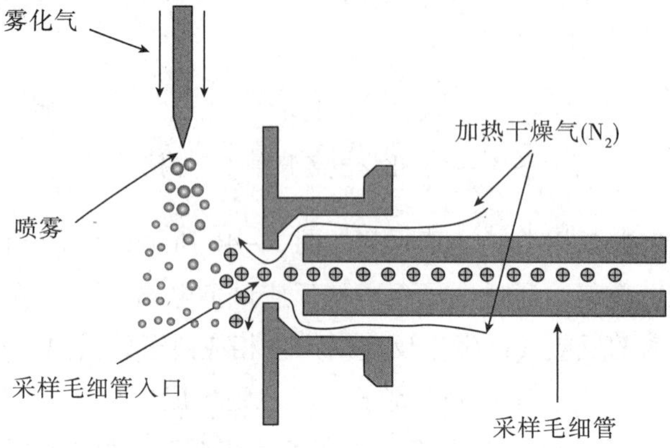

图 3－48　APESI 源结构及原理示意图

（2）大气压化学电离源（APCI）　是通过电晕放电在大气压力条件下将气相的化合物离子化。待测样品在气相和流动相（液相色谱中的流动相）的交界处与电晕放电区相遇，产生电离，结构及原理如图 3－49 所示。APCI 适用于具有一定挥发性的样品，特别适用于非极性或低、中等极性的化合物。需要注意的是，APCI 生成的离子通常是单电荷离子，其分子量范围受质谱质量分析器范围的限制。

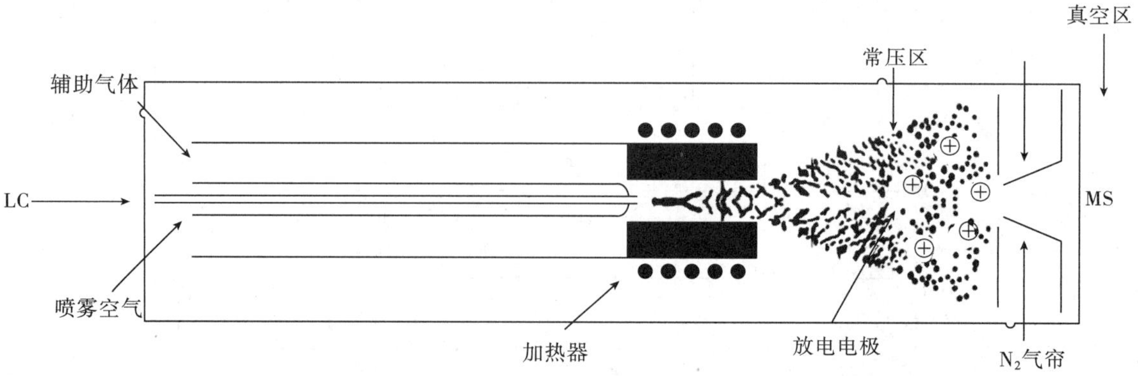

图 3－49　APCI 源结构及原理示意图

ESI 源和 APCI 源区别在于：ESI 为电喷雾，即样品先带电再喷雾，带电液滴在去溶剂化过程中形成样品离子，从而被检测。APCI 为大气压力化学电离源，样品先形成雾，然后电晕放电针对其放电，在高压电弧中，样品被电离，然后去溶剂化形成离子，最后检测。

（四）质量分析器

质谱仪的质量分析器位于离子源和检测器之间，主要用于按照离子的质荷比（m/z）对样品离子进行分离。根据工作原理和结构不同，质谱仪中常见的质量分析器类型包括磁分析器、四极杆质量分析器、离子阱质量分析器、飞行时间质量分析器等。

1. 磁分析器　利用磁场（某些高端的质谱还会配合电场）对离子进行偏转，根据离子的质量和电荷来实现对离子的分离和测量，如图 3－50 所示。磁分析器包括扇形磁扇分析器、磁扇扇片分析器和磁部分失焦分析器等。它们具有高质量分辨率和高灵敏度的特点，适用于分析具有较大质荷比范围的离子。

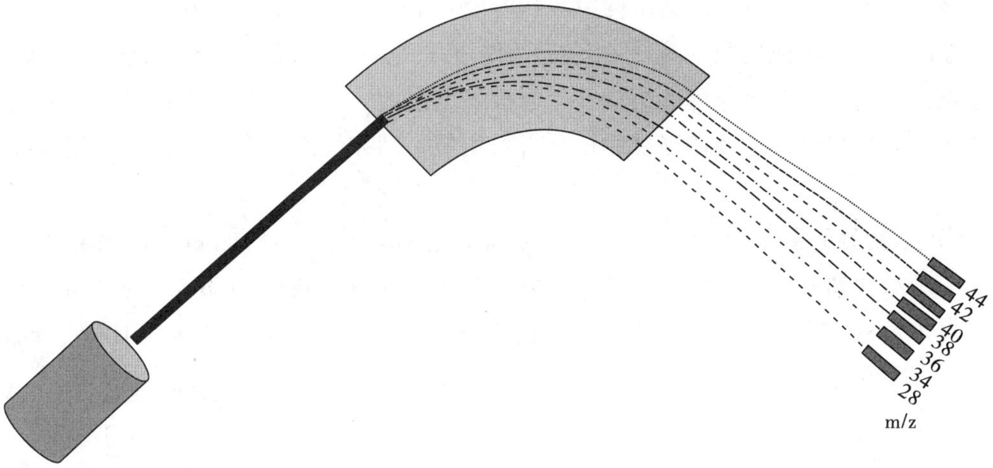

图 3－50　磁分析器原理示意图

2. 四极杆质量分析器　运作原理基于离子在交变电场中受到拉电场和推电场的作用。通过适当的调节电场参数，只有符合特定条件（通常为一定的质量范围）的离子能够在电场中安全通行。其他离子则会受到电场的限制而无法通过四极杆。因此，四极杆质量分析器可以实现具有一定选择性的离子分离和检测。

四极杆质量分析器是一种由四根精密加工的电极杆和施加在 x 和 y 方向上的两组高压高频射频信号组成的电场分析器，如图 3－51 所示。四根电极可以采用双曲面或圆柱形的形态。x 和 y 方向上施加的高压射频信号产生了交变电场，使得离子在分析器内形成稳定的轨道运动。离子在四极杆中的运动受到电场力的作用，而其轨道形状与离子的质量、电荷以及入射速度有关。通过调节四极杆电压和频率，可以使特定质荷比范围内的离子得到选择性的传输和分离。

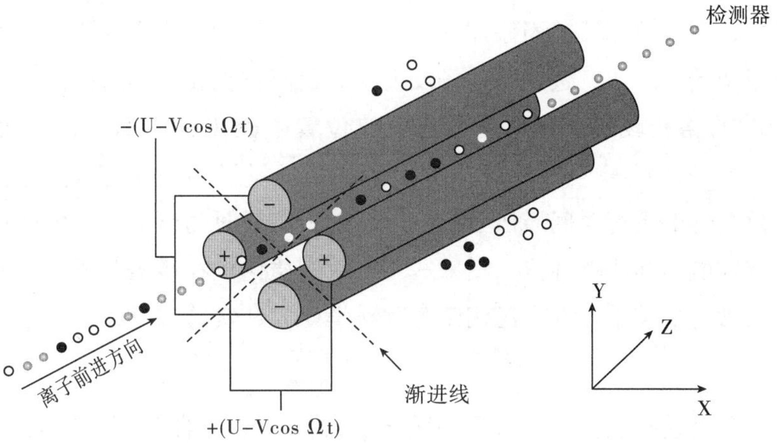

图 3－51　四极杆质量分析器结构原理图

四极杆质量分析器具有较高的质量分辨率和分析灵敏度。通过调整射频信号和电极电压，可以优化离子的传输效率和分离性能。这使得四极杆质量分析器在质谱仪中得到广泛应用，用于各种分析和鉴定任务，包括定性分析、定量分析和结构鉴定等。

3. 离子阱质量分析器　一种能够通过电场或磁场控制和贮存离子一段时间的装置。离子阱利用静电场的作用，可以将离子捕获在其中，并通过调节阱内的电场来选择性地留下特定的离子，同时将其他离子排除出离子阱。

离子阱的结构如图 3 – 52 所示，其结构由环状电极和上下两个端电极组成一个室腔，通过施加直流和高频电压，在电极之间形成电场。离子在特定条件下可以保持稳定的轨道振幅并在阱内停留一段时间，而不满足条件的离子则会迅速增大振幅并与电极发生碰撞。离子阱具有小巧轻便、高灵敏度和多级质谱功能等特点。质量扫描方式和四极杆质量分析器相似，即在恒定的直流交流比下扫描高频电压以得到质谱图。

4. 飞行时间质量分析器 一种非磁性离子分析器，它利用离子的动能和飞行距离来区分具有不同质荷比的离子，其结构如图 3 – 53 所示。离子从离子源飞出时具有相似的动能，进入一个长约为 1m 的无场漂移管，对于具有不同 m/z 的离子来说，到达终点的时间差 Δt 取决于质量荷比的平方根之差。

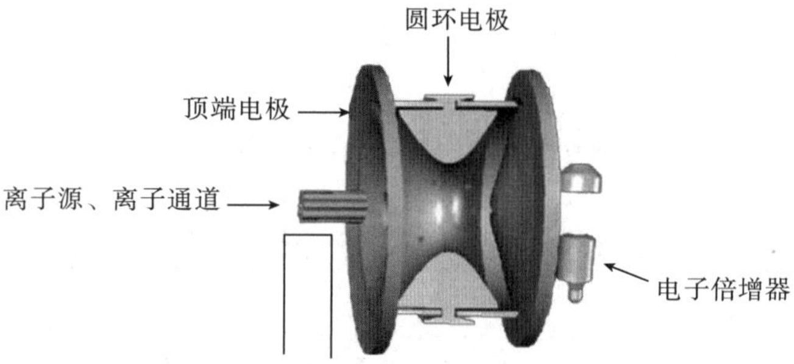

图 3 – 52 离子阱质量分析器剖面图

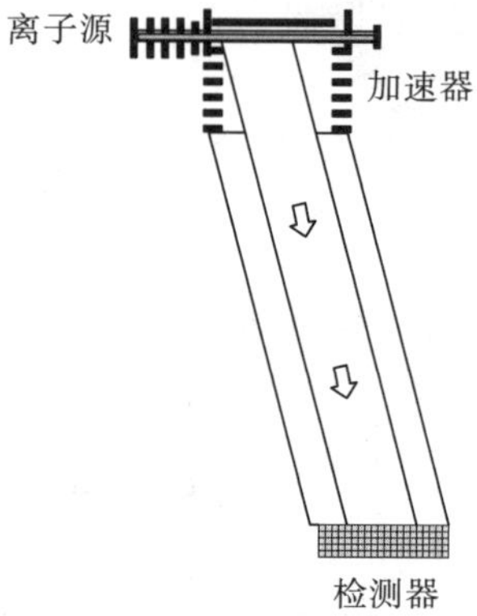

图 3 – 53 飞行时间质量分析器结构原理图

通过利用具有相同动能（E）和飞行距离（L）的离子，通过不同的到达时间（T）来区分它们。然而，直线型飞行时间质谱仪的主要缺点是分辨率较低。离子的初始能量不同导致具有相同质荷比的离子到达探测器的时间具有一定的分布，从而降低了分辨能力。

为了改善分辨能力，在线检测器前面添加了一组静电场反射镜，将自由飞行中的离子反向推回。初始能量较高的离子由于初始速度快，进入静电场反射镜的距离较长，返回时的路径也较长。相反，初始能量较低的离子返回时的路径较短。这样就会在一定位置上聚焦返回离子，从而改善了仪器的分辨能力。

这种带有静电场反射镜的飞行时间质谱仪被称为反射式飞行时间质谱仪。它通过反射镜实现了离子的重新聚焦，提高了分辨能力和质谱性能。反射式飞行时间质谱仪在质谱分析中具有重要的应用，可以满足对高分辨率和高灵敏度的需求，并广泛用于各种科学研究和实验室分析。

（五）检测器

质谱仪中常用的检测器包括法拉第杯（Faraday cup）、电子倍增器和闪烁计数器等。

法拉第杯是一种简单可靠的检测器。当离子通过一个或多个抑制栅极并进入法拉第杯时，会产生电流。这个电流可以被转换成电压并进行放大记录。法拉第杯的优点之一是其简单可靠性，借助适当的放大器，可以检测到约为 10^{-15}A 的离子流。然而，需要注意的是，法拉第杯只适用于加速电压低于 1kV 的质谱仪。较高的加速电压会导致离子流具有更高的能量，从而在进入入口狭缝或抑制栅极时产生大量的二次电子甚至二次离子，进而影响信号的检测。

电子倍增器是另一种常用的离子检测器，它类似于光电倍增管的工作原理，如图 3 – 54 所示。当离子束撞击到电子倍增器的第一级阴极表面时，会产生二次电子。经过 15 ~ 18 个级别的倍增作用后，电子流被检测到，可以测量到约为 10^{17} A 的微弱电流。电子倍增器具有高灵敏度和快速响应的优点。然而，需要注意的是，产生的二次电子数量与离子的质量和能量相关，会导致质量歧视效应的存在。在定量分析中，需要进行相应的校正。

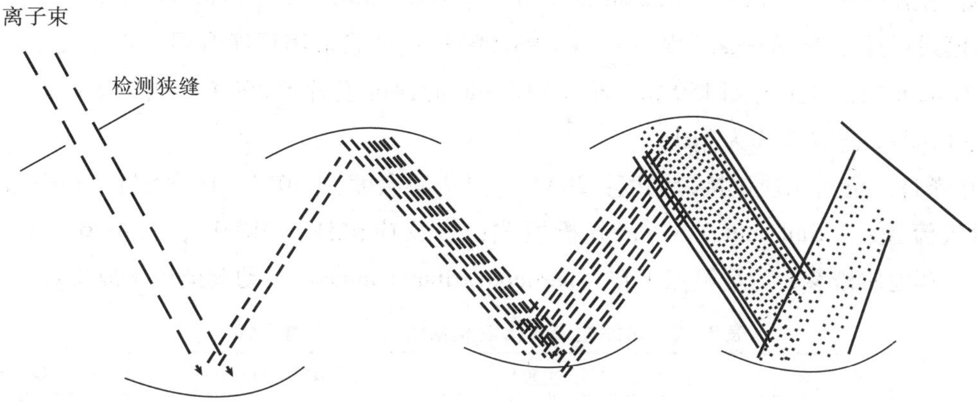

图 3-54 电子倍增管工作原理

另一种常见的离子检测器是闪烁计数器。它利用离子撞击闪烁物质产生的光信号，并通过光电倍增管进行放大和检测。闪烁计数器在测量较高能量的离子和较高计数速率时被广泛使用。

四、色质谱联用法的应用

分散固相萃取-三重串联四极杆气相色谱/质谱联用分析蔬菜中 112 种农药残留。

（一）色质谱联用法在农药残留检测中应用概述

农业生产中使用农药以提高产量，但农药残留危害日益严重。为此，发达国家建立了严格的农药残留限定标准。国际食品法典委员会和世界卫生组织制定的相关标准数量众多。在检测技术方面，多残留检测和快速筛选技术被广泛采用。

各国已开发出多种农药残留检测方法。美国 FDA 的 PAM 手册涵盖了 300 多种农药的检测方法。中国从 20 世纪 90 年代初开始研究农药多残留分析方法，并发布了一系列国家标准分析方法，推动了该领域在中国的发展。

现有技术主要采用振荡均质、超临界萃取、ASE 等样品提取方法，GPC、SPE 等技术进行样品净化，GC 或 LC 质谱联用技术进行分离测定。然而，这些方法的定性准确性受到限制。GC-MS 虽然推广广泛，但检测限度有限。

为解决问题，采用了 QuEChERS-三重串联四极杆气质联用技术，建立了同时测定蔬菜中 112 种农药残留的方法。该方法通过多反应监测模式和内标法提高了定性准确性和分析灵敏度。各农药的检测下限在 1.6～13.4μg/kg 范围内，适用于农药残留痕量检测。

（二）原理

样品用乙腈：甲苯（8：1）匀浆，pH 调至 5～7，提取后用分散固相萃取法净化，采用三重串联四极杆气相色谱/质谱联用在多反应监测模式（MRM）下进行测定，内标法定量。

（三）实验方法

1. 前处理 将 250g 样品粉碎混匀，称取 20g 于 50ml 离心管中，加入 200μl 10mg/L D-10 毒死蜱，加入 20ml 乙腈、10g 无水硫酸镁、5g 氯化钠振荡后均浆，用 5mol/L 的乙酸或者 NaOH 溶液将 PH 调至 5～6，4℃冷冻离心 6000 转/分 10min。取 5ml 上清液于 15ml 离心管，加入 1g 分散固相萃剂，旋涡振荡

1min，4℃冷冻离心 6000 转/分 10min，取上清液过 0.45μm 滤膜后用于 GC－MS/MS 分析测定。

2. 仪器条件

（1）气相色谱条件　色谱柱：Agilent J&W DB－5ms（30m×0.25mm×0.25μm）；进样口温度：260℃；恒压模式：压力 23.838psi；载气：He，99.999%；柱温采用程序升温，初始温度：70℃，保持 2min，以 25℃/min 的速度上升到 150℃，再以 3℃/min 的速度上升到 200℃，再以 8℃/min 的速度上升到 280℃保持 10min，进样体积为 2μl。

（2）质谱条件　色谱－质谱接口温度：280℃；离子源温度：230℃；IE 能量：70eV；四极杆温度：150℃；碰撞气流速：1.5ml/min（N_2）；分析模式：多反应监测（MRM），扫描例子及分组情况如表 3－2 所示，其他质谱参数为全氟三丁胺（perfluoro tributylamine）自动调谐后生成参数。

表 3－2　串联质谱多反应监测模式下的质谱条件

NO	Compound	RT（min）	Transition－ions	Q－Ratio（%）
1	M－tolyl methylcarbamate（速灭威）	5.28	108.0－＞107.0（16）*	
			108.0－＞79.0（20）	40.1
			108.0－＞77.0（30）	56.3
2	Methamidophos（甲胺磷）	6.698	141.0－＞95.0（6）*	
			141.0－＞79.0（24）	25.8
			141.0－＞64.0（20）	23.3
	Dichlorvos（敌敌畏）	6.851	185.0－＞93.2（12）*	
			185.0－＞108.8（18）	26.8
			185.0－＞63.0（24）	28.6
3	Phosphamidon（磷胺）	7.061	127.0－＞109.0（10）*	
			193.0－＞127.0（8）	13.5
			264.0－＞193.0（6）	17.0
	Allidochlor（草毒死）	7.353	137.8－＞96.1（5）*	
			137.8－＞81.0（5）	60.4
			137.8－＞110.1（5）	51.3
4	Carbonfuran（克百威）	7.512	163.9－＞149.0（10）*	
			163.9－＞120.9（20）	34.1
			163.9－＞103.0（30）	90.0
5	Dichlormid（烯丙酰草胺）	8.168	172.0－＞108.0（10）*	
			172.0－＞96.0（10）	41.1
			172.0－＞41.0（20）	70.1
	Chlormephos（氯甲硫磷）	9.412	234.0－＞121.0（10）*	
			234.0－＞93.0（20）	56.3
			234.0－＞65.0（30）	83.5
	Etridiazole（氯唑灵）	9.613	211.0－＞183.0（5）*	
			213.0－＞142.0（18）	49.8
			213.0－＞185.0（10）	88.2
	Propham（苯胺灵）	9.695	93.0－＞66.0（15）*	
			93.0－＞65.0（25）	59.9
			179.1－＞92.2（30）	19.1

续表

NO	Compound	RT (min)	Transition – ions	Q – Ratio (%)
6	Carbaryl (甲萘威)	10.76	144.0 – > 143.7 (2)*	
			144.0 – > 116.0 (10)	54.9
			144.0 – > 114.9 (24)	95.1
7	Isoprocarb (异丙威)	11.099	136.0 – > 121.1 (5)*	
			136.0 – > 103.1 (30)	25.1
			136.0 – > 77.1 (30)	47.6
	Molinate (禾草敌)	11.339	125.8 – > 55.1 (10)*	
			125.8 – > 83.1 (10)	20.4
			125.8 – > 98.1 (10)	14.2
8	Omethoate (氧化乐果)	12.262	156.0 – > 110.0 (3)*	
			156.0 – > 80.0 (20)	34.7
			156.0 – > 79.0 (30)	61.6
	Fenobucarb (仲丁威)	12.555	150.0 – > 121.0 (5)*	
			150.0 – > 103.1 (30)	26.7
			150.0 – > 91.1 (30)	11.0
	Demeton – S – methyl (硫赶式甲基内吸磷)	12.941	109.0 – > 79.0 (8)*	
			169.0 – > 125.0 (8)	14.1
			169.0 – > 109.0 (8)	18.4
9	Ethoprophos (丙线磷)	13.248	158.0 – > 97.1 (6)*	
			158.0 – > 114.0 (4)	65.6
			158.0 – > 80.9 (14)	40.3
	Ethalfluralin (乙丁烯氟灵)	13.47	276.0 – > 202.0 (12*)	
			276.0 – > 248.0 (4)	32.8
			276.0 – > 105.0 (32)	41.4
	Chlordimeform free base (杀虫脒)	13.752	196.0 – > 181.0 (10)*	
			196.0 – > 152.0 (10)	32.1
			196.0 – > 117.0 (30)	32.5
10	Monocrotophos (久效磷)	14.305	127.0 – > 95.0 (30)*	
			127.0 – > 109.0 (30)	56.1
			127.0 – > 79.0 (30)	55.3
	Phorate (甲拌磷)	14.648	260.0 – > 75.0 (20)*	
			260.0 – > 231.0 (5)	19.4
			260.0 – > 129.0 (30)	12.6
11	Thiometon (甲基乙拌磷)	15.228	125.0 – > 47.0 (20)*	
			125.0 – > 79.0 (10)	61.4
			246.0 – > 88.0 (6)	14.0
	Dimethoate (乐果)	15.492	125.0 – > 47.0 (20)*	
			125.0 – > 79.0 (5)	61.4
			229.0 – > 87.0 (10)	14.5
	Simazine (西玛津)	15.869	201.0 – > 173.0 (2)*	
			201.0 – > 186.0 (2)	38.1
			201.0 – > 138.0 (8)	24.1

续表

NO	Compound	RT (min)	Transition – ions	Q – Ratio (%)
12	Atrazine（阿特拉津）	16. 113	200. 0 – > 122. 0 (10) *	
			200. 0 – > 132. 0 (10)	62. 0
			200. 0 – > 105. 0 (10)	69. 2
	Quintozene（五氯硝基苯）	16. 201	295. 0 – > 237. 0 (20) *	
			237. 0 – > 143. 0 (30)	43. 0
			237. 0 – > 119. 0 (30)	51. 2
	Clomazone（异噁草酮）	16. 253	204. 0 – > 107. 0 (20) *	
			204. 0 – > 78. 0 (40)	52. 4
			204. 0 – > 68. 0 (30)	27. 6
	Terbufos（特丁硫磷）	16. 789	231. 0 – > 175. 0 (10) *	
			231. 0 – > 129. 0 (4)	18. 7
			288. 0 – > 231. 0 (25)	12. 1
	Propetamphos（胺丙畏）	16. 792	138. 0 – > 110. 0 (8) *	
			138. 0 – > 109. 0 (8)	23. 5
			138. 0 – > 63. 9 (16)	59. 5
13	Fonofos（地虫硫磷）	16. 958	137. 0 – > 109. 0 (5) *	
			246. 0 – > 137. 0 (5)	45. 5
			246. 0 – > 109. 0 (16)	59. 7
	Propyzamide（炔苯酰草胺）	16. 986	172. 9 – > 144. 9 (16) *	
			172. 9 – > 109. 1 (32)	89. 8
			175. 0 – > 147. 0 (16)	67. 8
	Diazinon（二嗪磷）	17. 185	136. 8 – > 84. 0 (10) *	
			136. 8 – > 54. 1 (20)	75. 4
			136. 8 – > 42. 1 (20)	38. 9
	Dinitramine（氨氟灵）	17. 692	305. 0 – > 216. 0 (22) *	
			305. 0 – > 244. 0 (15)	76. 0
			305. 0 – > 182. 0 (25)	39. 7
	Isazofos（氯唑磷）	17. 813	257. 0 – > 162. 0 (16) *	
			257. 0 – > 146. 0 (20)	18. 4
			257. 0 – > 119. 0 (2)	89. 4
	Secbumeton（密草通）	17. 906	196. 0 – > 85. 0 (10) *	
			196. 0 – > 122. 0 (10)	56. 2
			196. 0 – > 112. 0 (10)	55. 4
14	Etrimfos（乙嘧硫磷）	18. 049	181. 0 – > 153. 0 (8) *	
			292. 0 – > 153. 0 (6)	37. 8
			292. 0 – > 181. 0 (16)	91. 1
	Pirimicarb（抗蚜威）	18. 485	166. 0 – > 55. 1 (20) *	
			166. 0 – > 96. 1 (20)	72. 7
			166. 0 – > 71. 1 (20)	53. 5

续表

NO	Compound	RT (min)	Transition - ions	Q - Ratio (%)
15	Dichlofenthio（除线磷）	19.352	278.8 - > 222.9 (15) *	
			278.8 - > 204.9 (25)	22.0
			278.8 - > 251.0 (2)	22.4
	Cyprazine（环草津）	19.561	212.0 - > 170.0 (10) *	
			212.0 - > 109.0 (20)	89.2
			212.0 - > 82.0 (30)	27.9
	Chlorpyrifos - methyl（甲基毒死蜱）	19.649	286.0 - > 93.1 (20) *	
			286.0 - > 271.0 (16)	46.2
			286.0 - > 240.9 (30)	29.5
16	Vinclozolin（乙烯菌核利）	19.915	212.0 - > 172.0 (15) *	
			212.0 - > 145.0 (15)	29.6
			212.0 - > 109.0 (40)	37.1
	Parathion - methyl（甲基对硫磷）	20.034	263.0 - > 79.1 (20) *	
			263.0 - > 246.0 (4)	70.1
			263.0 - > 109.1 (6)	89.1
	Tolclofos - Methyl（甲基立枯磷）	20.073	265.0 - > 250.0 (16) *	
			265.0 - > 220.0 (26)	49.8
			265.0 - > 93.1 (20)	66.2
	Metalaxyl（甲霜灵）	20.559	249.0 - > 146.0 (20) *	
			206.0 - > 162.0 (20)	20.2
			206.0 - > 132.0 (5)	55.4
	Fenchlorphos（皮蝇硫磷）	20.627	285.0 - > 270.0 (16) *	
			285.0 - > 240.0 (30)	61.9
			285.0 - > 93.1 (24)	63.5
	Prometryn（扑草净）	20.807	241.0 - > 183.9 (10) *	
			241.0 - > 226.0 (10)	32.9
			241.0 - > 199.0 (10)	55.2
17	Pirimiphos - methyl（甲基嘧啶磷）	21.43	290.0 - > 233.0 (15) *	
			290.0 - > 262.0 (5)	37.9
			290.0 - > 151.0 (20)	87.5
	Fenitrothion（杀螟硫磷）	21.507	277.0 - > 260.1 (4) *	
			277.0 - > 125.1 (16)	39.0
			277.0 - > 109.1 (14)	89.1
	Linuron（利谷隆）	21.791	187.0 - > 124.0 (31) *	
			187.0 - > 159.0 (12)	66.0
			189.0 - > 161.0 (31)	11.7

续表

NO	Compound	RT (min)	Transition - ions	Q - Ratio (%)
18	Malathion (马拉硫磷)	22. 145	173. 0 - > 99. 1 (14)*	
			173. 0 - > 127. 2 (10)	51. 6
			173. 0 - > 117. 1 (2)	28. 4
	Chlorpyrifos - D10 (毒死蜱 - D10)	22. 405	199. 6 - > 108. 8 (40)*	
			199. 6 - > 172. 0 (20)	39. 3
			199. 6 - > 98. 0 (40)	69. 5
	Chlorpyrifos (毒死蜱)	22. 406	196. 9 - > 168. 9 (40)*	
			196. 9 - > 107. 0 (15)	37. 2
			314. 0 - > 257. 8 (16)	55. 2
	Anthraquinone (蒽醌)	22. 543	208. 0 - > 180. 0 (10)*	
			208. 0 - > 152. 0 (30)	62. 4
			180. 0 - > 152. 0 (10)	57. 9
	Cyanazine (氰草津)	22. 744	225. 0 - > 189. 0 (10)*	
			212. 1 - > 151. 1 (10)	14. 9
			212. 1 - > 123. 1 (22)	69. 3
	Parathion (对硫磷)	22. 843	291. 0 - > 109. 1 (10)*	
			291. 0 - > 137. 1 (4)	27. 3
			291. 0 - > 81. 1 (24)	45. 0
19	Triadimefon (三唑酮)	23. 01	208. 0 - > 181. 0 (5)*	
			208. 0 - > 128. 0 (20)	13. 2
			208. 0 - > 127. 0 (15)	58. 3
	Isocarbofos (水胺硫磷)	23. 065	135. 6 - > 108. 0 (20)*	
			135. 6 - > 68. 9 (30)	39. 6
			135. 6 - > 82. 0 (30)	26. 4
	Dicofol (三氯杀螨醇)	23. 175	138. 8 - > 111. 1 (10)*	
			138. 8 - > 85. 1 (30)	15. 9
			138. 8 - > 75. 1 (10)	15. 4
	Trichloronat (毒壤磷)	23. 248	296. 8 - > 223. 0 (34)*	
			296. 0 - > 269. 0 (16)	15. 4
			268. 7 - > 206. 0 (24)	35. 4
	Pirimiphos - ethy (嘧啶磷)	23. 649	318. 0 - > 166. 0 (34)*	
			318. 0 - > 109. 1 (32)	28. 9
			318. 0 - > 96. 9 (16)	21. 2
20	Pendimethalin (二甲戊乐灵)	24. 061	252. 1 - > 162. 1 (10)*	
			252. 1 - > 208. 0 (2)	66. 6
			252. 1 - > 191. 0 (10)	68. 1
	Metazachlor (吡唑草胺)	24. 119	208. 7 - > 132. 1 (15)*	
			208. 7 - > 117. 2 (35)	33. 0
			208. 7 - > 105. 1 (35)	12. 6

续表

NO	Compound	RT (min)	Transition - ions	Q - Ratio (%)
	Chlorfenvinpho (毒虫畏)	24. 587	266. 4 - > 159. 0 (20) *	
			266. 4 - > 81. 0 (30)	41. 0
			266. 4 - > 202. 9 (10)	29. 6
	Phenthoate (稻丰散)	24. 808	274. 0 - > 125. 0 (16) *	
			274. 0 - > 246. 0 (4)	61. 9
			274. 0 - > 93. 0 (14)	76. 2
	Quinalphos (喹硫磷)	24. 828	146. 1 - > 91. 1 (30) *	
			157. 0 - > 129. 0 (15)	39. 6
			298. 0 - > 146. 0 (10)	13. 1
	Procymidone (腐霉利)	24. 927	283. 0 - > 96. 0 (10) *	
			283. 0 - > 255. 0 (10)	13. 0
			283. 0 - > 67. 0 (40)	27. 9
21	Methidathion (杀扑磷)	25. 379	145. 0 - > 85. 0 (6) *	
			145. 0 - > 58. 0 (16)	26. 3
	Bromophos - ethyl (乙基溴硫磷)	25. 396	373. 0 - > 266. 0 (25) *	
			272. 0 - > 237. 0 (16)	83. 7
			375. 0 - > 268. 0 (25)	48. 9
	trans - Chlordane (反 - 氯丹)	25. 396	359. 0 - > 303. 0 (14) *	
			359. 0 - > 331. 0 (4)	38. 2
			359. 0 - > 284. 8 (35)	17. 0
	Chlorbenside (杀螨醚)	25. 432	125. 4 - > 89. 1 (20) *	
			125. 4 - > 99. 1 (20)	53. 4
			268. 0 - > 125. 0 (8)	36. 4
	Tetrachlorvinphos (杀虫畏)	25. 679	329. 0 - > 108. 9 (38) *	
			329. 0 - > 93. 0 (25)	13. 9
			329. 0 - > 79. 0 (25)	15. 9
22	4. 4′ - Benzidine (联苯胺)	25. 855	184. 0 - > 183. 0 (20) *	
			184. 0 - > 167. 0 (20)	50. 1
			184. 0 - > 156. 0 (20)	60. 2
	Disulfoton (乙拌磷)	26. 058	212. 7 - > 97. 0 (20) *	
			212. 7 - > 153. 0 (5)	52. 5
			212. 7 - > 124. 9 (10)	47. 0
	Napropamide (草萘胺)	26. 301	271. 0 - > 72. 0 (12) *	
			271. 0 - > 128. 0 (5)	60. 4
			171. 0 - > 128. 0 (20)	16. 2
	Fenamiphos (苯线磷)	26. 338	303. 0 - > 154. 0 (20) *	
			303. 0 - > 217. 0 (20)	52. 5
			303. 0 - > 180. 0 (15)	51. 1

续表

NO	Compound	RT (min)	Transition - ions	Q - Ratio (%)
	Flutolanil (氟酰胺)	26.472	173.0 - > 145.0 (15) *	
			323.0 - > 281.0 (4)	12.7
			323.0 - > 173.0 (13)	15.5
	Prothiophos (丙硫磷)	26.546	308.6 - > 238.9 (10) *	
			308.6 - > 281.0 (10)	70.2
			308.6 - > 220.9 (30)	68.3
	Profenofos (丙溴磷)	26.728	339.0 - > 268.8 (20) *	
			339.0 - > 310.8 (5)	57.7
			339.0 - > 188.0 (32)	41.1
	Oxadiazon (恶草酮)	26.943	175.0 - > 112.0 (13) *	
			175.0 - > 76.1 (15)	43.3
			302.0 - > 175.0 (40)	34.9
	Tribufos (脱叶磷)	27.016	168.6 - > 57.1 (10) *	
			168.6 - > 94.9 (20)	11.5
			168.6 - > 112.9 (10)	26.8
	Myclobutanil (腈菌唑)	27.04	179.0 - > 125.1 (16) *	
			179.0 - > 152.0 (6)	20.7
			179.0 - > 90.1 (36)	34.6
23	Aramite (杀螨特)	27.667	175.0 - > 107.0 (20) *	
			175.0 - > 135.0 (10)	47.1
			175.0 - > 41.0 (30)	32.3
24	Fensulfothion (丰索磷)	28.137	293.0 - > 97.0 (25) *	
			293.0 - > 141.0 (10)	26.4
			293.0 - > 125.0 (10)	50.5
	Fensulfothion (乙环唑)	28.286	172.8 - > 109.2 (30) *	
			244.9 - > 172.9 (15)	62.0
			244.9 - > 191.1 (5)	69.7
	Oxadixyl (恶霜灵)	28.292	132.0 - > 117.0 (16) *	
			163.0 - > 117.0 (16)	40.8
			163.0 - > 132.0 (25)	46.8
	Ethion (乙硫磷)	28.376	231.0 - > 175.0 (12) *	
			231.0 - > 203.0 (6)	70.1
			231.0 - > 129.1 (20)	33.3
	Triazophos (三唑磷)	28.883	161.0 - > 134.0 (5) *	
			161.0 - > 106.0 (5)	81.2
			257.0 - > 162.0 (10)	77.8
	Sulprofos (甲丙硫磷)	28.896	322.0 - > 97.0 (25) *	
			322.0 - > 156.0 (5)	73.1
			322.0 - > 139.0 (10)	67.8

续表

NO	Compound	RT（min）	Transition – ions	Q – Ratio（%）
25	Carbophenothion（三硫磷）	29.223	156.9 – > 45.1（10）*	
			152.6 – > 97.0（10）	69.9
			120.7 – > 64.9（10）	54.6
	Norflurazon（哒草伏）	29.263	144.7 – > 95.0（20）*	
			144.7 – > 95.0（20）	81.1
			144.7 – > 124.9（30）	20.5
	Edifenphos（敌瘟磷）	29.306	173.0 – > 109.0（15）*	
			173.0 – > 65.1（10）	25.8
			310.0 – > 173.0（40）	35.3
	Propiconazole（丙环唑）	29.523	259.0 – > 69.0（14）*	
			259.0 – > 191.0（16）	61.2
			259.0 – > 173.0（8）	69.1
	Nuarimol（氟苯嘧啶醇）	29.908	235.0 – > 124.0（10）*	
			235.0 – > 233.0（10）	19.4
			235.0 – > 207.0（10）	75.6
	Diclofop – methyl（禾草灵）	30.044	253.0 – > 162.0（22）*	
			281.0 – > 120.0（12）	63.1
			340.0 – > 253.0（14）	96.5
26	Pyridaphenthion（哒嗪硫磷）	30.746	340.0 – > 199.2（8）*	
			340.0 – > 109.0（22）	23.0
			340.0 – > 197.0（35）	18.9
	Tetramethrin（胺菊酯）	30.88531.127	163.6 – > 107.1（10）*	
			164.0 – > 77.0（10）	83.5
			163.6 – > 135.0（30）	33.4
	Phosmet（亚胺硫磷）	30.959	160.0 – > 77.0（24）*	
			160.0 – > 105.0（24）	29.4
			160.0 – > 133.1（16）	44.6
	Bifenthrin（联苯菊酯）	31.026	180.8 – > 166.1（10）*	
			180.8 – > 179.0（10）	18.2
			180.8 – > 153.2（10）	16.1
	EPN（苯硫磷）	31.04	169.0 – > 141.0（2）*	
			169.0 – > 77.0（22）	82.5
			157.0 – > 77.0（25）	60.9
	Methoxychlor（甲氧滴滴涕）	31.232	227.0 – > 169.0（28）*	
			227.0 – > 212.0（16）	61.6
			227.0 – > 141.0（40）	67.3
	Fenpropathrin（甲氰菊酯）	31.316	265.0 – > 210.0（10）*	
			265.0 – > 181.0（30）	19.1
			265.0 – > 88.9（30）	49.7
	Tetradifon（三氯杀螨砜）	31.829	158.6 – > 131.0（10）*	
			158.6 – > 75.0（40）	45.1
			158.6 – > 111.0（20）	55.4

续表

NO	Compound	RT (min)	Transition - ions	Q - Ratio (%)
27	Phosalone (伏杀硫磷)	32.004	182.0 - > 111.1 (24)*	
			182.0 - > 138.1 (14)	28.7
			182.0 - > 75.2 (36)	73.5
	Azinphos - methyl (谷硫磷)	32.025	171.0 - > 77.0 (25)*	
			171.0 - > 124.0 (10)	35.3
			377.0 - > 262.0 (22)	19.7
	Cyhalothrin (三氟氯氰菊酯)	32.252 32.535	197.0 - > 141.0 (10)*	
			197.0 - > 161.0 (10)	54.8
			197.0 - > 91.0 (30)	25.6
	Mirex (灭蚁灵)	32.727	272.0 - > 237.0 (15)*	
			272.0 - > 167.0 (40)	20.1
			272.0 - > 116.9 (40)	18.4
	Azinphos - ethyl (乙基谷硫磷)	33.111	132.0 - > 77.0 (12)*	
			132.0 - > 104.0 (4)	38.9
			160.0 - > 132.0 (0)	77.3
28	Permethrin (氯菊酯)	33.946 34.188	182.8 - > 168.0 (10)*	
			182.8 - > 153.0 (10)	66.7
			182.8 - > 165.0 (10)	94.5
	Coumaphos (蝇毒磷)	34.178	362.0 - > 109.0 (35)*	
			362.0 - > 226.2 (15)	33.1
29	2 - Chlorobenzyl chloride (氟氯氰菊酯)	34.985 35.198 35.325 35.418	162.9 - > 91.0 (10)*	
			162.9 - > 127.0 (10)	68.0
			162.9 - > 108.9 (20)	18.2
30	Cypermethrin (氯氰菊酯)	35.734 35.980 36.104 36.209	163.0 - > 91.0 (10)*	
			163.0 - > 127.0 (5)	85.2
			163.0 - > 109.0 (20)	18.4
31	Fenvalerate (氰戊菊酯)	38.094 38.716	167.0 - > 125.2 (10)*	
			167.0 - > 99.2 (10)	13.9
			167.0 - > 89.2 (40)	16.7
32	Decamethrin (溴氰菊酯)	39.868 40.493	253.0 - > 93.0 (20)*	
			253.0 - > 174.0 (15)	30.6
			253.0 - > 172.0 (10)	54.0

(四) 条件优化

1. 质谱条件优化 选择多反应监测模式（MRM）下的2～3对离子对进行各农药的分析，其中一对离子对用于定量分析，另外两对或者一对离子对进行定性分析。为了获得最佳的质谱条件保证对分析物定量和定性的准确性，对待测物的前级离子、产物离子、碰撞能量等一系列质谱参数进行优化。首先采用全扫描（full scan）方式获取待测物的前级离子，之后采用产物离子扫描方式（product scan）通过优化碰撞能量获得产物离子，最后采用多反应监测模式对待测物进行定性和定量分析。经过优化可以得到较为理想的质谱条件和分离效果，如图3－55所示为韭菜加标量为50μg/kg的总离子流（TIC）图。

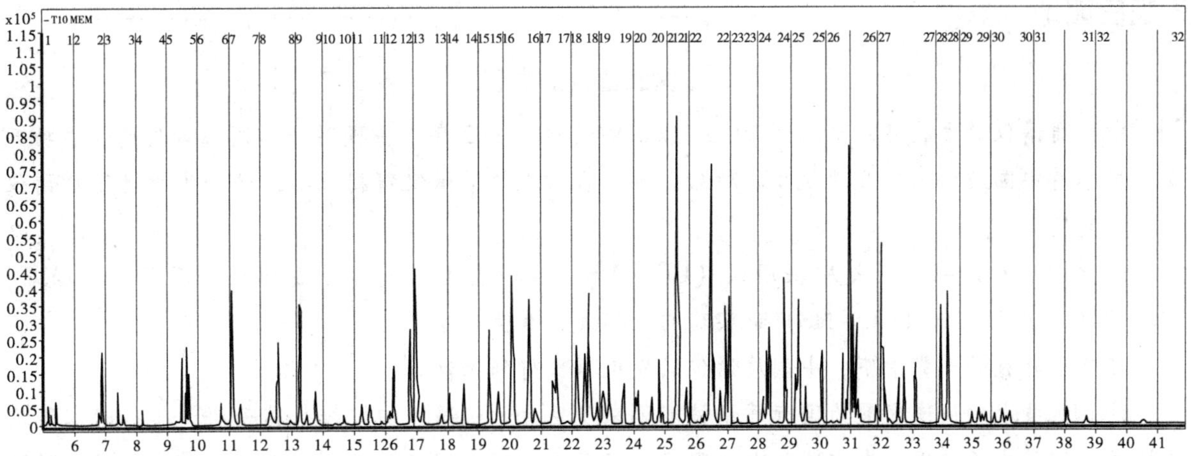

图 3－55　韭菜加标量（50μg/kg）总离子流图

2. 前处理条件优化　对于农药残留的样品处理过程中，萃取溶剂的选择和调整对提取效果至关重要。在当前常用的萃取溶剂中，乙腈的普适性和提取效率较高，因此被广泛应用。然而，分散固相萃剂中的石墨化碳黑（GCB）具有片层结构，对于平面结构的农药保留效果较好，但可能导致部分农药的回收率降低。为了克服这个问题，添加适量的甲苯可以提高这类农药的回收率。然而，过多的甲苯加入会增加基质杂质，降低其他农药的回收率和准确度。

不同 pH 环境下的样品处理和净化对农药残留分析的准确性有直接影响。实验结果显示，pH 为 5 ~ 7 的范围内，各种目标物的回收率在 70%~120% 之间，符合测定要求。因此，可以在 pH 5 ~7 条件下进行匀浆提取。

同时，分散固相萃取材料的选择是另一个关键问题。目前常用的分散固相萃取材料包括 C18、GCB、SPA 和无水硫酸镁等。无水硫酸镁用于去除有机层中的少量水分，保证其他吸附剂粉末的性能不受影响；GCB 对样品中的色素具有良好的去除效果，但过量使用会导致部分农药的回收率降低；PSA 和 C18 在吸附溶液中的杂质净化方面发挥作用。在本实验中，适量的无水硫酸镁、GCB、PSA 和 C18 被选择用于样品提取液的净化，以满足测定要求。

（五）计算

该方法中，进样溶液中各农药的浓度由标准曲线直接读出，农药的总离子流图峰面积与内标总离子流图峰面积的比值与农药的浓度成正比，农药浓度可从软件中直接读出，其计算公式：

$$X = \frac{c \times 20}{m \times 100} \tag{3-22}$$

式中，X 为试样中农药的含量，单位为毫克每千克（mg/kg）；c 为试样溶液中农药的浓度，单位为微克每升（μg/L）；m 为试样称样量，单位为克（g）。

（六）方法学指标

按信噪比（S/N）等于 10 计算，取样 20g 时，方法的定量下限（LOQ）范围为 1.6 ~ 13.4μg/kg 范围。

强国园地

中国质谱仪的发展

中国质谱仪的发展可以追溯到20世纪60年代初。1962年，中国第一台同位素质谱仪成功开发，标志着中国质谱仪行业的起步。随后，第一台四极杆质谱仪研制成功，进一步推动了质谱仪技术的发展。

1978年，ZhD－01型气质联用仪（GC－MS）实现自主研发，并成功生产了7台。随后，Zhp－9型气质联用仪（GC－MS）也实现自主研发，共生产了2台。

在改革开放的大背景下，中国质谱仪的发展再次得到推动。

计算机技术的快速发展为国际质谱技术带来了巨大的机遇。四极杆、离子阱、飞行时间等质谱技术得到了广泛应用。在中国，也出现了一批致力于研发国产质谱仪的企业和研究机构。2006年，第一台商业化四极杆气质联用仪GC－MS3100生产，中国开始生产具有完全自主知识产权的单四极杆型气质联用仪。2008年，推出的脉冲熔融－质谱气体分析仪PMA1000，可快速、准确地测定钢铁、合金、铜、锆、钛、钼、镍、陶瓷等材料中的多种气体元素含量。2009年，单四极杆气质联用仪M6发布，四极杆在线过程质谱仪SHP8400pms发布。2010年，国内首台商业化便携式气质联用仪Mars－400推出，国内首台气溶胶飞行时间质谱仪推出。2011年，国内首台液体芯片飞行时间质谱仪Clin－TOF推出。2012年，四极杆气质联用仪GC－MS 6800、中国首台商业化等离子体质谱仪ICP－MS 2000以及中国首台液质联用仪LC－MS 1000推出。2014年，中国首款具有完全知识产权的商业化基质辅助激光解析电离飞行时间质谱仪（MALDI－TOF）推出。2019年，中国第一台自主研发的三重四极杆质谱仪推出。

然而，在对质谱技术要求较高的临床医疗和实验室科研等领域，国内产品的数量还相对较少。

总体而言，中国质谱仪的发展经历了起步阶段、引进与研制阶段和自主创新阶段。通过持续的努力和创新，中国的质谱仪技术在国际上取得了显著进展，并为科学研究和工业应用提供了重要支持。

目标检测

答案解析

一、选择题

（一）单项选择题

1. 当流动相携带着混合物流经固定相时，由于混合物中各组分在性质和结构上有差异，与固定相和流动相两相之间发生作用的能力不同，即（　）不同，因而与两相发生作用的强弱不同，导致不同组分在固定相中滞留时间长短不同

   A. 吸附系数　　B. 解离系数

   C. 结合系数　　D. 分配系数

2. 操作条件稳定后，没有组分进入检测器时记录的信号－时间曲线是（　）

   A. 峰　　B. 噪声

C. 基线 D. 保留性能

3. 色谱峰的区域宽度是色谱流出曲线的重要参数之一，是用于衡量（ ）及反映色谱操作条件的动力学因素

A. 分离度 B. 柱效率

C. 定性能力 D. 定量能力

4. 在气相色谱中，调整保留值实际上反映了（ ）分子间的相互作用

A. 组分与固定相 B. 组分与载气

C. 组分与组分 D. 载气与固定相

5. 色谱定量分析中需要准确进样的方法是（ ）

A. 归一化法 B. 外标法

C. 内标法 D. 比较法

6. 毛细色谱柱（ ）优于填充色谱柱

A. 气路简单化 B. 灵敏度

C. 适用范围 D. 分离效果

7. 进样口的温度要求比最高柱温高（ ）

A. 50℃以上 B. 100℃以上

C. 200℃以上 D. 30℃以上

8. 对所有物质均有响应的气相色谱检测器是（ ）

A. FID检测器 B. 热导检测器

C. 电导检测器 D. 紫外检测器

9. 在液相色谱法中，按分离原理分类，液固色谱法属于（ ）

A. 分配色谱法 B. 排阻色谱法

C. 离子交换色谱法 D. 吸附色谱法

10. 在高效液相色谱流程中，试样混合物在（ ）中被分离

A. 检测器 B. 记录器

C. 色谱柱 D. 进样器

11. 液相色谱流动相过滤必须使用的过滤膜粒径为（ ）

A. 0.5μm B. 0.45μm

C. 0.6μm D. 0.55μm

12. 高效液相色谱仪与气相色谱仪相比，增加了（ ）

A. 恒温箱 B. 进样装置

C. 程序升温 D. 梯度淋洗装置

（二）多项选择题

1. 色谱峰的区域宽度是色谱流出曲线的重要参数之一，是用于衡量柱效率及反映色谱操作条件的动力学因素。衡量色谱峰宽度的参数，有（ ）

A. 标准偏差 B. 半峰宽

C. 峰高 D. 峰底宽

2. 从色谱流出曲线中，可得许多重要信息，以下说法正确的是（ ）

A. 根据色谱峰的个数，可以判断样品中所含组分的最少个数

B. 根据色谱峰的保留值，可以进行定量分析

C. 根据色谱峰的面积或峰高，可以进行定性分析

D. 色谱峰两峰间的距离，是评价固定相（或流动相）选择是否合适的依据

3. 气相色谱质谱联用仪中最常用的质量分析器是（　）

A. 四极杆质量分析器　　B. 飞行时间质量分析器

C. 离子阱质量分析器　　D. 磁质谱

二、简答题

1. 在气液色谱中，色谱柱使用的上限温度取决于什么？使用的下限温度又取决于什么？

2. 对下列试样，用液相色谱分析，应采用何种检测器？

①长链饱和烷烃的混合物；②水源中多环芳烃化合物

书网融合……

本章小结　　题库

参考文献

[1] 宋永海，汪莉．仪器分析［M］．北京：化学工业出版社，2024.

[2] 黄艳玲，牛红军．仪器分析技术［M］．北京：化学工业出版社，2024.

[3] 邓飞跃，衣馨瑶，邓春艳，等．化学分析与仪器分析基础［M］．北京：高等教育出版社，2024.

[4] 吴硕，刘志广．仪器分析（第2版）［M］．北京：高等教育出版社，2023.

[5] 周言凤，王祝，漆寒梅．光谱分析技术［M］．北京：化学工业出版社，2022.

[6] 胡坪，王氢．仪器分析（第5版）学习指导［M］．北京：高等教育出版社，2021.

[7] 郭敏，胡润淮，吴荣辉，等．实用仪器分析教程［M］．杭州：浙江大学出版社，2019.

[8] 陈国松，张长丽．仪器分析实验［M］．南京：南京大学出版社，2019.

[9] 胡坪，王氢．仪器分析（第5版）［M］．北京：高等教育出版社，2019.

[10] 张裕平，李英，崔乘幸．色谱分析（双语版）［M］．北京：化学工业出版社，2018.

[11] 姚开安，赵登山．仪器分析［M］．南京：南京大学出版社，2017.